中国艺术学文库·艺术美学文丛
LIBRARY OF CHINA ARTS · SERIES OF ART AESTHETICS

总 主 编　仲呈祥

艺术生存与审美建构

朱光潜美学思想的嬗变与坚守

朱仁金　著

四川美术学院专项出版基金特别资助

中国文联出版社
http://www.clapnet.cn

图书在版编目（CIP）数据

艺术生存与审美建构：朱光潜美学思想的嬗变与坚
守 / 朱仁金著. -- 北京：中国文联出版社，2017.8
ISBN 978-7-5190-2984-5

Ⅰ.①艺… Ⅱ.①朱… Ⅲ.①朱光潜（1897—1986）
—美学思想—研究Ⅳ.①B83-092

中国版本图书馆CIP数据核字（2017）第197233号

艺术生存与审美建构：朱光潜美学思想的嬗变与坚守

著　　者：朱仁金

出 版 人：朱　庆

终 审 人：奚耀华　　　　　　　　　复 审 人：曹艺凡

责任编辑：邓友女　张兰芳　　　　　责任校对：刘成聪

封面设计：杰瑞设计　　　　　　　　责任印制：陈　晨

出版发行：中国文联出版社

地　　址：北京市朝阳区农展馆南里 10 号，100125

电　　话：010-85923069（咨询）85923000（编务）85923020（邮购）

传　　真：010-85923000（总编室），010-85923020（发行部）

网　　址：http://www.clapnet.cn　　　　　http://www.claplus.cn

E－mail：clap@clapnet.cn　　　　　　　zhanglf@clapnet.cn

印　　刷：中煤（北京）印务有限公司

装　　订：中煤（北京）印务有限公司

法律顾问：北京市德鸿律师事务所王振勇律师

本书如有破损、缺页、装订错误，请与本社联系调换

开　　本：710×1000	1/16
字　　数：226千字	印张：14.25
版　　次：2017年8月第1版	印次：2019年3月第2次印刷
书　　号：ISBN 978-7-5190-2984-5	
定　　价：43.00元	

《中国艺术学文库》总序

仲呈祥

在艺术教育的实践领域有着诸如中央音乐学院、中国音乐学院、中央美术学院、中国美术学院、北京电影学院、北京舞蹈学院等单科专业院校，有着诸如中国艺术研究院、南京艺术学院、山东艺术学院、吉林艺术学院、云南艺术学院等综合性艺术院校，有着诸如北京大学、北京师范大学、复旦大学、中国传媒大学等综合性大学。我称它们为高等艺术教育的"三支大军"。

而对于整个艺术学学科建设体系来说，除了上述"三支大军"外，尚有诸如《文艺研究》《艺术百家》等重要学术期刊，也有诸如中国文联出版社、中国电影出版社等重要专业出版社。如果说国务院学位委员会架设了中国艺术学学科建设的"中军帐"，那么这些学术期刊和专业出版社就是这些艺术教育"三支大军"的"检阅台"，这些"检阅台"往往展示了我国艺术教育实践的最新的理论成果。

在"艺术学"由从属于"文学"的一级学科升格为我国第 13 个学科门类 3 周年之际，中国文联出版社社长兼总编辑朱庆同志到任伊始立下宏愿，拟出版一套既具有时代内涵又具有历史意义的中国艺术学文库，以此集我国高等艺术教育成果之大观。这一出版构想先是得到了文化部原副部长、现中国艺术研究院院长王文章同志和新闻出版广电总局原副局长、现中国图书评论学会会长邬书林同志的大力支持，继而邀请我作为这套文库的总主编。编写这样一套由标志着我国当代较高审美思维水平的教授、博导、青年才俊等汇聚的文库，我本人及各分卷主编均深知责任重大，实有如履薄冰之感。原因有三：

一是因为此事意义深远。中华民族的文明史，其中重要一脉当为具有东方气派、民族风格的艺术史。习近平总书记深刻指出：中国特色社会主义植根于中华文化的沃土。而中华文化的重要组成部分，则是中国艺术。从孔子、老子、庄子到梁启超、王国维、蔡元培，再到朱光潜、宗白华等，都留下了丰富、独特的中华美学遗产；从公元前人类"文明轴心"时期，到秦汉、魏晋、唐宋、明清，从《文心雕龙》到《诗品》再到各领风骚的《诗论》《乐论》《画论》《书论》《印说》等，都记载着一部为人类审美思维做出独特贡献的中国艺术史。中国共产党人不是历史虚无主义者，也不是文化虚无主义者。中国共产党人始终是中国优秀传统文化和艺术的忠实继承者和弘扬者。因此，我们出版这样一套文库，就是为了在实现中华民族伟大复兴的中国梦的历史进程中弘扬优秀传统文化，并密切联系改革开放和现代化建设的伟大实践，以哲学精神为指引，以历史镜鉴为启迪，从而建设有中国特色的艺术学学科体系。艺术的方式把握世界是马克思深刻阐明的人类不可或缺的与经济的方式、政治的方式、历史的方式、哲学的方式、宗教的方式并列的把握世界的方式，因此艺术学理论建设和学科建设是人类自由而全面发展的必须。艺术学文库应运而生，实出必然。

二是因为丛书量大体周。就"量大"而言，我国艺术学门类下现拥有艺术学理论、音乐与舞蹈学、戏剧与影视学、美术学、设计学五个"一级学科"博士生导师数百名，即使出版他们每人一本自己最为得意的学术论著，也称得上是中国出版界的一大盛事，更不要说是搜罗博导、教授全部著作而成煌煌"艺藏"了。就"体周"而言，我国艺术学门类下每一个一级学科下又有多个自设的二级学科。要横到边纵到底，覆盖这些全部学科而网成经纬，就个人目力之所及、学力之所逮，实是断难完成。幸好，我的尊敬的师长、中国艺术学学科的重要奠基人于润洋先生、张道一先生、靳尚谊先生、叶朗先生和王文章、邵书林同志等愿意担任此丛书学术顾问。有了他们的指导，只要尽心尽力，此套文库的质量定将有所跃升。

三是因为唯恐挂一漏万。上述"三支大军"各有优势，互补生辉。例如，专科艺术院校对某一艺术门类本体和规律的研究较为深入，为中国特色艺术学学科建设打好了坚实的基础；综合性艺术院校的优势在于打通了艺术门类下的美术、音乐、舞蹈、戏剧、电影、设计等一级学科，且配备齐全，长于从艺术各个学科的相同处寻找普遍的规律；综合性大学的艺术教育依托于相对广阔的人文科学和自然科学背景，擅长从哲学思维的层面，提出高屋建瓴的贯通于各个艺术门类的艺术学的一些普遍规律。要充分发挥"三支大军"的学术优势而博采众长，实施"多彩、平等、包容"亟须功夫，倘有挂一漏万，岂不惶恐？

权且充序。

（仲呈祥，研究员、博士生导师。中央文史馆馆员、中国文艺评论家协会主席、国务院学位委员会艺术学科评议组召集人、教育部艺术教育委员会副主任。曾任中国文联副主席、国家广播电影电视总局副总编辑。）

序

　　小朱在西南大学读美学专业的硕士和博士期间，都是我担任指导教师。研究朱光潜美学思想，是根据他的前期知识储备和兴趣爱好，由我们师生共同商定的。

　　做这个题目并不容易，因为国内朱光潜研究已经有了较多的前期成果，如何做出新意，经过很多次反复讨论，一次又一次地推倒重来，我记得气氛都比较激烈。最后我们把研究定位在新中国成立后朱光潜美学思想的变化，后来又考虑到朱光潜变化中的坚守，大致形成了论文的中心。小朱写得非常艰苦。论文完成后，在外审中获得专家一致首肯，在博士论文答辩中也获得全票通过。

　　外审专家和答辩委员会决议综合起来，大致有如下几点：该论文在选题上有重要学术价值；紧紧扣住朱光潜思想的转变与坚守，较好地体现了朱光潜美学思想的个性和特质；对朱光潜美学的相关研究有比较充分地了解和掌握，文献资料翔实；展示了作者较强的钻研精神和思辨能力；对朱光潜研究具有推动作用。

　　这些评价是对攻小朱读博士学位期间勤奋学习的肯定，也是催他前行的鞭策。小朱毕业几年来，勤奋踏实一如既往，陆续撰写和发表了一些美学研究论著。现在小朱的博士论文正式出版了，我从心里为他感到高兴。小朱是这样的风华正茂，在未来的美学研究道路上，他会走得更好。

代迅

2017.5.10

目　录

CONTENTS

绪　论

一、"朱光潜研究"热的兴起

近世以来，中国历经"千年未有之变局"，"救亡与启蒙的双重变奏"成了时代的主旋律。知识分子除了要应对西方文化入侵的巨大冲击，也要应对传统"断裂"所带来的巨大挑战；"古今问题""中西问题"，思想交锋和碰撞从来没有像那个时代这样急切而紧迫。朱光潜（1897—1986）就是这样一位处在历史交替与转型过程中的美学大师。他大量译介了西方美学和艺术思想到中国，开阔了国人的眼界，同时也自觉将更多的精力投入到中国本土美学思想体系的建构之中，"我们应当何去何从"贯穿了他的整个学术生命。

因此，作为跨越古典和现代，并且对当代中国美学和艺术理论也影响至深的美学家，本书通过对朱光潜美学思想的嬗变和坚守进行研究，着重将其置放在20世纪中国历史的巨大转型时期来考察，以小而见大，见微而知著，这对"中国美学精神的当代转换问题""比较美学中国学派"建构问题，以及西方美学中国化问题等，均有着丰富的启示意义。同时，本书还从艺术与审美视角研究了他关于艺术起源、环境审美、悲剧衰亡、表现主义美学等思想，并与当代学术热点结合起来，从不同层面突显出朱光潜美学的本土化体系建构与当代性特征。

1986年3月6日凌晨，中国现代美学的开创者朱光潜停止了思想。他在中国现代美学的园地里勤勉地耕作了一辈子，为这块园地的开辟和繁荣贡献了全部心血；他虽然已经远走了，但是他却为后来者追求真理、探寻美学与人生打下了坚实的基础、留下了宝贵的财富。人们循着朱光潜前行，不仅通过这扇窗口体验到了西方丰富多彩的哲学和美学理论，也通过朱光潜这扇窗口体会到了中国传统美学的深厚意蕴；更为重要的是，朱光潜美学还展示了这样一种伟大的努力和尝试，即找到一条融汇中西美学的道路，并与中国的文学、诗学发展结合起来，从而充分地展示了一个知识分子，甚至一代人在中国特定时期的历史使命！

前期朱光潜亲眼见证着山河破碎、国破家亡、骨肉离散，甚至美学家本人也历经辗转和颠沛流离；如同当时的每一位有识之士一样，面对时局也痛心疾首，对国民党的无能也义愤填膺。但是，骂过之后，恨过之后，接下来的道路应该怎样走，仍是朱光潜思考最多而又最为迫切的问题。或许，朱光潜遭到左翼的沉痛批判不是因为朱光潜所宣扬的理论本身，而是因为朱光潜由此而逃避了现实主义的革命路线；朱光潜不主张革命，他的理论脱离现实，而且身居"京派"营垒，自然也就被打上了"反动""落后""低级趣味"的烙印。①但就今天的眼光看，我们却不能否认朱光潜从事的那些实实在在的工作：他投身教育、热心译介西方前沿美学理论、在"人生的艺术化"中找到了心灵的慰安，而更深层次的目的却寄寓了启蒙青年、解放思想，首先在精神上、文化上强国强种，从而推进国家的精神文明。所以，朱光潜与左派的分歧，实在只是路线上的、策略上的、方式上的，在本质上却殊途同归，但是在特定的历史时期又是水火不容、不可调和的。后期朱光潜的身心都遭到了极大的摧残。一系列的自我批判使知识分子的锐气被逐渐打压下去，②而《我的文艺思想的反动性》更是将朱光

---

① 相关论文参见：鲁迅：《题未定草（七）》，《海燕》第1期，1936年1月；周扬：《我们需要新的美学——对于梁实秋和朱光潜两先生关于"文学的美"的论辩的一个看法和感想》，《认识月刊》创刊号，1937年6月15日；王任叔：《现实主义者的路》，《中流》第2卷第6期，1937年6月5日；唐弢：《美学家的两面——文苑闲话之六》，《中流》第2卷第7期，1937年6月20日；郭沫若：《斥反动文艺》，《大众文艺丛刊》第1辑，1948年3月1日；邵荃麟：《朱光潜的怯懦和凶残》，《大众文艺丛刊》第2辑，1948年5月1日；蔡仪：《朱光潜论》（1948），收入《美学论著初编》（上），上海：上海文艺出版社，1982年。

② 相关论文参见：朱光潜：《自我检讨》，《人民日报》，1949年11月27日；朱光潜：《关于美感问题》，《文艺报》第1卷第8期，1950年1月；朱光潜：《最近学习中几点检讨》，《人民日报》，1951年11月26日。

潜推到了风口浪尖，成为众矢之的。这种"羞辱性惩罚"①无疑是非常有效的，一大批知识分子在很长一段时期除了在"疯狂"中泯灭人性之外，其余的就只能是噤若寒蝉。但是有了前车之鉴之后，②朱光潜深知发起反驳的重要性，否则将永无翻身之日。于是在1956年至1958年间，朱光潜连续写了七篇论辩性文章，后收入到《美学批判论文集》当中。令人吊诡的是，随着美学大讨论的深入，来自国统区的朱光潜不仅没有被批倒，反而在论争中进一步扩大了自己的影响；朱光潜不仅在转型过程中深化了自己的美学思想，而且成为"四大派"中的重要一派，即"主客观统一"派，后来的《西方美学史》即由朱光潜独自署名编撰的殊誉就是最好的证明。当然，朱光潜也深知创作与自由表达思想的艰难，在那样的情况下，朱光潜为了使自己的学术探寻之路不至于被外界的骚扰中断（虽然那种破坏有时是致命的，但仍不能阻止朱光潜探求真理的热情），于是中国当代美学史上一个具有划时代意义的事件就是：朱光潜将自己的学术重心调整到美学名著的翻译上来。黑格尔《美学》、维柯《新科学》中译本的问世，无不成为美学翻译界的经典，无不是朱光潜呕心沥血的见证，无不为中国当代美学的发展奠定了坚实的基础。今天，当我们手捧这样文辞优美、翻译精准的美学读本的时候，才会更加深刻地体会到当年朱光潜所宣扬的"以出世的精神做入世的事业"的伟大、为中国现当代美学史上有过这样的大师为最大的幸事；"无所为而为"不应该成为现代人的一种标榜，而是一种踏踏实实的行动！

就目前而言，研究朱光潜的文献资料已经非常之多，出现这种现象是正常的，也与朱光潜在中国现当代美学史上的地位是相适合的。研究20世

① "羞辱性惩罚"是米歇尔·福柯在《规训与惩罚》中提出来的，其要义就是"让驱使罪犯去犯罪的力量去反对自身。使兴趣发生分裂，利用兴趣来把刑罚变成可怕的东西"。福柯讲，羞辱性惩罚是有效的，因为它针对的是导致犯罪的虚荣心。（具体内容参见米歇尔·福柯著，刘北成、杨远婴等译：《规训与惩罚》，北京：生活·读书·新知三联书店，2012年，第117—121页。）朱光潜在"美学大讨论"中的一系列自我批判和根本否定，其客观影响是对知识分子清高和锐气的打压和自我颠覆，这与"羞辱性惩罚"其实是同质的。

② 从1951年到1955年，为巩固新生政权的知识分子改造运动逐步掀起高潮。在文学界先后开展了对冼群"小资产阶级"的批判、对《武训传》"反历史"的批判、对萧也牧"创作倾向"的批判、对俞平伯"红楼梦研究"的批判，以及对胡风的批判等。特别是"胡风事件"之后，他"及其追随者的悲惨遭遇，对于那些敢于坦率陈述批评意见的知识分子来说，无疑起到了极大的警醒作用"（宋伟、田锐生、李慈健：《当代中国文艺思想史》，开封：河南大学出版社，2000年，第111页。）。包括朱光潜在内，这些事件也难免产生了某些影响。

纪中国美学的发展进程，如果不谈到朱光潜，其后果是不可想象的；但事实证明，这种情况很难出现。因为像目前国内所公开出版的权威著作，如《美学的历史：20世纪中国美学学术进程》（汝信、王德胜）、《20世纪中国美学本体论问题》（陈望衡）、《思辨的想象：20世纪中国美学主题史》（聂振斌）、《中国近代美学思想史》（聂振斌）、《问题与立场》（戴阿宝）、《走出古典：中国当代美学论争述评》（阎国忠）、《中国现代美育思想发展史论》（谭好哲）、《二十世纪中国美学》（封孝伦）、《分化与突围》（薛富兴）、《20世纪中国美学研究》（邹华）、《承续与超越》（袁济喜）、《当代中国美学研究概述》（赵士林）、《情感与启蒙——20世纪中国美学精神》（朱存明）、《中国美学的历史演进及其现代转型》（刘方）、《中国现代美学论著、译著提要》（蒋红等）、《中国现代美学思想史纲》（陈伟）等，论者们都根据各自论述的角度给朱光潜美学思想开辟出专章（节）进行了相应的论述和阐释。由于朱光潜还先后参与中国现代和当代两大时期的美学建设，而且在其前后期美学思想中还表现出非常鲜明的变化，因此朱光潜的美学体系不仅是属于中国现代的，也是属于中国当代的。[①]这种情况至少说明了两方面的问题：一是朱光潜的学术地位在美学界得到了当代中国众多学者的认同，这是毫无疑问的；二是朱光潜在20世纪中国美学的发展进程中是不可或缺的，他不但担负起了赋予他的历史使命，还影响着当代美学的未来。

从研究朱光潜美学思想的专著来说，1987年是纪念美学大师朱光潜先生逝世一周年的日子，当年就出版了两本书：一本是《朱光潜美学思想研究》（阎国忠著），由辽宁人民出版社出版，作为美学研究系列丛书之一；本书也是研究朱光潜美学思想的第一本专著。另一本是《朱光潜纪念集》（胡乔木主编），由安徽教育出版社出版。在其后二十多年的日子里，安徽

---

① 可参阅汝信、王德胜：《美学的历史：20世纪中国美学学术进程》，合肥：安徽教育出版社，2000年；陈望衡：《20世纪中国美学本体论问题》，武汉：武汉大学出版社，2007年。这些著作不仅在中国美学的现代部分对朱光潜要进行浓墨重彩地介绍，在中国美学的当代部分同样给朱光潜留下了位置；前期朱光潜主美学创作和思想体系的建立，后期朱光潜参与了美学大讨论、编写了中国第一部《西方美学史》、翻译了西方美学的重要经典黑格尔《美学》和维柯《新科学》，他对中国现当代美学的贡献是有目共睹的；即使某些论著因为其他美学主题没有为朱光潜开设专章（节）进行介绍的，但是查看其内容也断然可以发现，"朱光潜"始终是其论述的其中一个理论背景。

教育出版社已经成为推广朱光潜美学思想的重镇，许多研究朱光潜的著述及《朱光潜全集》（20卷）几乎都是通过这里出版发行。进入90年代之后，这十年当中几乎每年就有一部研究朱光潜的专著问世，如《朱光潜：从迷途到通径》（朱式蓉、许道明，1991）、《朱光潜美学思想及其理论体系》（阎国忠，1994）、《朱光潜与中西文化》（钱念孙，1995）、《朱光潜与中国现代文学》（商金林，1995）、《朱光潜论》（宛小平、魏群，1996）、《朱光潜自传》（商金林，1998）、《朱光潜美学论纲》（劳承万，1998）、《朱光潜接受克罗齐与王国维接受叔本华之美学比较研究》（王攸欣，1999）、《朱光潜学术思想评传》（王攸欣，1999）、《美学的双峰：朱光潜、宗白华与中国现代美学》（叶朗，1999）等，其研究思路已经从提纲挈领式的总体阐述扩展到中西比较美学、体系建构、评传等，无论是深度还是广度方面都有较大的推进。进入新千年之后，"朱光潜研究热"不但没有消退，反而有愈燃愈烈之势，其趋势是逐渐就朱光潜的某一方面进行揭示或扩充，而且研究更具针对性，不仅显示出论者的独具慧眼，而且也将朱光潜美学思想的博大精深更加真切地展示出来，如《朱光潜后期美学思想述论》（蒯大申，2001）、《艺术真谛的发掘与阐释》（钱念孙，2001）、《边缘整合》（宛小平，2003）、《朱光潜：出世的精神与入世的事业》（钱念孙，2005）、《朱光潜西方美学翻译思想研究》（高金岭，2008）、《我认识的朱光潜》（吴泰昌，2008）、《朱光潜传》（王攸欣，2011）、《朱光潜美学十辨》（夏中义，2011）、《朱光潜大传》（朱洪，2012）等。随着朱光潜美学思想的当代性不断被发掘出来，如"人生艺术化"与当代休闲观问题、"自然美"与环境美学问题、表现主义美学与存在论问题、西方美学中国化问题、中国传统美学的现代转化问题，以及比较文学中国学派与阐发研究问题等方面，朱光潜在其整个学术生涯中都为后辈学人树立了一个很好的典范，甚至是一个时代的理论高峰。可以预见的是，"朱光潜研究热"还会在21世纪的第二个、第三个十年继续成为美学界的热门话题，朱光潜美学思想还会更加深入地参与到中国当代美学的建设当中去，从而照耀着行进中的中国学人继续前行。

从内容上看，这些论著主要可分为以下几大类：一是从美学体系入手对朱光潜美学进行分析的，比如《朱光潜美学思想研究》（阎国忠）、《朱光潜美学思想及其理论体系》（阎国忠）、《朱光潜美学论纲》（劳承万）、

《朱光潜后期美学思想述论》（蒯大申）等；二是对朱光潜理论渊源及中西美学的整合进行探讨的，比如《朱光潜：从迷途到通径》（朱式蓉、许道明）、《朱光潜与中西文化》（钱念孙）、《朱光潜接受克罗齐与王国维接受叔本华之美学比较研究》（王攸欣）、《朱光潜学术思想评传》（王攸欣）、《边缘整合》（宛小平）、《朱光潜：出世的精神与入世的事业》（钱念孙）等；三是以评传形式对朱光潜美学思想的形成过程进行述评的，比如《朱光潜自传》（商金林）、《朱光潜学术思想评传》（王攸欣）、《我认识的朱光潜》（吴泰昌）、《朱光潜传》（王攸欣）、《朱光潜大传》（朱洪）等，值得一提的是著名学者邓晓芒对王攸欣的新著《朱光潜传》评价相当高，认为该著作是“思想传记”的“一种可贵尝试”；①四是就朱光潜美学思想的某个方面进行深入论析的，比如《朱光潜与中国现代文学》（商金林）、《艺术真谛的发掘与阐释》（钱念孙）、《朱光潜西方美学翻译思想研究》（高金岭）等；五是由多个研究主题所编辑而成的论文集，比如《朱光潜纪念集》（胡乔木）、《朱光潜论》（宛小平、魏群）、《美学的双峰：朱光潜、宗白华与中国现代美学》（叶朗主编）、《朱光潜美学十辨》（夏中义）等。这里面自然也有相互交叉的部分，比如在论述朱光潜美学体系的时候也谈到有朱光潜的思想渊源的，研究朱光潜美学思想的评传自然也涉及体系建构及思想来源等；再比如《朱光潜论》，既有思想来源的讨论，也有体系架构探讨；既对朱光潜的单部美学著作进行了较为深入细致的剖析，同时也不局限于朱光潜的美学思想，还有教育思想、伦理思想、社会政治思想和历史哲学思想等。但是无论怎样，这些研究著述都遵循了一个可贵的前提，即是从朱光潜著作本身出发去发掘其内涵，并尽可能地将其中所蕴含的深刻思想揭示出来。再有，如钱念孙的《朱光潜与中西文化》（1995）和《朱光潜：出世的精神与入世的事业》（2005），虽然这两部著作在某些章节有重复的内容，但是作者写作两部书已经前后相隔十年，而且后一部书已在前一部书的基础上加入了许多新鲜的材料，因而在观点上也表现出很大的不同：《朱光潜与中西文化》主要在于揭示朱光潜如何冲破传统与西方、历史与现实的双重龃龉与磨合，从而构筑出自己的美学理论体系；而

---

① 邓晓芒:《思想传记：一种可贵尝试——王攸欣〈朱光潜传〉读后》,《书屋》, 2012年第4期，第27—31页。

《朱光潜：出世的精神与入世的事业》虽然也着重对朱光潜如何探索和构筑美学理论体系进行了深入解析，但落脚点最终放在了展现朱光潜的个人特质和高尚品格上。通过上述论著从各个层面对朱光潜进行的细致分析和揭示，朱光潜的美学理论体系、个性特征，以及在中西美学的碰撞和融合中苦心经营的心路历程也就被充分地展示出来了。

　　从中国知网的搜索结果看（包括硕、博学位论文），以"朱光潜"为检索对象分别按照"主题""篇名"和"关键词"进行检索，就可以得到一个非常正面的结论：从1986年到1995年的十年间，每年研究朱光潜的论文数量基本保持在10到20篇这样一个范围；但是自从1996年开始，研究朱光潜的论文数量就开始迅速地增加。以1996年为例，当年发表有关朱光潜的研究论文发展到2005年，无论是从"主题"还是"关键词"项进行检索，其数量都已经翻倍了，至于以"篇名"为依据的检索结果则发展速度稍慢，但也是稳中有升。[①]从2006年开始，研究"朱光潜"的论文更是以倍数增长，数量上升得非常快。[②]之所以会出现这种现象，笔者以为原因有三：一是新千年以来，中国的高校及科研院所更加重视科研，大量的人力、物力投入到科学研究当中，朱光潜美学思想自然受到更多的关注和研究也是可能的；二是朱光潜在中国现当代美学史上具有举足轻重的作用，其思想体系纯粹而富有"张力"，即使在当代同样也吸引了一大批的追随者；三是正好印证了之前所说的"朱光潜研究热"的兴起，而且这股热潮是人们在求知和追求理想的过程中自然形成的，而不是来自某种"宣传"的压力。笔者以为，研究既是一种探求的过程，也是研究者不断深入学习的过程；我们通过研究朱光潜，通过深入研读和揣摩他的经典原著，不断体会他所建构的美学内涵和意蕴，在品格上去感受他的高风亮节和优雅气质，从而重塑我们的精神面貌和人生。如果我们的研究能够得此收

---

①　在中国知网cnki上以"朱光潜"为关键词进行"主题"检索，1996年是24篇，增加到2005年是45篇；进行"关键词"检索，1996年是37篇，发展到2005年是91篇，其中还包括2003年和2004年分别是116篇和122篇；进行"篇名"检索，1996年是23篇，2005年是31篇，从1996年至2005年间"篇名"中直接出现"朱光潜"的论文基本都保持在26篇左右。

②　在中国知网cnki上以"朱光潜"为关键词进行"主题"检索，2006年是48篇，增加到2012年是153篇；进行"篇名"检索，2006年是23篇，发展到2012年是65篇；进行"关键词"检索，2006年是109篇，2012年是203篇。单从2006年与2005年的比较看，其数量已经有了大幅度的提升。

获，我们便可以宣称我们的研究不虚此行。

从以上描述看，我们已经基本知道研究朱光潜的学术论文不仅数量大，研究者众多，而且其所涉及的研究主题较之专著而言也更是多种多样，这是不言而喻的。纵观朱光潜的学术历程，我们大体可以这样进行划分：

一是在1949年之前。这是前期朱光潜进行学术创作的高产期，他的美学著作主要包括《文艺心理学》《谈美》《悲剧心理学》和《诗论》等。由于这一时期参与到朱光潜美学体系建构的西方文艺思潮及其理论来源众多、朱光潜对中国传统诗学体系的现代性转化所进行的必要调整和改造，以及在当时特定的历史环境下朱光潜所宣扬的美学理论所引起的争议等，都为后来的研究者提供了很多的理论兴趣点和可供研究的空间。比如钱念孙的《融会中西的美学开拓——朱光潜〈文艺心理学〉美学观念的生成及启示》《朱光潜论中国诗的声律及诗体衍变》《论朱光潜美学思想的西方色彩和中国底蕴》《"没有道德目的而有道德影响"——评朱光潜早期文艺功利观》，肖鹰的《直观与解脱:在尼采与克罗齐之间的朱光潜美学》《尼采与克罗齐：朱光潜美学的二律背反》，夏中义的《京派趣味：范例与预设——论朱光潜对现代文学的文化使命》《中西"汇通"、"半汇通"及"未汇通"——朱光潜〈诗论〉的方法论细读》《论朱光潜的"出世"与"入世"——兼论朱光潜在民国时期的人格角色变奏》《论朱光潜美学与克罗齐的关系——以1948年为转折点》等文章，对于如何理解、看待和批评前期朱光潜美学思想都是一个很好的视角。

二是1949年到1964年。这期间朱光潜的主要活动是积极参与了"美学大讨论"和独立编写《西方美学史》。关于美学大讨论当中对于朱光潜的研究、批评和指责，可以参阅《美学问题讨论集》（1—6卷），兹不赘述。通过朱光潜来研究美学大讨论及其当时的历史环境或者透过美学大讨论侧面研究朱光潜的文章主要有徐碧辉的《对五六十年代美学大讨论的哲学反思》、薛富兴的《美学大讨论的意义与局限》和《"美学大讨论"时期朱光潜美学略论》、谭好哲的《二十世纪五六十年代美学大讨论的学术意义》、陈育德的《朱光潜在美学大讨论中的思想与贡献》、张荣生的《记上个世纪五十年代的美学大讨论》、卢亚明的《"主观性"·"意识形态"·"社会性"——"美学大讨论"时期朱光潜的人学话语研究》和薛星星的《从朱光潜看第一次美学大讨论》等文章。总的说来，以"美学大讨论"为研究主题的论文并不多，虽然当年的美学大讨论也曾汇聚了当时的老、中、青三代美学学人，论辩结束后编辑出版了一套六卷本的《美学问题讨论集》，确立了美学四大派，还在一定程度上为后来的美学发展培养了一大批阵容强大的研究队伍。为什么？笔者以为，主要还是在于当时论辩的意识形态空气太浓，参与者打棍子、扣帽子的主观意图太强烈，无形中限制了他们的学术化争辩水平（尽管朱光潜在一定程度上扭转了这种片面的风气，但是个人的力量毕竟是有限的，一个很显然的例子即是，美学大讨论的结束是通过中宣部发文才宣告结束的。）；而且就讨论的内容来说也是相当局限和教条的，相对于90年代以后形态多样、五彩缤纷的美学理论，翻出当年的旧账不仅不合时宜，而且显得落伍。

三是1976年之后。由于新时期的到来，饱经沧桑的中国不仅百废待举，开始走上了新的发展道路，文人志士也开始摩拳擦掌、跃跃欲试，准备在新的时代做出自己应有的贡献，从而也将那些逝去、荒废的时光抓取回来。"文革"之后的李泽厚已经不再年轻，在已近知天命之年出版了《批判哲学的批判：康德述评》，然后又在80年代相继出版了《美的历程》《华夏美学》和《美学四讲》。李泽厚是80年代青年的导师，他所开创的实践论美学仍旧是中国当代影响最大的美学流派。此时的美学家朱光潜已经步入了晚年，翻译黑格尔《美学》虽然已经耗去了他大量的精力，但是朱光潜仍旧怀着满腔的热情又投入到新的翻译事业当中——维柯《新科学》的翻译无疑又是中国美学翻译史上的另一座高峰。由于这一时期朱光潜的主要精力是放在"以译代言"①和写作黑格尔与维柯的相关介绍性文字上，因此《谈美书简》虽有一种"重铸辉煌"的宏愿，但终究尚未完成。具有代表性的研究论文有董学文的《"断裂"与"缝合"：维柯〈新科学〉在朱光潜晚年美学生命中的地位与作用》、程代熙的《朱光潜与维柯——读书札记》、宛小平的《黑格尔与朱光潜美学》、蒯大申的《维柯研究：朱光潜晚年美学思想的一面镜子》、高金岭的《主流意识形态对黑格尔〈美学〉翻译的操纵——朱光潜译介黑格尔〈美学〉个案研究》、李锋的《朱

---

① 钱念孙：《朱光潜：出世的精神与入世的事业》，台北：文津出版社，2005年，第258—265页。

光潜对维柯与中国传统诗论的比较及发展》和刘涛的《朱光潜对维柯的论述——一种症候式批评》等，这些文章除了给朱光潜美学思想建立起一种联系，更为重要的是将朱光潜晚年的思想面貌呈现出来，从而揭示出朱光潜潜心于翻译的真正要义之所在。恰如蒯大申所说，维柯研究是"朱光潜晚年美学思想的一面镜子"。[①]到底是一面怎样的镜子呢？就是朱光潜重视形象思维（诗性思维）、重视人道主义和人情味，最终是将"人"放在了美学研究的中心。其次，对于朱光潜的翻译转向问题，我们又应该如何来看待呢？劳承万曾指出："中国现代美学的进展，是以朱光潜的美学翻译为标尺的；他翻译到那里，中国美学便进展到那里。"[②]虽然中国当代美学的发展已经逐渐走出了传统美学的路子，但是不能否认，朱光潜的美学翻译是为中国美学的发展奠定了重要基础的；更为重要的是，我们将如何来看待和研究朱光潜的翻译转向，这又必将在学术领域开启一个新的话题（下文将会谈到）。

以上只是就目前为止研究朱光潜美学的概貌作了一个大概的梳理，并不完全；原因其实很简单，朱光潜作为中国现代美学的一代宗师、学贯中西而兼通古今，已有论述是不可能穷尽其博大精深的美学意蕴的，而且随着时代的发展还会继续赋予其新的内涵；作为其研究的研究，当然也不可能穷尽，本文也只是选取其中具有代表性的论著进行了简单的梳理，难免会有疏漏的地方。实际上，朱光潜除了是美学家，还是教育家、文学家、思想家、艺术评论家等，这就注定了研究朱光潜的多学科交叉和多主题性；也正是因为这样，朱光潜的美学理论才呈现出应有的张力，散发出无穷的魅力。

二、朱光潜美学思想的嬗变及其当代阐释

就目前而言，研究朱光潜的论著主要可分为三个层面：一是将研究集中在前期朱光潜美学思想的，如朱光潜与中国传统文化的关系、与柏拉

---

① 蒯大申：《维柯研究：朱光潜晚年美学思想的一面镜子》，《学术界》，1995年第6期，第56—61页。

② 劳承万：《朱光潜美学论纲》，合肥：安徽教育出版社，1998年，第332页。

图、康德、克罗齐、尼采、立普斯、布洛、莱辛、弗洛伊德的关系等；二是将研究集中在后期朱光潜美学思想的，如朱光潜成为美学四大派之一、朱光潜皈依马克思主义、朱光潜与黑格尔和维柯的关系等；三是对朱光潜的美学思想作体系性研究等，这其中包括整体性的或前、后期分述等三种体系形式。但是无论从哪个层面对朱光潜进行研究，作者们首先默认的一个前提条件即是朱光潜的美学思想以1949年为界分为前后两期，其前后期美学思想发生了重大的变化。但值得进一步追问的是，1949年之后，朱光潜是否对他的前期思想进行了完全、绝对的否弃呢？如果单从《我的文艺思想的反动性》而言，答案似乎是不言自明的；①但是再继续阅读朱光潜在"美学大讨论"中的其他文章，如《美学怎样才能既是唯物的又是辩证的》《论美是客观与主观的统一》等论文，你又会发现朱光潜并未将其前期思想一概否定。为什么呢？朱光潜后期美学思想所表现出来的这种矛盾性其实深刻说明了另一个重大的理论问题，即朱光潜在美学思想的重大转变过程中其实也有坚守的部分；在1956至1966年间朱光潜没有完全抛弃其前期美学思想，1976至1986年朱光潜更未完全抛弃其前期美学思想。许多论者坚持朱光潜前后期美学思想的重大转变，这当然是没错的，但是不可否认，他们其实只注意到了真理的一面，而另一面也应该得到揭示，这就是本书所要达到的目的之一。

一

实际上，虽然朱光潜的前后期美学思想有重大的转变，这是众所周知的，但是真正就"转变"为话题对朱光潜美学思想进行研究的专著至今尚无，单篇文章也是屈指可数。朱光潜的后期美学思想究竟带来了哪些新变化？前期思想中哪些观点（命题）发生了断裂？哪些又得到了坚守？哪些又进行了转型呢？新旧观点中是否具有内在相因的部分呢？等等，这些都是研究者可以进一步深究的话题。王德胜在《转折与蜕变——朱光潜美学思想的转变》中主要是从"转变"的一面来研究朱

---

① 即使在《我的文艺思想的反动性》一文中，朱光潜也并不完全否定自己的过去，如浪漫主义在刚开始也具有冲破封建束缚的作用、对克罗齐理论系统完整性的质疑，以及认为对"移情作用"的解释至今仍旧具有正确的一面等。参见朱光潜:《朱光潜全集》(第5卷)，合肥：安徽教育出版社，1989年，第13、20、22页。

光潜的后期思想的，但他也同样注意到朱光潜并没有完全放弃自己过去的观点，而是接受了过去思想中的合理因素融入到"新观点"中，尽管"他的新观点与旧观点间的联系已纯粹是一种形式意义上的"。①王德胜的观点笔者不敢苟同，因为他的表述过于绝对，况且朱光潜的"新观点"中所吸收的"过去思想中的合理因素"，未必全都是"形式意义上的"。关于这一点，本文其后的章节还会继续论述。

与王德胜的观点有明显分歧的是更早的一篇文章。1982年郭因在一篇文章中已经就朱光潜的前后期美学思想的"转变"问题进行了大略地论述。他认为："48年前后，朱光潜同志有大变。"②变的是什么呢？郭因就五个方面对朱光潜美学思想的变化作了一个对比，如审美的功能、美的本质、审美的态度、美的形态和价值取向等。不变的是什么呢？"他还是坚持美在主客观统一论"。郭因认为："很显然，朱老并非如他自己所说的那样，是从美在主观论到美在主客观统一论的，而是从旧的主客观统一论到新的主客观统一论的，只是他现在的这种美在主客观统一论已以马克思、恩格斯的理论作为自己的有力的论据，有了新的结实的科学基础，它和社会实践联系了起来，和改造世界联系了起来。"③当然，郭因还注意到了移情说、内模仿说，这是显而易见的，因为朱光潜自己也认为"这是事实俱在，不容一笔抹煞"。④这样看来，如果说"美是主客观的统一"还可以理解为"形式意义"成分的存在的话，那么移情说、内模仿说等思想的合理性则超出"形式"范围了，单从形式方面来理解前后期美学思想中的继承关系显然是不完全的。

---

① 王德胜：《转折与蜕变——朱光潜美学思想的转变》，《北京社会科学》，1996年第3期，第78页。

② 郭因：《从〈谈美〉到〈谈美书简〉——试论朱光潜美学思想的变与不变》，《江淮论坛》，1982年第1期，第82页。实际上，笔者也认为郭因先生所确定的"1948年前后"是一个较为确切的时间段，因为下文也将证明，朱光潜在1948年前后其实已经对马克思主义有了较为深入的认识，而不是一般所认为的（甚至包括朱光潜本人，因为朱光潜自己就曾多次表示他是在解放后才开始认真学习马克思主义的，但笔者认为朱光潜此话的意思，其政治意味大于事实本身。）是在1949年之后。详细内容参见第二章第一节。

③ 郭因：《从〈谈美〉到〈谈美书简〉——试论朱光潜美学思想的变与不变》，《江淮论坛》，1982年第1期，第81—83页。

④ 朱光潜：《朱光潜全集·谈美书简》（第5卷），合肥：安徽教育出版社，1989年，第285页。再比如在《谈美书简》第340—341页，朱光潜还认为"游戏说"也还不可一笔抹煞等。

郭因不仅注意到了朱光潜美学思想中"变"的一面，而且也注意到了"不变"的一面，这无疑是很值得肯定的；但是其不足之处在于其论述过于笼统，不仅是观点上的，还表现在时期的分界上。关于这一点很容易理解。朱光潜的后期美学思想其实应该分为两段：一段是美学大讨论时期，从1956年到1966年；一段是新时期以来，包括1976年到1986年朱光潜的逝世止。前一阶段由于高度的意识形态化，学术往往沦为阶级斗争的工具，朱光潜虽然在大讨论中偶有坚守其前期观点的部分，但无疑是战战兢兢、非常小心谨慎的，"形象思维""人情味"等合理部分只能隐秘化地存在或表现；后一阶段由于"文革"已经结束，"左"的思潮被逐步清裎，再加上"文化热"的推波助澜，以前是学术的"禁区"就势必被打破，此时的朱光潜不仅出版了黑格尔《美学》，还继续翻译出了维柯的《新科学》，高唱"形象思维""人情味""人道主义"的调子。显然，两个阶段中朱光潜的生存境遇和思想的自由度是截然不同的：如果说前一阶段朱光潜的言谈是充满了"被迫"或顾忌的话，那么后一阶段的"自由抒发"则显然是前阶段所不能比拟的。因此，这种对朱光潜后期美学思想作笼统阐述的方式显然是简单化了，没有将朱光潜美学思想的发展层级完整展现出来。可以弥补这一研究缺失的是阎国忠。

阎国忠在1987年的《朱光潜美学思想研究》中认为，朱光潜的美学历程经历了一个"综合—批判—综合"的过程。第一次综合发生在20年代末和30年代初，这一时期是在尼采的酒神精神和日神精神的基础上进行的，包括克罗齐的直觉说、布洛的心理距离说、立普斯的移情说、谷鲁斯的内模仿说、英国经验主义的联想说，以及黑格尔、席勒、托尔斯泰的道德论美学等。批判时期发生在30年代中期到60年代中期，可以分为两个阶段：第一阶段是30至40年代，主要是针对克罗齐的直觉说；第二阶段是50至60年代，锋芒主要转向以尼采为代表的唯心主义美学和机械唯物主义美学。70年代末到80年代初是朱光潜的第二次综合，这个时期朱光潜以马克思主义美学为立足点，对人的本质、美的规律、共同美、形象思维、艺术典型，以及亚里士多德、维柯、歌德、席勒、黑格尔等有关学说进行了重新阐释并加以综合，形成了一个较为完整的理论框架。①阎国忠的这个观点后来一直都没有发生变化。②阎先生的这种"综合—批判—综合"的划分方式所展现出来的学术见解和研究视角无疑直到现在仍旧具有相当深刻的洞察力，虽然在某些表述上笔者并不赞同；③而我更加感兴趣的是阎国忠所提出的"批判时期"。实际上，阎国忠虽然将朱光潜的"30年代中期到60年代中期"归纳为"批判时期"，但是在其细化中的"两个阶段"仍没有否认这样一个事实，即1949年中华人民共和国的成立这一重大历史事件将朱光潜的学术历程硬生生地划分为前后两期。即使是阎国忠本人也承认，虽然50至60年代朱光潜从事的学术活动可以被归纳为"批判"，但是在学术思想和内容方面，与30至40年代的"批判"明显已经差别甚远。如果再与70年代末到80年代初的美学思想联系起来，阎先生其实孕育着这样一重内涵，即在朱光潜的后期美学思想中，也应该有"两个阶段"的划分和认识；如果只是笼统地讨论"后期朱光潜"，实在掩盖了这层重要的区分，也就将朱光潜在"新时期以来"的"第二次思想转型"一齐抹煞掉了。④在此分析的基础上，笔者提出了"两次转变"的观点：第一次转变是1949年，由于学术环境和话语方式发生了重大的变化，朱光潜由前期坚持的表现主义美学（或形式主义美学）转向了马克思主义美学；第二次

① 阎国忠：《朱光潜美学思想研究》，沈阳：辽宁人民出版社，1987年，第12—19页。

② 参阅阎国忠：《攀援——我的学术历程（上）》，《美与时代》，2012年6月下（总第467期），第10—11页。

③ 比如在"第一次综合"时期阎国忠认为是"在尼采的酒神精神和日神精神的基础上进行的"，这一点笔者并不敢苟同；我认为其基础应当是"美感经验"，而美感经验的核心是克罗齐的"直觉说"，而这个观点也几乎是目前学界的一个共识。

④ 在朱光潜美学思想的"历史分期"问题上，朱光潜自己也承认是"两分法"，即以1949为界分为前后两期；这种划分方式在目前学界得到了普遍认同，比如朱光潜的侄女朱式蓉与许道明合著的《朱光潜：从迷途到通径》、蒯大申的《朱光潜后期美学思想研究》等著作都是沿用这种分期方式。肖鹰在《朱光潜美学历程论》中提出了"四阶段分期法"，即"前美学时期"（1897—1925）、"美学时期"（1926—1935）、"美学实践时期"（1936—1948）和"美学批判时期"（1949—1986），实际上也只是将朱光潜的前期思想更加细化而已，并没有走出"两分法"的总体格局。（参见肖鹰：《朱光潜美学历程论》，《清华大学学报》（哲学社会科学版），2004年第1期，第32—38页。）在这些著作当中，甚至包括朱光潜的自我概括，虽然都意识到朱光潜后期美学思想中有这种明显的阶段变化，但却没有明确地提出"两次转变"的概念，自然也就很难谈及朱光潜"坚守"的部分，以及"坚守与转变"的逻辑关系了。与阎国忠的分期方式较为接近的是李丕显，他将朱光潜的学术思想分为三个阶段：三四十年代、50年代和60年代以后，但是其不足也与阎国忠类似。[参见李丕显：《朱光潜美学思想述评》，收入四川省社会科学院文学研究所编：《中国当代美学论文选》（第3卷），重庆：重庆出版社，1985年，第201—246页。]

转变发生在1976年，由于"文革"历史走向了终结，新时期的号角吹响了新的学术征程，朱光潜不仅勇于打破"学术禁区"，而且在新形势下将前期思想中的合理部分重新整合起来，从而继续推动着中国当代美学的发展进程。笔者以为，"两次转变"（或"两期三阶段"）的提出，是有利于将朱光潜美学思想的整体样貌和发展轨迹完整揭示出来的，对于更加深入地研究朱光潜也提供了一个很好的思路和视角。

郭因对朱光潜美学思想研究的不足在于缺乏明晰性，主要表现在对后期朱光潜的分析过于笼统，没有体现出那种转变的层级关系，而这一点被阎国忠较好地克服了；但是阎国忠的不足正在于没有意识到朱光潜美学思想转变过程中"不变"的部分，以及到底"变了多少"，而这一点在郭因那里有较好的体现。简而言之，对于郭因先生的研究，我们要做的是更加细化和深入；对于阎国忠先生的研究，我们既要明确朱光潜美学历程中的"两次转变"，又要将已经细化和深入了的"变"（转向）与"不变"（坚守）的逻辑架构嫁接过来。这样，本书的主要线索就厘清了，即通过"两次转变"的提出，具体研究朱光潜美学思想在其"转变"过程中哪些是一以贯之的（即坚守的部分）、哪些是发生了转向的、在"不变"与"变"之间究竟呈现出了怎样一种逻辑关系等。

但是，如果仅就上述线索所体现的内容进行研究的话，虽然同已有的研究而言具有一定的新颖之处，但在笔者看来也无非只是注意到朱光潜美学思想历程中的某些细节而已，一旦点明并梳理清楚，其存在的价值也就到此为止了。而笔者思考的重点是，如何通过"两次转变"的提出，进而将朱光潜美学思想的当代性展示出来呢？真正的学术不是重复，而是推进；即使思考是不成熟的、阐述是不完整的，我也愿意奋力一试。我相信，只有这样才能无愧于朱光潜"美学泰斗"的名誉，才能将朱光潜美学思想中"活"的一面展示在大家面前。

二

朱光潜在中国现当代美学史上的作用不需要重新"定位和确立"，因为他的重要影响是众所周知的；但是朱光潜美学思想的"当代性"却需要进一步发掘，因为不发掘就不能很好地体现其美学思想的"当代性"，而且还容易在当代五光十色、林林总总的西方美学理论中被淹没、被消散、被遗忘。朱光潜不应该只是成为中国现当代美学史（即教科书里）的主角，也可以成为我们当代、时下美学理论体系建设的主角，只要我们"有心"去发掘。

为此，笔者首先细读了《朱光潜全集》的前十卷，做了超过30万字的笔记，然后再翻阅了关于他的研究著述及20世纪的文艺思潮史，对朱光潜基本有了较为全面的了解。其次，为了将朱光潜美学思想的当代性展示出来，笔者以为一个很重要的路径就是要对当代学术热点进行一些深入思考和体会，看是否能与朱光潜建立起联系，并进行比较研究，这样才能发掘朱光潜美学思想中"不过时"的元素，重估其价值。最后，笔者还必须在自己已有的知识背景中去广泛搜罗，确定自己的能力范围，某些主题在与相关专家的研讨和碰撞中就这样产生了，新颖而有学术价值，但却在我的能力范围之外或者时间不允许，因此也不得不有自知之明地忍痛割爱、另寻他途或再接再厉；但有一点是自始至终都必须遵循的，就是从美学的角度对目前研究朱光潜的领域要么有所拓展、要么有所深化。

朱光潜的美学论著不是高头讲章，而是美文；读朱光潜的文章不仅可以获得新知，还能得到一种美的享受，如沐春风。朱光潜的创作从一开始就受到广大青年的青睐和竞相阅读，其实不仅满足了他们的求知欲，还有思想启蒙、对"人"自身及"心灵"的认识等。在当时，朱光潜的文章一出来就以一种清新自然、淡雅通透的气质展现在人们面前，人们惊讶于朱光潜的才情，也钦羡于他的文采。实际上，朱光潜首先是以作家的身份在文坛上崭露头角的，比如说《给青年的十二封信》；至于说后来的《悲剧心理学》《文艺心理学》《谈美》等，其实每一个篇章的散文气质都非常浓厚，说理晓畅、文笔隽永。那么，朱光潜的这种散文化气质缘何而来呢？许多论者认为，那是因为朱光潜的古文功底深厚，深谙国学传统，又是安徽桐城派的后代，自小受过良好的私塾教育，因此文笔自然就好。但笔者认为这些都是必要条件，而不是充分条件；关键是要看朱光潜与美学发生联系是从什么时候开始的。显然，朱光潜写作第一篇美学文章《无言之美》发生在1924年的春晖中学时期，我们讨论朱光潜的美学思想理应从这个时候开始。那么，凭什么说奠定朱光潜后来美学思想发展路径的不是传统文化而是来自白马湖散文精神的影响呢？理由有四：一是当时以春晖中学为中心的白马湖畔集聚了一大批名家大腕儿，如夏丏尊、李叔同、丰子恺、朱自清、俞平伯、叶圣陶等，他们品茗论酒、高山流水、书生意气，在文章风格和审美追求上具有趋同性。二是他们教学办刊，反叛传统，志在启蒙与"立人"，如若朱光潜一心向往传统、钟情于孔孟之道，恐怕很难融入其中。三是朱光潜与白马湖文人建立了深厚的友谊，在学术之路上曾得到了夏丏尊、朱自清等前辈的大力提携，不仅在经济上支持了朱光潜的写作道路，而且在精神上也得到了极大的鼓舞，前期朱光潜的大部分著作都是经开明书店出版发行，从而成就了朱光潜在学术上的重要影响力。四是朱光潜后来经常谈起的"以出世的精神，做入世的事业"，其实也是受到李叔同（弘一法师）的影响；带着这样的人生理想，朱光潜在欧洲留学时期为什么首先接受了克罗齐，其原因也大半在此，因为克罗齐的美学谈直觉、讲究审美的非功利性。但是就目前对朱光潜的研究而言，众多的论者基本低估甚至忽略了白马湖文人及其散文精神对朱光潜美学之路的玉成作用，因此研究还很不充分，值得进一步深究。[1]

其次还需要注意的是，朱光潜在欧陆留学八年，边学习边写作，几乎检视了西方自柏拉图以来的各种文艺思潮；朱光潜外文极好，既有广泛接纳新事物的能力，又有哲学思辨的头脑，因而在各种理论间游刃有余。实际上，熟读《文艺心理学》《谈美》的读者都知道，朱光潜并不是那种寓于一家一派的学者，而是那种尽可能地全面了解、客观分析，从而兼收并蓄的学者，如：文艺与道德的关系问题，朱光潜认为形式派与载道派都各有短长；[2]如联想所伴随的快感是否是美感的问题，朱光潜认为内容派与形式派都"持之有故，言之成理"；[3]再如主观派与客观派之间，朱光潜从来都是主张美在"心物之间""主客之间"，只是说在朱光潜的思想中偏重于

---

① 就目前而言，在笔者眼界之内只有商金林的《朱光潜与中国现代文学》对此论题有较为深入的论述（参见商金林：《朱光潜与中国现代文学》，合肥：安徽教育出版社，1995年，第7—27页。），至于王建华、王晓初主编的论文集《"白马湖文学"研究》（上海：上海三联书店，2007年）主要涉及一些赏析性文字（如对《无言之美》的赏析），以及朱光潜在白马湖时期的交游情况等，基本淡出了"白马湖散文精神与朱光潜后来美学历程间的紧密关联性"这一话题；况且此书编辑质量堪忧，因为错漏之处甚多。

② 朱光潜：《朱光潜全集·文艺心理学》（第1卷），合肥：安徽教育出版社，1987年，第294—297页。

③ 朱光潜：《朱光潜全集·谈美》（第2卷），合肥：安徽教育出版社，1987年，第33—34页。

"心"和"主观"的一面而已；①即使如朱光潜给克罗齐以极高的赞誉，将近代美学家粗略地分为"克罗齐派"与"非克罗齐派"，但是朱光潜同样也承认，"在本书里大致采取他（指克罗齐）的看法，不过我们和他意见不同的地方也甚多"。②朱光潜批判性地继承了克罗齐的美学思想，其实他的这种学术态度也代表了他对整个中西美学传统的态度。况且，在考察中西美学理论的过程中，有"两个现实"问题是一直萦绕在朱光潜的头脑中的：一个是历史传统问题，即"中国向来只有诗话而无诗学"的问题；一个是当前的现实问题，即"新诗运动"。因此，在现实与传统的双重交织之下，必须追问的两大问题迫在眉睫，必须特别加以研究，即"一是固有的传统究竟有几分可以沿袭，一是外来的影响究竟有几分可以接收"。③朱光潜的这种自觉地追问必然导致自觉地建构。那么，朱光潜是如何建构自己的美学理论体系的呢？笔者主要从三个方面来加以论述，即从"我们应该何去何从""建设一种自己的理论"和"建立一种新美学"入手，这三个细节其实也正好反映了朱光潜30年代的《文艺心理学》和《谈美》、40年代的《诗论》，以及新中国成立后的理论思考和思想状态，为我们进入朱光潜的体系建构找到了一条确实可行的研究思路和线索，同时也为我们面对中西语境和文化碰撞中的"如何西方美学中国化"问题提供了一个有益的借鉴和启示。

与此同时，还有朱光潜对表现主义美学的宣扬问题。周来祥曾指出，就东方和西方的古典美学而言，"西方偏重于再现，东方则偏重于表现"。④笔者以为这种概括是符合客观事实的。毕达哥拉斯学派从数学的观念来研究音乐、柏拉图和亚里士多德都讲究"模仿"、亚里士多德更是将"比例、秩序、整一"作为美的三原则，这些都说明了西方古典美学中重视"再现"的一面。温克尔曼在《论古代艺术》中就认为，希腊杰作的一个主要

①　笔者以为，这种"倾向性"是人所共有的，更是一位学者不可或缺的一种品质。这个道理人所共知，不必赘述。

②　朱光潜：《朱光潜全集·文艺心理学》（第1卷），合肥：安徽教育出版社，1987年，第359、353页。

③　朱光潜：《朱光潜全集·诗论·抗战版序》（第3卷），合肥：安徽教育出版社，1987年，第3—4页。

④　周来祥：《东方与西方古典美学理论的比较》，收入曹顺庆选编：《中西比较美学文学论文集》，成都：四川文艺出版社，1985年，第15页。

特点就是"高贵的单纯和静穆的伟大"。①这个流传千古的评价中的"单纯"和"静穆",其实主要就是从模仿、写实、再现方面来谈的。而在中国古代,"诗言志"是一个最古老的观点,《乐记》载:"凡音之起,生人心者也。情动于中,故形于声。"②这说明,以抒情、言志、表现为基础的美学体系在中国古典美学中占据了相当大的部分。如果说周来祥的观点主要是就中西古典美学而言的话,那么到了现代之后,无论是西方还是东方,再现论和表现论此消彼长的态势则呈现出空前的复杂性;特别是进入中国30年代之后,以再现论为基础的现实主义传统和以直觉论为基础的表现主义传统,二者之间的论争由于夹杂着阶级斗争的因素更是到了白热化的程度。在这样的情况下,面对民族危亡和阶级对立,朱光潜为什么还要执着于宣扬表现主义美学呢? 这不仅应该成为我们所要探求原因之一,还应该注意到,某些学术话题可以局限于一时一地,然而有些话题却是具有普遍性和超越性的,特别是进入80年代之后,"情感本体"的重新崛起给我们带来了丰富的启示。鉴于这种情况,笔者以为再次回到朱光潜当年所宣扬的表现主义美学思想就显得非常必要了。至于"逆时而为",主要是相对于当时的左翼文艺理论家而言的;但在笔者看来,唯有能够"逆时而为",才能"逆势而上",方才显出朱光潜的学术品格,以及对美学理论形态的丰富等。

三

不可否认,朱光潜在前后期美学的思想形态上差异是相当大的。1949年中华人民共和国的成立,中国的政治环境发生了翻天覆地的变化,学术的话语方式也发生了改变,学术研究的主题也随着政治环境的变化被限定在一定的范围之内;再加上政治运动的推动,新中国成立后很长一段时期内纯粹学术争鸣的空气和土壤已经非常稀薄。在这样的情况下,不仅是朱光潜,甚至来自整个国统区、沦陷区和"孤岛"的知识分子都必须被加以全方位的改造,共同为巩固新生政权服务。所以,以1949年为界,在四

---

① ［德］温克尔曼著:《论古代艺术》,邵大箴译,北京:中国人民大学出版社,1989年,第41页。

② 《乐记·乐本篇》,转引自朱良志编著:《中国美学名著导读》,北京:北京大学出版社,2006年,第6页。

大文艺思想体系中，只有解放区文艺思想体系不仅迎来了政治地位的大翻身，同时也在思想领域首先斩获了理论的制高点和优先权；至于来自国统区的朱光潜，接受各方批判和进行自我改造也就顺理成章了。那么，他的哪些美学思想在转型过程中逐渐淡出了他的理论视野，或者在后期美学思想中很少提及呢？或者朱光潜的后期美学生涯较前期而言，又呈现出哪些新的特点呢？本书对此作了大概的梳理，并成为推进研究的一条很重要的线索，在此不再赘述；除此之外，本书还着意于在已有研究的基础上，从朱光潜美学思想出发开辟出新的理论话题，并与当前学术热点结合起来，以此来发掘朱光潜美学思想的当代性，如"悲剧的衰亡"话题、"自然美"话题和"朱光潜现象"等。

就目前而言，国内研究"黑格尔与朱光潜"之间关系问题的众多论文或著述当中，笔者以为存在着一个容易为人忽略的方法上的误区，即研究者不是首先去考察朱光潜是如何具体地理解和阐释黑格尔的哲学（美学）思想，而是要么将黑格尔作为朱光潜的理论渊源之一、要么讨论黑格尔是如何参与到朱光潜美学体系的建设中。这种思维方式的局限是显而易见的：眼里只看到"理论渊源"的研究容易让黑格尔的光辉遮蔽朱光潜，眼里只有"朱光潜体系"的研究则容易让朱光潜的光辉遮蔽黑格尔。这种遮蔽是双重的，很容易人云亦云，难以推进朱光潜研究；相反，具体地考察朱光潜对黑格尔的理解和阐释，则不仅可以取得相得益彰的效果，还可能因此发掘出新的学术热点，比如，朱光潜对黑格尔"艺术终结论"的阐释中敏锐地意识到了"悲剧的终结"就是显著一例。

熟悉朱光潜的同仁都知道，他在《文艺心理学》《谈美》和《悲剧心理学》中阐述美学思想的时候就大量涉及西方悲剧理论和悲剧作品，他对那些经典悲剧的著名桥段的熟悉程度甚至达到了信手拈来的程度。朱光潜不仅是美学家，还是戏剧评论家。在他的博士论文《悲剧心理学》中就融进了许多他对悲剧作品的独到体会。但可惜的是，朱光潜的《悲剧心理学》至今仍未受到学界的足够重视，其原因大概有二：一是《悲剧心理学》最初是用英文写成，翻译成中文的时间较晚；二是国人对悲剧了解较少，给予这方面的关注不多，除了在"中国有无悲剧"问题的争论上。值得注意的是，朱光潜在《悲剧心理学》中不但敏锐地发现了黑格尔的"艺术终结论"问题，还在尼采《悲剧的诞生》和对悲剧的现实观照中受到启发，发现了一个更深层次的美学主题，即"悲剧的衰亡"。遗憾的是，国内学术界不仅没有留意到朱光潜对黑格尔的理论发现，更没有留意到朱光潜提出"悲剧的衰亡"论的重要论断及其前后逻辑，因而有将其重新发掘出来的必要。①

其次是自然美问题。在工业社会之前，人们谈到"自然美"的时候，其隐形的标准其实是艺术美，即他们在说"自然美"的时候往往是将自然当成了艺术。康德在《判断力批判》中为什么要对美进行严格限定，其目的就在于找到一种纯粹的普遍的美，这种美无关快适、无关善、无关概念，而是"只以一个对象（或其表象方式）的合目的性形式为依据"。②康德的这个思想被克罗齐继承了下来，同时也被朱光潜接受了；虽然后来朱光潜也走向了一种整体的有机观，但是对于"一棵古松"的三种态度着实在朱光潜美学思想中占有重要地位。黑格尔在他的《美学》中同样谈到：尽管在我们的日常生活中经常说到美的颜色、美的天空、美的河流、美的花卉、美的动物，甚至美的人，"不过我们可以肯定地说，艺术美高于自然。因为艺术美是由心灵产生和再产生的美，心灵和它的产品比自然和它的现象高多少，艺术美也就比自然美高多少"，按照黑格尔的说法，"自然美只是属于心灵的那种美的反映"。③这无异于是说，当人们在说"自然美"的时候，他们看到的其实是艺术美，他们是在用讨论艺术美的方式看待自然，因而自然也就仿佛是美的了。同样的，黑格尔的这种严格区分艺术美与自然美的观念也得到了朱光潜的认同。朱光潜说："艺术常利用这种自然美，但是它本身不就是艺术美。"④朱光潜认为，人们通常理解的自然美除

---

① 朱光潜在1933年出版的博士论文《悲剧心理学》中已经注意到黑格尔的"艺术终结论"问题，再结合当时的电影和视觉艺术正大行其道，朱光潜敏锐地发现并提出了"悲剧的衰亡"这一重大理论命题。但是，无论是前者还是后者，国内学术界基本都没有给予足够的重视，甚至完全忽略了。后来，黑格尔的"艺术终结论"被美国当代艺术评论家阿瑟·丹托发掘出来，成就了他具有重要影响的文章《艺术的终结》（1984）及著作《艺术终结之后》（1997）。国内众多学人由于追慕丹托，同时也将其所讨论的"艺术终结论"与现代艺术和美学的转向并联起来，竟一时成为国内学界的热门话题，而朱光潜的当代意义仍旧被冷落一旁，笔者认为这是和朱光潜在当代所应具有的学术影响是不相一致的，因而有必要将隐秘于热潮背后的朱光潜的光辉揭示出来。

② ［德］康德著：《判断力批判》，邓晓芒译，杨祖陶校，北京：人民出版社，2002年，第56页。

③ ［德］黑格尔著：《美学》（第1卷），朱光潜译，北京：商务印书馆，2008年，第4—5页。

④ 朱光潜：《朱光潜全集·文艺心理学》（第1卷），合肥：安徽教育出版社，1987年，第337页。

了是指艺术美，还有一种就是指事物的常态，它并不排斥人的生理作用。比如中国古代所认为的，无论是"羊大为美"还是"羊肉的味道美"，都是将快感和美感等同起来了，既不是康德意义上的，也不是黑格尔意义上的美。因此，通过梳理"自然美"由从属于（或依附于）艺术美到"自然美"本身的所具有的独立地位的过程，其中蕴含着深刻的社会变迁史——这就是工业革命以来的社会、人居，以及审美理念等的深刻变化。如果说古典时期谈"自然美"讲究形而上的、非功利的、抽象的，那么当下的趋势就是形而下的、实用的和现实的。环境的恶化和生活质量要求提高的矛盾不得不将我们拉回到现实中来，从而也引导着我们去反思和改进我们曾经为之津津乐道的理论；但是另一方面，极端的现实主义却与我们的心灵和幸福指向相悖离。因此，我们只有意识到了这一点，才能更好地保持一种人生态度的恰当性——即在追求人类福祉的道路上既能勇往直前又不违背自己。马克思一直专注的"人的异化"问题，在当代不仅没有消退，反而通过各种形式、层出不穷地表现出来！

但实际上，人在追求自己的人生理想过程中从来没有"违背自己"的时候是很难的，特别是身在历史转型的大潮中。毫无疑问，朱光潜美学思想中的"两次转变"就正是社会历史发生深刻变化的必然结果。像所有从国统区、沦陷区过来的知识分子一样，朱光潜迈入新时代之后的学术道路也不是一帆风顺的，而政治气候和社会空气要求他首先要做的就是自我批判；自我批判是知识分子的真正自嘲，以此来换取政治上的合法性，同时，知识分子的锐气和清高也在无形中自我挫伤。在一个极"左"思潮横行的年代，一个纯粹的知识分子将以一种怎样的面貌来应对这一切呢？正如鲁迅当年在《忽然想到（六）》中所说的，目下的当务之急首先是生存，其次才是发展。[1]因此我们可以看到，朱光潜的《美学批判论文集》也出现了对他人的恶意中伤，比如对胡风；[2]但朱光潜毕竟是一个在美学和思想史上有着精深造诣和学术坚守的学者，绞尽脑汁的构陷和恶意中伤不是他的风格，然而回到学术领域的自由研讨竟成了朱光潜的一个奢求。朱光潜从来都没有放弃信念，而是在理论创作受到诸多限制的情况下将研究重心

---

① 鲁迅：《鲁迅全集·华盖集》（第3卷），北京：人民文学出版社，2005年，第47页。
② 详见朱光潜：《朱光潜全集·剥去胡风的伪装看他的主观唯心论的真相》（第5卷），合肥：安徽教育出版社，1989年，第3—10页。

转向了翻译，以译代言，从而开起了另一段辉煌卓越的学术征程。朱光潜从新中国成立初期到"文革"结束之中的遭遇不是个别的，而是一代知识分子、一代人的惨痛记忆，但是朱光潜在那样艰苦的条件下所取得的成功却具有个别性和特殊性。从中国当代文学的"曹禺现象"到美学中"朱光潜现象"，我们看到的是一个不仅没有被"打倒"的朱光潜，还是一个更加坚韧、更加矍铄、更加伟岸的朱光潜。在我看来，朱光潜留给后代的，不仅是那学富五车的美学和艺术思想，更有那能够激励后人的精神品格。

四

末了，本书还须解答理想读者可能产生的另一个疑问：将朱光潜"转变"过程中的美学思想与当代学术热点结合起来，是否有"生搬硬套"之嫌呢？笔者的回答是否定的。

"生搬硬套"是发掘传统理论资源过程中最容易犯下的一种毛病，论者往往为了迎合当前学术热点研究的需要从而对自己的研究对象进行过度发掘，甚至虚张声势、牵强附会、无中生有，以此来获得学界的某些关注；论者们自以为提出了某些新的观点和学术见解，但它们却是建立在不可靠的根基之上的，因而学术意义并不大。应该注意的是，"生搬硬套"和有意的"误读"还是有所区别的：前者是不动脑筋的错误的价值取向；而后者却是因为文本本身所呈现出来的"张力"和"复义"①性，因而与阐释学的内容紧密结合在一起。在本书中，主体研究部分的所属内容，都是建立在对《朱光潜全集》前十卷的"细读"基础之上的；只有从朱光潜美学思想中发掘出与当代学术热点建立联系的事实基础和可能性，文章才有得以推进的可靠依据。毕竟，空中楼阁是学术探究的大忌。比如举其中一例，第三章第二节的主要内容是就朱光潜在《悲剧心理学》中提出的"悲剧的衰亡"问题进行探讨，而之所以将其和当前正论得如火如荼的"艺术终结论"联系起来，是因为朱光潜论"悲剧的衰亡"的理论本身是从黑格尔的《美学》出发，而且发现黑格尔"艺术终结论"的观点也比丹托早，其中也多次提及艺术让位于宗教、哲学的问题。但是国内学者长期以来并

---

① "新"批评术语，详情参见：《"新"批评文集》（赵毅衡编选，北京：中国社会科学出版社，1988年）的相关文章，下"细读"同。

未对朱光潜的本论题给予足够的重视，因而本论文将其重新发掘出来供各位研究者明察秋毫。总之一句话，学术研究是最忌讳不依事实的空谈的，本博士论文正竭力回避这样的不实之言。

其次，之所以将朱光潜与中国当代学术热点结合起来，是因为其美学思想当中本来就蕴藏着许多具有学术价值的东西与之相联系，并值得我们去发掘和开采，如当代中国美学话语问题、学术体系建设问题等。当我们因为难以跟上五光十色的西方理论的更新而错愕的时候，当我们因为陷入纷繁复杂的头绪而手足无措的时候，当我们也可能遭遇理论与现实的双重困境的时候，其实此时正适合我们静下心来去考察和回味朱光潜的美学内涵，或许我们就能够从中获得新的启示和良好助益。当然，笔者之所以还要强调其美学的"当代性"，是因为在论述过程中也增加了不少新鲜的内容，这是和我们当下的现实生活紧密联系在一起的，但在朱光潜当年的学术语境中却未必出现或者并不显露，比如环境美学的问题。理论要向前发展，我们就必然要融进新的元素，并与先前的观点有所不同；因为我们不是"照着讲"，而是"接着讲"。①更进一步说，要"接着"朱光潜"讲"，要发掘朱光潜美学思想在当代的学术价值和现实意义，将其与当代研究热点结合起来无疑是最好的方式之一。

朱光潜的美学思想是一个开放的体系，博大而深邃。本著也仅仅只是就笔者眼界之内，在已有研究的基础之上做一些踏踏实实的工作，并着意于发掘出某些新的东西。朱光潜尚且称自己的工作只是"补苴罅漏"，那么笔者对朱光潜的研究就只能算是冰山之一角了，更多的工作只有留待以后的努力吧。勉之矣！

---

① "照着讲"和"接着讲"的观点是冯友兰先生就"新理学"的命名而提出来的，详情参见冯友兰：《三松堂全集·心理学（绪论）》（第4卷），郑州：河南人民出版社，2001年，第4页。冯友兰的这个观点被当代美学家叶朗先生加以发挥，在学界产生了重要的影响，参见叶朗：《从朱光潜"接着讲"》，《北京大学学报》（哲学社会科学版），1997年第5期，第69—78页；该文也收入叶朗主编：《美学的双峰——朱光潜、宗白华与中国现代美学》，合肥：安徽教育出版社，1999年，第1—24页。

第一章 理论与现实：朱光潜的美学形态

第一节 朱光潜与李泽厚：从理论争辩到历史和解

记得刚刚跨进大学的中文系，一股"后现代"的风气就扑面而来。科任老师在课堂上讲"后现代主义"，来校讲座的教授讲"后现代主义"，同学之间也在讨论"后现代主义"，校园里似乎到处弥漫着一股"后现代"的空气。美术学院的学生在书院门口净身一条小裤衩，几个同伴将不同的颜料从他的头上淋下，他沉浸在颜色的"洪流"里，非常享受，仿佛回到了母亲的怀抱，或者正逢着久旱之后的甘霖，再或者还有其他的意蕴深藏其中。但是对于像我这样的大学新生而言，当时见到这场景着实没有什么理解，除了担心他回去之后是否能够将淋在身上的颜料洗净之外；然而身旁一位看起来很有见识的兄台却一语道破天机："又是行为艺术！又是行为艺术！后现代的把戏果然是一出接着一出啊！"听罢，我们同寝的几个兄弟都无不投去艳羡的目光。但是，虽然大家嘴上三句话离不开"后现代"，可是我的周围却没有一个人能够说清楚"后现代"到底是什么；我又专程到图书馆翻阅了相关的中英文书籍，但是除了得到一些描述性的印象之外，竟然没能找到一处对"后现代主义"有过一个确切的定义。大家都在谈"后现代"，然而对它却只有一个模糊的印象，这就是我当时乃至现在也一直感到颇为困惑的地方；就像野兽派的颜色，只要最大限度、最为夸张地挥洒和表现就足够了，至于为什么总要套用"后现代"的冠冕似乎也是无伤大雅的事情。

在那个时候，我懵懂地感觉到自己似乎无法适应或跟上"后现代"的节奏和花样翻新的表演，以及那琳琅满目的各家"后现代"理论，于是我的兴趣索性转移到了阅读《史记》《战国策》《鲁迅选集》和《"新"批评文集》等这样一些自己感兴趣的著作上去，虽不时髦，但偶有所得，同样也兴奋异常；也是在那个时候，我初步体会到思考给人带来的乐趣和充实。于是在大学毕业那年，我考上了美学专业的研究生。但是在读研究生之前，我对朱光潜基本是没有什么了解的，尽管后来我才知道朱光潜是中国现代美学史上的大师级人物；况且，我不但对朱光潜知之甚少，而且在阅读鲁迅杂文的过程中甚至形成了某种对朱光潜的偏见，因为在鲁迅笔下，朱光潜、梁实秋这些人物不仅是属于"京派"的，而且是资产阶级趣味的代言人，他们的著作脱离现实、高唱"帮闲"的调子，甚至充满了"反动"的气息。那个时候，我着迷于鲁迅的嬉笑怒骂，也欣赏他的机智幽默、生动谐趣，当然我也同意鲁迅讲的，研究一个人就是对这个人不断熟悉的过程，也是逐渐用这个人的观点和标准去看待、评判或修正其他人的过程。但是即便如此，我也只是单纯从字面去认识和钦佩这其中所蕴藏的洞察力，却很难用这样一种观点去重新认识和检查鲁迅本人及被他批判过的人及其著作；毕竟，鲁迅太伟大了，我沉浸在他的伟大运思之中，从而也不可避免地用他的思考代替了我的思考，用他的判断代替了我的判断，用他的立场代替了我的立场。我自以为学有所得，并且将这种错觉当成一种自信，特别是谈话、写文时再套用"鲁迅说"的名义之后，我就觉得自己的言语更加有分量、更加有力度了。带着这样的自信，我心满意足地跨入了研究生的门槛。

研究生的学习过程终于使我下定决心也来涉猎一下这些被鲁迅批判过的，然而又在中国现代文学史上被尊为大师的朱光潜、梁实秋、胡适、周作人等的作品；我一看就入迷了。他们的作品充满了清新、自然的空气，一下子就吸引了我。直到这个时候我才忽然意识到，以前在脑海中所储存的那些"伟大的观念"，全都是鲁迅的，我自己的一句也没有。我自以为早已经了解朱光潜、梁实秋、胡适、周作人等"京派"文人的目标取向和精神追求，殊不知这全都是间接地获得，而最缺乏的正是亲身体会和真情实感。真情实感从何处来？那就是亲自去阅读他们的作品。

一

　　青年人的学习总是容易陷入某种心高气傲、轻浮自信的误区，偶有所得，于是就沾沾自喜；实际上，到研究生学习阶段在多数情况下仍旧应该是积学储能的阶段，更何况在实践中还需要更多的磨炼和提升。一来就要建立某种体系的学术理想，在多数人那里实际还是痴人说梦，这样的妄想其实离学术的门廊还有很远。但这并不代表每个有为的青年才俊都非要等到垂垂老矣才可以来着手体系建构的问题，至少，在中国现代和当代美学史上各有一位这样的大师为我们树立了高尚的丰碑，他们就是朱光潜和李泽厚。

　　真正认识朱光潜，是从阅读李泽厚的著作开始的。

　　进入研究生阶段的学习之后，我的学习重心就转移到了美学经典原著的阅读上，其中最喜爱、读得最多也最认真的著作是李泽厚的《美学三书》(《美的历程》《华夏美学》和《美学四讲》)《中国思想史论》和《杂著集》等。李泽厚无疑是中国20世纪后半期最伟大的美学家之一。他初涉文坛便崭露头角，凭借三篇长文 [《论美感、美和艺术》(1956)、《美的客观性和社会性》(1957)、《关于当前美学问题的争论》(1957)] 一举在"美学大讨论"中成为"四大派"之一；他的"美是社会性的，又是客观的，它们是统一的存在"①的观点不仅与朱光潜的"美是主客观的统一"思想产生了激烈的交锋，而且成为中国当代美学在特定发展时期一个绕不开的话题。美学大讨论的热闹之后，年轻的李泽厚参与编写了由王朝闻主编的《美学概论》，这部书从讨论、编写到成书历时三年，汇聚了当时美学界一大批一流学者的大量心血，许多名字我们现在仍旧耳熟能详，如王朝闻、李泽厚、刘纲纪、叶秀山、周来祥、李醒尘、朱狄、曹景元等，从而也将这部教材推到了经典和范本的位置上。朱光潜则单独挑起了编写《西方美学史》的重任。实际上，无论是朱光潜的早期作品如《文艺心理学》《谈美》《悲剧心理学》还是后期的《西方美学史》，朱光潜"熟谙西学，直接研读原文，提炼材料，呈出思想"的深厚学术修养显露无遗；而他的《西方美学史》不仅是汉语学界第一本关于西方美学史的著作、对美学学

---

　　① 李泽厚：《门外集》，武汉：长江文艺出版社，1957年，第67页。

科具有开拓性的作用，而且至今仍有自己的特色。①

"文革"十年是我国的一场浩劫：长时间的社会动乱使得国民经济发展迟缓，经济管理体制更加僵化，大批党政军领导干部、各界知名人士和群众受到诬陷和迫害，整个社会长期陷于瘫痪和不正常状态。在这种极端条件下，有人坚贞不屈，有人阿谀逢迎，有人改弦易辙，有人看淡世事，总之，人性被扭曲了，许多同志由于各种复杂的原因及关系从而表现出非正常的习性来。年迈的朱光潜那个时候已经不能再自由写作了，因为身边有不少活生生的例子表明那样做会十分危险，但是再深重的灾难也不能阻止朱光潜用一种"出世的精神"来保持心灵的自由；很难想象，朱光潜在接受繁重的劳动改造之余，仍旧乐此不疲地进行身体锻炼，因为他坚信这样的黑暗不可能一直持续，他要留待好身体去奉献给自己亲爱的祖国及心爱的美学。朱光潜的后期学术生涯将大部分精力放在了美学名著的翻译事业上，他是在用另一种形式使自己的学术生命得到了延续和发扬。也是在那个时候，已经步入而立之年的李泽厚虽然早前也发表过一些具有重要影响的文章，同样也被下放到明港干校参加劳动，饱受身体和精神的折磨。但就在那种最艰苦的环境之下，李泽厚从来都没有放弃"自己的信念，沉默而顽固地走自己认为应该走的路。毁誉无动于衷，荣辱在所不计"。②或许，越是艰苦的环境才越使人头脑保持清醒，从而能够花大把的时间来认清自己真正的需要究竟在哪里，或者真正沉下心去做一些事情。可以这么说，李泽厚是"十年磨一剑"，他用康德的《纯粹理性批判》填补了自己内心的清苦，也伴随他走过了那一段最为荒唐的岁月，而他在干校时期认真留下的笔记，也就成为他后来写作《批判哲学的批判》的雏形。实际上，朱光潜、李泽厚两位大师只是中国"文革"十年中坚守理想、不轻言放弃的学者之中的两个最为典型的代表；许多像他们这样在最艰苦条件之下仍旧坚持"地下思考、边缘写作"，顶着《毛选》看《纯粹理性批判》或其他"反动"书籍的中年人和青年人，其实正成为我们现在这个时代的中坚和脊梁，并指导着中国的未来。

李泽厚是一位目光向前、锐意进取的学者。"四人帮"垮台，当不少

---

① http://blog.sina.com.cn/s/blog_4de3517001008ssi.html（张法的 BLOG）
② 李泽厚：《杂著集·走我自己的路》，北京：生活·读书·新知三联书店，2008 年，第 7 页。

人还停留在心有余悸的内在挣扎的时候，当不少人正在抒发和排遣满腹牢骚或累累"伤痕"的时候，当不少人还在苦苦纠缠"过去"而不能立马转过弯来领略新时代那新鲜的空气的时候，李泽厚的《批判哲学的批判》已经出版并且产生持续而重大的影响了。李泽厚在马克思主义实践观的基础上批判继承了康德的先验主体性思想，从而完成了主体性实践哲学（人类学本体论）的基本框架，以及从"实践"向"主体性"的迁移；而接下来《美的历程》《华夏美学》和《美学四讲》的相继出版，更是将以李泽厚为代表的实践派美学的学术地位在中国得到完全确立。李泽厚讲："美之所以不是一般的形式，而是所谓'有意味的形式'，正在于它是积淀了社会内容的自然形式。所以，美在形式而不即是形式。离开形式（自然形体）固然没有美，只有形式（自然形体）也不成其为美。""内容向形式的积淀，又仍然是通过再生产劳动和生活活动中所掌握和熟练了的合规律性的自然法则本身而实现的。"[①]这样，李泽厚不仅将康德的审美鉴赏所具有的"共同感"问题赋予了更多的社会内涵和实现基础，从而摆脱了过去那种单纯从政治层面简单来看待美学基本问题的错误倾向，同时他也借助"实践"的力量将"社会性"凝结于"个体性"当中了。所以，作为实践之一的审美活动表面上看是个体的，其实它早已经不可避免地带上了"人类"的意义。风起云涌的80年代无疑是李泽厚的时代，李泽厚被尊为"青年的导师"，他提出的"积淀说""情本体""美是自由的形式""自然人化"等思想，被人们竞相传诵和津津乐道，同时也指引着他们去重新认识和反思自己的社会和历史，从而发现了被压抑、被隐藏、被埋没的"人"和"人性"。

在整个80年代，"人学"思想的讨论恐怕是中国所有历史时期当中最集中、最热门，也是最深刻的话题。"文学即人学""美学即人学"，它既承载了五四以来"人的文学""人道"和"人文"的话语，同时又开启了新时期"文学主体性""人性论""人文精神"的大讨论。有学者就这样指出："80年代的人道主义思潮是20世纪中国现代人文话语的集散地，既有五四式启蒙主义的人文话语，又可把90年代的'人文精神'论争视为其后果或重申；既重复了30年代'人性'/'阶级性'的论战过程，也是50—

① 李泽厚：《美学三书·美的历程》，天津：天津社会科学院出版社，2008年，第24—25页。

70年代作为'异端'的人道主义话语的主流化。"①关于这一点，朱光潜是有深刻体会的。比如，朱光潜在50年代同样也谈到过"形象思维"的问题，但是随着学术氛围的极端政治化，不久之后不仅形象思维不能谈，而且包括人性、人情味、人道主义和共同美等问题，也都成了学术的禁区。当新时代的春风扑面而来的时候，被解放了的文人、学者们可以卸下身上的棍棒和身心的凌辱，重新轻装上阵，畅所欲言，学术界的活力自然也就生机盎然了。我们看到，老年的朱光潜又重新拾掇起了沉寂多年的创作之笔，相继出版了《谈美书简》和《美学拾穗集》，虽然其学术影响已不能与当年同日而语，但是他翻译的黑格尔《美学》和维柯的《新科学》却可以称得上是他整个学术生涯的压轴大作，有力地支持了中国当代美学的深入发展和可持续性。

如今，批判、斗争的年代已经远去了，一位大师已经作古，另一位大师也已经迈过八旬，且成为客居他乡的游子，但他们仍旧是中国现当代美学史上的两座不可逾越的丰碑，矗立在美学的高山之巅，令人景仰。朱光潜和李泽厚两位美学大师相差33岁，成长于不同年代，蜚声于不同时期，理论基点自然也不同。朱光潜立足于美感经验（即"审美经验"），用美感经验来解决美学中的基本问题；重视美学研究中的文学现象、心理学个案的引证和分析，重视文艺创造和欣赏的关系，并从中寻求具有普遍意义的美学规律；更可贵的是，朱光潜还用这种审美的和艺术的眼光去看待人生，将人生审美化和艺术化。②在学术研究中陶冶自己的情操，升华自己的人格，"以出世的精神做入世的事业"，朱光潜就是这样一位真诚而淳朴的美学大师。而李泽厚则主要是以美的本质和根源为重点，通过强调美的共同本质、共同理式来建构自己的理论体系。李泽厚曾多次表示，《批判哲学的批判：康德述评》"本义也并非专讲康德，而是通过康德与马克思的联结，初步表达自己的哲学"。③李泽厚的哲学是什么呢？从体系上讲，那就是人类学历史本体论；从内容上讲，那就是以研究康德哲学及美学为

①　贺桂梅：《人文学的想象力——当代中国思想文化与文学问题》，开封：河南大学出版社，2005年，第77页。

②　毛宣国：《朱光潜、李泽厚：对西方美学接受的两种范式》，《美与时代》（下），2011年第3期，第14页。

③　李泽厚：《批判哲学的批判：康德述评·循马克思、康德前行》，北京：生活·读书·新知三联书店，2007年，第456页。

主线，在"自然的人化"思想的观照下去吸收和阐发现代西方的优秀文化成果；从方法上讲，李泽厚从马克思开始，经过康德，进入中国传统，从"工艺—社会"结构走向"文化—心理"结构，从社会、历史和理性走向个体、感性和直观，从而将历史与心理结合了起来。因此，李泽厚的哲学是将马克思、康德和中国传统融成了一个"三位一体"，而"人"是其哲学最后的落脚点。①实际上，朱光潜和李泽厚两位大师站在20世纪各自的历史时期，分别就人的生存状态和现实追求问题做出了自己最全面而生动的美学回答。

二

历史是最富有戏剧性的：英雄明明要惺惺相惜，然而现实却偏偏让他们以对立的姿态出现在历史舞台上。在旁人看来，李泽厚和朱光潜是"论敌"，他们在50年代的美学大讨论中曾激烈地相互批评过，即使到了朱光潜暮年，两人在美学观点上也互不相让；但是鲜有人知，朱李二人的私交却非常好：他们在闲暇之余常一块儿喝酒，朱光潜称赞李泽厚的文章写得很好，而李泽厚则钦佩朱光潜的勤勉、清远和高致。②实际上，被卷入大讨论中的众位学人之间的斗气、说重话、夸张、罗织罪状等，往往都是出于某种自保和被迫的需要，谁又怎会不明白不这样做的严重后果呢？

李泽厚的第一篇美学文章《论美感、美和艺术》发表于1956年末，那个时候正在掀起批判朱光潜的高潮。油印稿出来以后，李泽厚寄了一份给贺麟看；贺麟觉得不错，便转给了朱光潜。朱光潜阅稿之后回复贺麟说，这是批评他的文章中写得最好的一篇。贺麟也让李泽厚看了这封回信。1986年，朱光潜先生去世了，李泽厚怀着万分沉重的心情立马写了《悼朱光潜先生》一文表达自己对先生的纪念和哀思，其中就谈起了整件事的经过；在2002年的一次访谈中，李泽厚仍旧提起朱光潜当年对他文章的称赞事由。③由此可见，两人的第一次未曾谋面的交锋给年轻的李泽厚留下了

① 朱仁金：《康德与李泽厚：西方美学中国化个案研究》，西南大学硕士论文，2010年，第37页。

② 李泽厚：《杂著集·悼朱光潜先生》，北京：生活·读书·新知三联书店，2008年，第48—49页。

③ 李泽厚、戴阿宝：《美的历程——李泽厚访谈录》，《文艺争鸣》，2003年第3期，第44页。

极为深刻的印象，李泽厚的内心也受了很大的触动，因此这次精神的相遇李泽厚看得很重，一直念念不忘。实际上，美学大讨论中的朱光潜处境已经相当艰难，虽然他也深知相互批判之中的火药味，但即使这样，朱光潜也从不忘记培育下一代的美学人才，对后起之秀充满了鼓励和殷殷期盼，并没有因为文章是在批判自己而心生怨恨；相反，对于那些没有美学的基本常识，据有某些错误理论和思想却又要来指手画脚、夸夸其谈的人物，朱光潜则感到痛心疾首，于是在花甲之年仍旧坚持学习俄语，对一些重要的马列著作还要进行重新翻译和校正，就足以见出朱光潜纯粹学者的特性和执着的品格。

美学大讨论的起点及向理论纵深发展，都不能不说很大一部分归结于朱光潜的推动；当然，李泽厚、高尔泰等年轻后辈能够平等地参与到讨论之中，还与当时"百花齐放，百家争鸣"的社会开放风气紧密关联。李泽厚作为四大派之一，他提出的"美是客观性和社会性的统一"，以及由此建立起来的实践派美学思想，在当代中国美学界仍旧影响深远，尽管已经受到来自以杨春时为代表的后实践美学和以刘悦笛为代表的生活美学的挑战。①但是即便如此，这也无损于李泽厚作为中国当代最有影响力的哲学家和美学家之一。刘再复就曾非常肯定地指出："我一直认为，李泽厚是中国大陆当代人文科学的第一小提琴手，是从艰难和充满荆棘的环境中硬是站立起来的中国最清醒、最有才华的学者和思想家。"②2010年在新出版的美国《诺顿理论与批评选》中，李泽厚成为进入这个一直由西方理论家统治的文论选的第一位中国人；顾明栋先生向《诺顿文论选》推举李泽厚的最主要原因就在于李泽厚美学思想的原创性价值。③李泽厚的美学思想发轫于对朱光潜的批判，但是进入80年代之后他的思想与50年代已经有了显著的变化，这是有目共睹的，尽管李泽厚本人特别强调前后期思想的一贯性。当李泽厚甘冒风险偷偷地阅读《纯粹理性批判》而不是《毛选》的

①　参阅杨春时：《走向后实践美学》，合肥：安徽教育出版社，2008年；刘悦笛：《生活美学——现代性批判与重构审美精神》，合肥：安徽教育出版社，2005年；刘悦笛：《生活中的美学》，北京：清华大学出版社，2011年。

②　刘再复：《序：用理性的眼睛看中国——李泽厚和他对中国的思考》，载：李泽厚、刘再复合著：《告别革命：回望二十世纪中国》，香港：天地图书有限公司，2004年，第27页。

③　详情可参见顾明栋：《〈诺顿理论与批评选〉及中国文论的世界意义》，《文艺理论研究》，2010年第6期，第17—22页。

时候，其实这种改变也正在李泽厚早期所形成的思想体系内部悄悄地发生，同时也带来了他的原创性思想产生的理论动力。于是我们很容易就可以发现，《批判哲学的批判：康德述评》和接下来的《美学三书》都是以一种崭新的面貌出现在国人面前的，不仅适应了时代思想解放的需要、为"文化热"推波助澜，还快速获取了大批青年追求知识和追逐理想的青睐。

令人吊诡的是，随着当代学术的不断拓展和推进，李泽厚所奠定的实践美学方向正在遭受到越来越多的批评，一个重大的变化就是转向了朱光潜的早期美学理论，即转向了对活生生的审美经验的重视。虽然当代学术并没有完全重复朱光潜，但是"朱光潜研究热"正在如火如荼地开展起来；当代学术不仅修正了朱光潜对审美经验的定位，还试图挖掘审美经验的本体论基础，从而将美学建立在一个更加自明的基础上。[①]或许，在这个意义上，曾经饱受诟病和批判的朱光潜及其美学思想，它的真正春天不在过去，而在当下。

三

李泽厚和朱光潜在美学界初获声名时几乎同龄：朱光潜在白马湖时期写出第一篇美学文章《无言之美》时27岁；李泽厚写出第一篇美学论文《论美感、美和艺术》时26岁。在构筑自己的美学体系过程中，他们都倾心于同一位或同一派哲学的门下，他就是康德：朱光潜批判地吸收了康德、克罗齐的形式主义美学思想，倡导一种直觉主义或表现主义美学；李泽厚则将马克思和康德连接起来，批判地继承了他们的哲学和美学思想，从而将中国特有的历史感同马克思的历史唯物论、康德的人类知识的认识论结合起来，创造性地提出了文化"积淀说"。朱光潜的早期美学思想重视情趣、心灵、性格和表现，后期注重人性、人情味、人道主义，总之，"人"在朱光潜美学中一直占据着绝对的位置；而李泽厚为了超越自己的主体性实践哲学，他在《华夏美学》中提出了著名的"情感本体"理论，即一种"以情感为本体的哲学命题，从伦理根源到人生境界，都在将这种感性心理作为本体来历史地建立"。[②]朱光潜和李泽厚

---

① 彭锋：《朱光潜、李泽厚和当代美学基本理论建设》，《学术月刊》，1998年第6期，第15页。

② 李泽厚：《美学三书·华夏美学》，天津：天津社会科学院出版社，2003年，第389页。

都站在中西之间，将西方理论与中国传统资源融合起来，不仅为国内学人认识西方打开了一扇窗口，更为重要的是，他们各自所建立的美学体系，以及所取得的经验还为我们如何认识西方提供了有益的借鉴和启示。他们分属于20世纪不同的时代，朱光潜的辉煌主要成就于上半期，李泽厚的辉煌主要成就于下半期，但正是因为这样，他们共同完成了中国20世纪美学的书写、传承和延续，不仅充实和武装了他们各自时代追逐知识和理想的人们的头脑和灵魂，而且也为新世纪中国美学的新发展打下了坚实的理论基础。

美学作为一门独立的学科迄今已走过260多年的历史，但美学研究从来没有像今天这样与文化研究紧密结合在一起。面对异质文化的强势介入，面对多元文化的相互碰撞和融合，面对全球化所带来的机遇与挑战，我们如何才能既要有效吸收外来资源为我所用，又能彰显自己本土理论的气质和特色，这是摆在当前中国理论界一个亟待解决的问题。笔者以为，本书以朱光潜为研究对象，希冀通过回到大师、回到经典文本、回到"新"批评所倡导的"细读"中去，从而将朱光潜美学的深刻内涵与当代性结合起来并加以发掘，其实这也正是我们当代人继承传统、兼收并蓄、开启新知的一条重要路径。

第二节　两次转变：朱光潜美学历程新论

朱光潜的美学思想大致可分为"两期三阶段"。"两期"主要是由朱光潜本人提出并为学界所公认的以1949年为界分为前后两期。"三阶段"则主要是从朱光潜美学思想发展的总体面貌来说的：第一阶段主要是解放前，这一时期的美学思想主要展示为西方美学；第二阶段是新中国的成立到美学大讨论，这一时期的美学思想几乎表现为马克思主义美学；第三阶段则是"文革"之后的新时期，虽然朱光潜的美学思想仍旧是马克思主义的，而且在不断深化，但在实现形式上又与第二阶段有所不同，而是带有浓厚的前期西方美学的特征。因此，本节所探讨的"两次转变"就主要是针对朱光潜后期美学思想中所涉及的两个阶段而言的。

1981年在《朱光潜美学文集》的"作者说明"里，朱光潜将自己的美学思想大致分为解放前和解放后两个时期。①目前，这种"二分法"在学界基本得到了普遍认同，如朱式蓉、许道明、钱念孙、宛小平、丁枫、魏群、劳承万、王攸欣、蒯大申、薛富兴、高金岭、商昌宝、徐迎新等学者。②其次，学者肖鹰还提出了"四个时期"的论断，即"前美学时期"（1897—1925）、"美学时期"（1926—1935）、"美学实践时期"（1936—1948）和"美学批判时期"（1949—1986），③也可以看出1949年中华人民共和国的成立对于朱光潜美学思想的发展变化影响重大，而肖鹰正是在将朱光潜解放前的美学思想更加细化来加以讨论的，实际上仍可归入"二分法"的范围。众所周知，以1949年为界，朱光潜美学思想前后期的变化是很大的：前期主要是接受了康德、克罗齐的直觉论美学，后期则转向了马克思主义美学，这前后期的重大差异不仅体现在哲学基础上，而且在美学形态、话语方式上都发生了巨大的变化。应该说，朱光潜美学思想的这种"二分法"显然是有其合理性的；那么，相对于朱光潜的前期思想，在他的后期思想基础之上提出的"两次转变"，是否具有这个必要呢？笔者认为是有必要的，因为通过这两次转变的分析，可以整体展示朱光潜美学思想的全貌，以及前后期美学思想的转变与内在统一性，而且也有利于通过朱光潜个人思想的发展变化展示出20世纪中国文艺理论界的峰回路转和曲折前行。

从已有的研究来看，对朱光潜后期美学思想的转变研究已经为一些学者所注意，但是由于各自研究的视角不一样，所以强调的重点也有所不同。早在1985年出版的《中国当代美学论文选》第3卷中就收录了李丕显的《朱光潜美学思想述评》一文，文中将朱光潜学术思想主要分为三四十年代、50年代和60年代以后三个时期，就已经注意到将朱光潜在新中国

① 朱光潜：《朱光潜美学文集》（第1卷），上海：上海文艺出版社，1982年，第18页；另见《朱光潜全集》（第10卷），合肥：安徽教育出版社，1993年，第566页。

② 依次见专著或论文：《朱光潜：从迷途到通径》（朱式蓉、许道明合著）；《朱光潜与中西文化》《朱光潜：出世的精神与入世的事业》《朱光潜与马克思主义美学》（钱念孙）；《朱光潜论》（宛小平、魏群合著）；《朱光潜美学历程的回顾与思考》（丁枫）；《朱光潜美学论纲》（劳承万）；《朱光潜学术思想评传》（王攸欣）；《朱光潜后期美学思想述论》（蒯大申）；《"美学大讨论"时期朱光潜美学略论》（薛富兴）；《边缘整合——朱光潜与中西美学家的思想关系》（宛小平）；《论朱光潜对西方美学的翻译与引进》（高金岭）；《检讨：转型期朱光潜的另类文字》（商昌宝）；《试论朱光潜美学的人学品格》（徐迎新）。

③ 肖鹰：《朱光潜美学历程论》，《清华大学学报》（哲学社会科学版），2004年第1期。

成立之后的美学思想作为两个阶段加以梳理，但对朱光潜整个思想体系的前后贯通方面的论述还稍显不够。①1987年阎国忠出版专著《朱光潜美学思想研究》，将朱光潜美学思想概括为"综合—批判—综合"的过程，即20年代末到30年代初、30年代中到60年代中、70年代末到80年代初三个逻辑层次，也说明了阎先生已经意识到朱光潜在70至80年代的美学思想，其特征是有别于新中国成立初期的，有必要单独作为一个阶段来看待，而批判之后重新回归"综合"显然也是一种更高层次的内在统一性。②1994年，阎先生的专著《朱光潜美学思想及其理论体系》则在此基础上作了进一步的解析：书中的三、四、五编则直接将朱光潜的后期美学思想概括为转型、反思和重构三个部分，特别是"重构"部分已经涉及本文即将论述的"第二次转变"的内容，但是由于阎先生主要是从总体上对朱光潜后期美学思想进行论述和把握的，③这也就给笔者留下了继续研究的空间，即一是要明确提出"两次转变"的观点，二是着重从朱光潜美学思想中较之新中国成立初期"转变"的部分进行分析，既要突出"第一次转变"时没有论及的部分，又要突出与30至40年代发生连接的部分，从而揭示朱光潜前后期美学思想的发展变化和逻辑统一。1996年王德胜发表《转折与蜕变——朱光潜美学思想的转变》一文，认为朱光潜的美学思想在50年代中期到60年代初是其思想剧烈转变的时期，为80年代初期的美学思想发展奠定了理论前提，其思想内核仍旧表明了朱光潜80年代的美学思想有单独讨论的必要性，与新中国成立之初是存在着显著差异的。④1998年杨恩寰发表《朱光潜美学与马克思主义》一文，该文提出了早、中、晚三期的思想划分，即审美直觉论到审美意识（形态）论再到审美实践（创造）论。显然，杨先生也赞同朱光潜的后期美学思想是有"两个阶段和两种理论形态"的，但是杨恩寰讨论后期思想的时候主要是从马克思主义的

---

① 李丕显：《朱光潜美学思想述评》，《中国当代美学论文选》（第3卷），重庆：重庆出版社，1985年，第201—246页。
② 阎国忠：《朱光潜美学思想研究》，沈阳：辽宁人民出版社，1987年，第12—19页。
③ 阎国忠：《朱光潜美学思想及其理论体系》，合肥：安徽教育出版社，1994年，第177—352页。
④ 王德胜：《转折与蜕变——朱光潜美学思想的转变》，《北京社会科学》，1996年第3期，第76—83页。

角度来讨论的，①而笔者提出"两期三阶段"论，即朱光潜后期美学中所蕴含的"两次转变"的思想除了注意到朱光潜沿着马克思主义道路继续前行的一面之外，还注意到朱光潜对其早期美学思想重新认识和构建的一面；这既是对50年代以来文艺政治化的一种拨乱反正，也是在马克思主义基础上的一种深化和发展过程。

这样看来，研究朱光潜后期美学思想中的"两次转变"是有意义的，不仅有利于揭示朱光潜美学思想的全貌，而且通过朱光潜这个缩影，也利于展示中国当代美学思想的发展进程，具有思想史的意义。

一

从现有研究来看，已有学者涉及这方面的内容，但是由于研究的目的不尽相同，他们并没有明确提出"两次转变"的观点，而本文就是要通过这个观点见出朱光潜整个美学思想的变异和贯通，从而体现出时代与个人在潮流与价值取向之间的双重博弈。

那么，他的这种根本转变是偶然的吗？朱光潜说："中国人民革命这个大运动转变了整个世界，也转变了我个人。我个人的转变不过是大海波浪中的一个小浪纹，渺小到值不得注意，可是它也是受到大潮流的推动，并非出于偶然。"②事实也确实如此。如果再结合当时的国际环境和国内形势，以及朱光潜在大讨论中所表现出来的理论执着和体系建构来看，就更不是偶然的了。这即是说，朱光潜美学思想的转变既有客观现实的要求，也有其理论发展的内在逻辑。

第一，从国际形势看，"反修正主义"浪潮席卷中国文艺理论界，思想改造势在必行。当时，美苏"冷战"已经开始，世界为两极所主导，新中国在夹缝中生存，所以奉行的是"一边倒"的外交政策。③特别是1950年《中苏友好同盟互助条约》的缔结，标志着中苏关系正式进入"蜜月"期；在毛泽东、刘少奇、周恩来等党和国家领导人的倡导之下，学习苏联

---

① 杨恩寰：《朱光潜美学与马克思主义》，《马克思主义美学研究》（第2辑，刘纲纪主编），1998年，第200—201页。

② 朱光潜：《朱光潜全集·自我检讨》（第9卷），合肥：安徽教育出版社，1993年，第535页。

③ 毛泽东：《毛泽东选集·论人民民主专政》（第4卷），北京：人民出版社，2009年，第1472—1475页。

蔚然成风。因此，无论是在政治、科技，还是军事、文化领域，中苏之间都建立了密切联系。在文艺理论界，列宁、普列汉诺夫、别林斯基、车尔尼雪夫斯基、杜勃罗留波夫、卢那察尔斯基的文艺思想在全国范围内得到迅速传播。但到了1956年2月，米高扬在苏共二十大的演说中批判了斯大林的清洗行动及其著作《联共（布）党史简明教程》，而时任苏共中央第一书记的赫鲁晓夫则作了《关于个人崇拜及其后果》的反斯大林的"秘密报告"，这在中国高层引起了极大的震动。同年10月，社会主义阵营内部又发生了两起重大事件，一是苏联与波兰的关系突然恶化，一是匈牙利事件的爆发，导致社会主义阵营内部出现严重的裂痕。这三起事件，加上之前的苏联与南斯拉夫的紧张局势，使得苏联"老大哥"的形象和"一边倒"政策都遭到了质疑；而更为严重的是，苏联经典也正在遭到前所未有的解构，其造成的思想混乱也将中国带入了一场旷日持久的国际"反修、防修"的大论战当中。在这样的国际大背景之下，为了确保新生政权的稳固，统一思想就显得至关重要。于是，一场声势浩大的思想改造运动就如火如荼地开展起来了。

第二，思想改造运动，其实是一场首先在文艺领域掀起的政治风暴，在某种意义上，它也是延安时期整风运动的复现。1942年5月，中共中央宣传部召集延安的文艺工作者举行座谈会，毛泽东作了《在延安文艺座谈会上的讲话》的报告。这篇纲领性文献所涉及的文艺为谁服务、如何服务、文艺批评标准、文艺统一战线，以及文艺斗争方法等重大问题，不仅统一了解放区的文艺思想，也为新中国的文艺思想奠定了基础。当时周扬就作了这样的预言："今天我们在根据地实行的，基本上就是明天要在全国实行的。"[1]到新中国成立前夕，中华全国第一次文代会在北京召开，这次大会的指导思想也主要是以《讲话》为内容，进一步强化了文艺的意识形态性和文艺为政治服务的功能。1949年10月1日，中华人民共和国成立，四大文艺思想体系在共同的"解放"语境中合流：一是解放区文艺思想体系、一是国统区文艺思想体系、一是沦陷区文艺思想体系、一是"孤岛"文艺思想体系。[2]这些思想体系来源多样，背景错综复杂，相互之间

---

① 周扬：《周扬文集·艺术教育的改造问题》，北京：人民文学出版社，1984年，第411页。

② 柏定国：《中国当代文艺思想史论（1956—1976）》，北京：中国社会科学出版社，2006年，《前言》第1页。

的分歧也特别严重。那么，如何规范这些思想、将它们融合在一起并形成合力，共同为巩固新生政权服务，这就是摆在当时文艺思想界的一个重要政治课题。果然，从1951年到1955年，知识分子改造运动先后开展了对冼群的小资产阶级的批判、对《武训传》反历史的思想的批判、对萧也牧创作倾向的批判、对俞平伯的红楼梦研究的批判、对胡风文艺思想的批判等，权力的介入无疑起到了立竿见影的功效。特别是"胡风事件"出现之后，他"及其追随者的悲惨遭遇，对于那些敢于坦率陈述批评意见的知识分子来说，无疑起到了极大的警醒作用"。[①]在这种政治高压之下，艺术家、理论家自动分流，不约而同地走上了以下三种道路：一种是政治附庸型，如郭沫若、曹禺、老舍、茅盾、丁玲等，他们的创作已经大不如前；一种是隐逸型，如沈从文、钱钟书、巴金等，他们从此失却了自己的创作；一种是若即若离型，如朱光潜，他虽然也免不了被批判的命运，但是仍旧在很有策略地发出自己的声音，其著作和大量翻译作品，为中国当代美学的繁荣奠定了雄厚的基础。

第三，朱光潜在解放前的美学思想主要是表现论美学体系，与左翼文艺理论家的思想观点格格不入，这是否就意味着朱光潜对马克思主义美学毫无了解呢？显然不是。事实上，朱光潜对马克思主义的了解很早就开始了。据朱光潜自述，他在20世纪20年代就听过李大钊和恽代英两位先烈的讲话，[②]而李恽二人是最早在中国宣传马克思主义的代表之一。再从史料上看，朱光潜第一次提到马克思及其著作《资本论》是1922年3月30、31日发表于《时事新报》的《怎样改造学术界？》，[③]而在三四十年代的著作中，有关马克思主义的内容也不时有所涉及，特别是《资本论》一书朱光潜尤为推崇，曾多次推介给青年学生阅读。这应该不失为朱光潜与马克思主义保持联系的一条暗线索。那么，既然朱光潜这么早就接触到了马克思主义，为什么朱光潜却没有走上马克思主义的道路，而是选择了康德、克罗齐一线的表现论美学呢？原因有二：一是由中国现代文艺理论体系亟须

① 宋伟、田锐生、李慈健：《当代中国文艺思想史》，开封：河南大学出版社，2000年，第111页。
② 朱光潜：《朱光潜全集·作者自传》（第1卷），合肥：安徽教育出版社，1987年，第2页。
③ 朱光潜：《朱光潜全集·怎样改造学术界？》（第8卷），合肥：安徽教育出版社，1993年，第29页。

建设的紧迫性决定的，这从《诗论》"抗战版序"、《中国文学之未开辟的领土》和《长篇诗在中国何以不发达》等著作中可窥见一斑；一是在当时特定的历史条件下，由于翻译问题及认识力的差异，中国人所接触和了解的马克思主义文艺理论并不全面，"其中还包含着波格丹诺夫的文艺'组织生活'论，'拉普'派的'唯物辩证法创作方法'，美国作家辛克莱的'一切的文艺是宣传'，还有日丹诺夫的影响"，①以及基尔特社会主义等片面的、不准确的乃至非马克思主义的内容。这些"流行的马克思主义"，在一定程度上改变乃至扭曲了马克思主义的真实面貌和框架，也影响了朱光潜对经典马克思主义的判断。所以在1941年朱光潜才这样描述了他对马克思主义的印象："极端的唯物史观不能使我们满意，就因为它多少是一种定命论，它剥夺了人的意志自由，也就取消了人的道德责任和努力的价值。"②而出现这种理解的偏差，也为朱光潜后来要"进一步学习马克思主义"埋下了伏笔。

第四，朱光潜对克罗齐哲学、美学思想的持续批判是导致其理论转向马克思主义的内在动力之一。虽然康德、克罗齐所宣扬的表现论美学与中国传统文论有某种亲缘关系，如《尚书·尧典》的"诗言志"，经陆机的"缘情"说，严羽的"妙悟"说，李贽的"童心"说，王士禛的"神韵"说，再到三袁的"性灵"说，强调文艺的非功利性和情感表现，但是克罗齐思想自身也有其无法克服的问题。因此，朱光潜在接受克罗齐美学思想的同时也是从批判克罗齐开始的。在解放前朱光潜的主要美学著作当中，《文艺心理学》《谈美》《诗论》《克罗齐哲学述评》等，无不包含了朱光潜对克罗齐美学思想的批判和修补，同时也体现了朱光潜在思想体系上的困境、探索和诉求，但是由于哲学的根基没有被触动，枝叶的修剪不可能带来根本性的改变。比如说克罗齐的机械论问题，朱光潜用人的有机整体观去弥补；比如说"直觉即表现即艺术"问题，朱光潜用"传达"理论去完善；比如说价值论问题，朱光潜用"人生的艺术化"去充实。按照朱光潜的话说，这是在做"补苴罅漏"的工作，虽没有真正撼动克罗齐的哲学体系，但从后来的事实看，却为朱光潜的思想转变锻造了可能性。关于这一

---

① 代迅：《马克思主义文艺理论中国化的内在逻辑》，《文学评论》，1997年第4期，第55页。
② 朱光潜：《朱光潜全集·个人本位与社会本位的伦理观》（第4卷），合肥：安徽教育出版社，1988年，第38—39页。

点，朱光潜不是没有清醒的认识；他在1947年《克罗齐哲学述评·序》中这样写道：

"我因为要研究克罗齐的美学，于是被牵引到他的全部哲学；又因为要研究他的全部哲学，于是不得不对康德以来的唯心主义哲学作一个总检讨。……作者自己（朱光潜自指，引者注）一向醉心于唯心派哲学，经过这一番检讨，发现唯心主义打破心物二元论的英雄的企图是一场惨败，而康德以来的许多哲学家都在一个迷径里使力绕圈子，心里深深感觉到惋惜与怅惘，犹如发现一位多年的好友终于不可靠一样。"①

我们说，推倒一种理论远比要建设一种理论容易，但是推倒之后所留下的理论"空白"又该怎样去填补呢？直到解放后，朱光潜通过对经典马克思主义的进一步学习和钻研，终于找到了解决自己思想困境的出路，理论面貌也随之焕然一新。其次，从美学大讨论的情况看，吕荧、高尔泰一派宣扬"美是主观的"就表明，当时文艺理论界的思想也并非铁板一块。那么，朱光潜为什么还要从早期的主观唯心主义向"客观性与主观性的统一"转变呢？从这个意义上说，朱光潜新中国成立后的自我批判，以及在大讨论中的表现，就不能简单地解释为思想突变、向政治压力屈服或者单纯地为辩论而辩论，而是蕴含了其理论发展的复杂性和内在统一性于其中的，即转变之中有统一。正因为如此，朱光潜才"在马克思主义著作的研究中避免了教条主义"，②将反映论的思维模式带向了辩证唯物论的道路，被批判者反而能够不断开启新的话题，引领着大讨论的方向。

综上所述，我们因此可以说，朱光潜的美学思想由前期的以康德、克罗齐思想为基础的直觉主义美学转向后期的马克思主义辩证唯物主义美学，既是国际、国内形势发展的客观要求，加剧了他的思想转型，也是其美学理论自身体系发展和完善的结果，这是朱光潜思想转变的内在动力。

---

① 朱光潜:《朱光潜全集》(第4卷)，合肥：安徽教育出版社，1988年，第305—306页。

② 钱伟长、陶大镛:《不厌不倦，风范长存——沉痛悼念朱光潜同志》,《人民日报》,1986年3月21日。

二

一般认为，美学大讨论是以1956年朱光潜公开发表《我的文艺思想的反动性》一文为开端的，但就朱光潜的自我批判而言却早就拉开了序幕。1949年11月27日在《人民日报》发表第一篇《自我检讨》；1950年4月主动到北京市公安局登记，接受了8个月的管制；1951年11月26日在《人民日报》发表《最近学习中几点检讨》；1955年《文艺报》第9期发表了《剥去胡风的伪装看他的主观唯心论的真相》，该文与其说是在批判胡风，不如说朱光潜也是在批判自己；1956年12月25日朱光潜在《人民日报》发表《我的文艺思想的反动性》，美学大讨论正式开始。在朱光潜的自我批判中，正如有的学者谈到的，朱光潜的最初批判的行文"很难读出政治运动的紧张感和压迫感，相反却有一种闲庭信步之感"，[1]比如说《自我检讨》，以及在1950年发表的《关于美感》，都体现了这方面的特征。但是到了1951年底的《最近学习中几点检讨》，朱光潜自我批判的那种飘逸之气就几乎绝迹了，取而代之的是将批判上升到政治、阶级、斗争的高度，这正是1951年底开展文艺整风运动的真实写照。到《我的文艺思想的反动性》，朱光潜对自己的批判简直近乎苛责，被有的学者称为"挖祖坟式的检讨"，[2]不留一点余地。这一系列的批判，也是与朱光潜的美学观上的根本转变结合在一起的。

那么，朱光潜的美学思想是如何发生转变的呢？从朱光潜的前期作品《文艺心理学》《谈美》《诗论》看，朱光潜主要接受了康德、克罗齐的表现主义美学，并佐以布洛的距离说、立普斯的移情说、谷鲁斯的内模仿说等理论，共同铸成了一个以直觉论为中心的理论框架；同时，朱光潜又通过批判和折中调和，用中国传统文化和现实人生去检验、丰满和完善，大体完成了自己的美学体系建构。新中国成立之后，朱光潜大量阅读了马克思主义的经典著作，如《资本论》《手稿》《自然辩证法》《共产党宣言》《联共党史》《毛泽东选集》等，还自学俄语进行翻译研究，加上大讨论中的相互砥砺，如果我们抛开政治因素的话，可以发现朱光潜显然为自己早

---

① 商昌宝：《检讨：转型期朱光潜的另类文字》，《炎黄春秋》，2010年第9期，第48页。
② 王德胜：《转折与蜕变——朱光潜美学思想的转变》，《北京社会科学》，1996年第3期，第76页。

期理论的困境找到了出路，即"接受了存在决定意识这个唯物主义的基本原则，这就从根本上推翻了我（朱光潜自指，引者注）过去的直觉创造形象的主观唯心主义。我接受了艺术为社会意识形态和艺术为生产劳动这两个马克思主义关于文艺的基本原则，这就从根本上推翻了我过去的艺术形象孤立绝缘，不关政治道德实用等等那种颓废主义的美学思想体系"。[①]这就是说，朱光潜以"文艺是一种意识形态"和"艺术是一种生产劳动"这两条基本原则作为自己的理论基础，初步建立起了思想转型之后的"自己的美学观点"，[②]即"美是客观性与主观性的统一"。因此，在新中国成立之后，朱光潜要批判自己的非马克思主义思想，对前期理论体系的检讨自然要首当其冲，而批判的重心也相应地落在了克罗齐的直觉论上面。

朱光潜首先抛弃了直觉论。以前朱光潜从西方流行的知识论出发，认为人的"知"有直觉（intuition）、知觉（perception）和概念（conception）三个阶段，而审美就处于直觉阶段、专注于个别事物的形象，这就是克罗齐的"直觉的知识"。解放后，朱光潜将艺术或美感的反映分为两个阶段：第一是一般感觉阶段，这个阶段是感觉对于客观现实世界的反映。这就是说，朱光潜肯定了物的客观存在及其第一性的问题，坚持了唯物论，而这个哲学基础是和克罗齐根本区别的。第二是正式美感阶段，即意识形态对于客观现实世界的反映，因而"艺术形象"具有丰富的内容。朱光潜看到了意识的能动性，坚持辩证地统一，从而与克罗齐的机械观相区别。其次是布洛的"距离说"。之前朱光潜认为艺术与实际人生应保持一定的距离，其意图主要在于解释审美的非功利性。解放之后，朱光潜认为艺术应当遵守现实主义的原则，在艺术的功能上文艺应当为工农兵服务、为人民服务，直接响应了毛泽东《在延安文艺座谈会上的讲话》的号召。再次是立普斯的"移情说"。朱光潜运用唯物主义的观点对它进行了重新解释，认为物是客观存在的，美是物的某些属性和主观方面意识形态的契合，而不是唯心主义所认为的情感的外射、情感居于领导地位。最后是谷鲁斯的"内模仿说"。朱光潜认为筋肉活动也是能动反映客观世界的一个过程，因

---

① 朱光潜:《朱光潜全集·论美是客观与主观的统一》（第5卷），合肥：安徽教育出版社，1989年，第96页。

② 朱光潜:《朱光潜全集·美必然是意识形态性的》（第5卷），合肥：安徽教育出版社，1989年，第110页。

而体现出物质第一性。这样，朱光潜的理论基础就发生了根本性的变化，从唯心主义转向了唯物主义，从非马克思主义的理论体系转向了马克思主义的理论体系，而且不仅把握了唯物性的一面，也把握了对立统一的一面。当这种新的理论大旗树立之后，对于艺术的具体问题自然也就相应地发生变化了。

第一，艺术的起源问题。《文艺心理学》和《谈美》都探讨了艺术与游戏的关系，用康德的"游戏说"、席勒和斯宾塞的"精力过剩说"、谷鲁斯的"练习说"和"发散说"，以及弗洛伊德的"升华说"加以说明。虽然论证的结果是艺术与游戏并不能等同，但是基于皮亚杰（Piaget）有关儿童心理学的例证，朱光潜仍旧"不肯轻于否认艺术与游戏的关联",[1]认为艺术伏根于游戏本能。到了《诗论》，朱光潜从诗学体系的建构出发，认为历史考古学关于艺术起源的证据"不尽可凭"，而是应当寻求一种心理学的解释，即"表现"情感和"再现"印象。[2]这都说明，解放前朱光潜的艺术起源论完全是建立在心理学的基础之上的，由心物关系过渡到了情趣与意象之间的探讨，而最终没能够逃脱克罗齐"直觉即表现"思想的影响。

到了解放后，朱光潜通过对马克思主义的认识和接受，终于抛弃了心理学的解释，取而代之的是生产劳动说。朱光潜说："马克思主义的创始人是经常从事生产劳动观点来看文艺的。首先他们认为艺术起源于生产劳动，审美的感官和人手一样是在生产过程中发展起来的。"[3]显然，朱光潜从生产劳动观点出发，已经注意到文艺不仅是一种认识过程，还是一种实践过程，辩证唯物主义正是这两个过程的统一。而人也在实践活动中，"一方面主体客体化了，人'对象化'了，人借对象显出他的本质力量；一方面客体主体化了，自然'人化'了，对象对于人之所以具有'更多的东西'，是由于人显出了他的'本质的力量'，使它具有社会的

---

① 朱光潜：《朱光潜全集·艺术的起源与游戏》（第1卷），合肥：安徽教育出版社，1987年，第373页。

② 朱光潜：《朱光潜全集·诗的起源》（第3卷），合肥：安徽教育出版社，1987年，第11页。

③ 朱光潜：《朱光潜全集·论美是客观与主观的统一》（第5卷），合肥：安徽教育出版社，1989年，第68页。

意义"。① 这里，朱光潜显然活用了马克思《手稿》里面的内容。同时，朱光潜利用生产劳动说，不仅回答了艺术的起源问题、艺术的本质问题，而且也一并解释了美是主观与客观的统一，以及客观性与社会性的统一。朱光潜说，从生产劳动观点看文艺可以得到以下结论：一、文艺不仅要反映世界、认识世界，还要改变世界；二、现实世界只是原料，文艺要在这原料上进行如毛泽东同志所说的"创造性的劳动"，才能得到产品；三、产品不同于原料，它是原料加上创造性的生产劳动，而这"创造性的生产劳动"也就是意识形态的作用。② 所以，生产劳动说与意识形态论其实也是辩证统一的。

第二，艺术美问题。在朱光潜的前期思想中，主要是阐释艺术如何表现情趣和性格，但是到后期接受马克思主义之后，他就从根本上定义艺术"首先是反映现实"。然后，朱光潜就此区分出物和物的形象，这就是著名的"物甲""物乙"说。朱光潜说：

"为着科学所必须有的概念明晰性，我把通常所谓物本身的'美'叫作'美的条件'，这是原料。原料对于成品起着决定性的作用，但是还不就是成品。艺术成品的美才真正是美学意义的美。'物'与'物的形象'的区分和'美的条件'与'美'的区分是一致的：'物'只能有'美的条件'，'物的形象'（即艺术形象）才能有'美'。"③

这就是说，通常意义的"美"指的是自然形态下的物，是原材料，只能作为美的条件，而不能作为美学意义上的美，美学意义上就是指"美"是意识形态性的，它在美感活动中必须要凝结创造性的劳动于其中。朱光潜认为，蔡仪、李泽厚、侯敏泽的错误就在于没有认识到意识形态和创造性的劳动在美感活动阶段的作用，以及社会意识形态式的反映与科学上的反映的本质区别。这样，朱光潜在牢牢把握住了马克思主义关于文艺的两条基本原则之后，对于前后思想的照应关系也就很清楚地呈现出来了：

---

① 朱光潜：《朱光潜全集·论美是客观与主观的统一》（第5卷），合肥：安徽教育出版社，1989年，第58页。

② 朱光潜：《朱光潜全集·论美是客观与主观的统一》（第5卷），合肥：安徽教育出版社，1989年，第70页。

③ 朱光潜：《朱光潜全集·论美是客观与主观的统一》（第5卷），合肥：安徽教育出版社，1989年，第76页。

其一，美感活动阶段是一个生产劳动过程，生产过程的结果就是"物的形象"，是生产成品，即艺术作品。"物的形象"不同于物的"感觉印象"或"表象"，也不是单纯地"表现"情感或者"再现"形象：表象或感觉印象只是反映了现实，艺术形象则不仅反映了物，也反映了作者自己；不仅反映了现实，也改变了现实；不仅重视客观的决定性，也重视主观的能动性。这就是朱光潜一直所强调的，美是主客观的统一。这样，朱光潜从早期思想中所认为的美感经验只是来自情趣和性格的一种聚精会神的观照的美学观就从根本上提升了，即美学既是唯物的又是辩证的。

其二，艺术形象是反映现实的一种特殊的意识形态或社会上层建筑，一方面与经济基础，一方面与其他形式的上层建筑如哲学、伦理、政治等都密切相关；它决定着个人对事物的态度，形成他对于人生和艺术的理想。因此，作为艺术的一种特质，美是属于意识形态的，只有这个意义上的美才是美学意义的美，也只有这个意义的美才表现出矛盾的统一，即自然性（感觉素材、美的条件）与社会性（意识形态、美的形象）的统一，客观性与主观性的统一。而在前期《文艺心理学》和《谈美》中，朱光潜虽然已经注意到了克罗齐的机械观，但是哲学基底仍旧是克罗齐的，因此不可避免地只能从心物关系来分析美感经验、单纯强调主观情趣和性格，忽略了物的客观存在的基础。

第三，自然美问题。在《文艺心理学》第九章和《谈美》第七章，朱光潜都谈到了自然是否有美，以及自然如何表现美的问题。首先，朱光潜说："其实'自然美'三个字，从美学观点看，是自相矛盾的，是'美'就不'自然'，只是'自然'就还没有成为'美'。""如果你觉得自然美，自然就已经过艺术化，成为你的作品，不复是生糙的自然了。"①那个时候的自然已经成为"表现情趣的意象"。其次，朱光潜还分析到，在通常情况下，自然的美丑不外分为两类：一类是能否使人发生快感；一类是是否具有常态。对于第一类，使人发生快感的就是美的，使人发生不快感的就是丑的，这种观点主要和人的生理感官连接在一起，朱光潜认为它要么缺

---

① 朱光潜：《朱光潜全集·情人眼底出西施》（第2卷），合肥：安徽教育出版社，1987年，第46页。

乏艺术价值，要么根本就不能同艺术等同起来。对于第二类，常态就是美的，变态就是丑的，这派观点主要是和实用连接在一起，按照康德的观点来说是属于"依存美"的部分。显然，这两类观点都不能使朱光潜感到满意。朱光潜说，自然中无所谓美，更不会有现成的美，美是要经过创造的。如何创造呢？那只能是事物呈现形象于直觉，从而表现出情趣和性格。这样看来，在前期美学思想中，克罗齐的影响始终占据着重要位置，而美的产生，主观情感或情趣始终占据着主导作用，自然事物只是毫无生气、被动支配和处理的材料而已。

解放后，朱光潜对于"自然"的理解已经发生了很大的变化。根据马克思主义对自然的定义，"自然"是作为人的认识和实践的"对象"，因而自然就是全体现实世界。其次，朱光潜从"美是主客观的统一"，以及美能够引起生理快感的客观效果分析出"美的条件"也有主观和客观两类，单纯的自然只是为"美"的产生提供了基础，虽具有决定作用，但是还不成其为美，还必须考虑到主观方面，要考虑到意识形态的作用。不难看出，朱光潜一方面承认客观的决定作用，另一方面也是将客观视为"美的条件"而存在的；至于主观方面的意识形态性，虽然决定于客观存在，但是这种能动性和创造性的发挥也是非常明显的，意识形态的总和同样对美的产生具有决定性的影响，因为主观也是"美的条件"。这样，朱光潜就在自己前期理论单纯重视情趣、性格、情感的思路上大大进行了拓展和丰富，取而代之的是意识形态、主观能动性和生活经验的内容。而从根本上讲，先前的理论依据是克罗齐的直觉说，后期是马克思主义的意识形态论和生产劳动理论，这是前后期美学思想分道扬镳的关键所在。

当然，除了以上三例之外，朱光潜的思想转变还表现在诸如文艺观由独立自主的"为文艺而文艺"向文艺为政治服务转变，艺术的功能由人生的个体美化向范围更广的阶级倾向性转变，艺术风格由形式主义向"美的规律"转变，美的鉴赏由看戏向演戏转变，以及理论建构的方法由折中调和向唯物辩证法转变等。通过这一系列的转变，朱光潜由前期的直觉主义美学转到了马克思主义美学上来，其理论构造展示出了新的活力，理论层次也达到了一个更高的阶段，这既是朱光潜自觉坚持理论探索的必然选择，也是其思想发展的必然结果。

三

笔者认为，朱光潜的后期美学思想还发生了第二次转变。第一次转变主要是从新中国的成立到美学大讨论这段时期，其思想的转变也是根本性的，即由唯心主义转向唯物主义，由表现论美学转向马克思主义美学，这次转变是基于哲学基础的根本变化而带来的整个美学形态的总体改变。第二次转变则是发生在"文革"之后，它相对于第一次转变而言，朱光潜所坚持的马克思主义根本路线并没有发生变化，但是在材料印证和观点拓展上，朱光潜却有一种回到三四十年代的倾向，即将新中国成立以来几乎为时代和自己所禁绝的西方现代文艺思想及其代表人物又重新提出来加以讨论，以一种更加理性、客观、公正的态度来看待自己的早期美学思想，这"既是他自己学术思想的重要拓展，又是他钻研马克思主义的重要收获"。①

至于"第二次转变"的提出，朱光潜本人也是有所表述的，在《谈美书简》开篇他说："'四人帮'反党集团被一举粉碎之后，我才得到第二次解放……"②这个"第二次解放"，其实隐含着两重意思：一是印证了朱光潜美学思想第一次转变的客观存在，二是为研究他的第二次转变提供了合法性基础。无独有偶，其实"两次转变"的形成早就为一些学者所察觉，如阎国忠就说："经过了美学大讨论，朱光潜不仅实现了美学观念上的转变，而且更加强固了自己的理论勇气。特别是进入80年代以后，他更多次冒着被扣上'回潮'的帽子的危险，领风气之先，挑起学术上的论争，从而将他的名字与当代学术思想史紧紧地联结在了一起。"③显然，当我们再次回过头来看朱光潜的这段美学历程，既不能简单地将它归结为带有政治打压式的"回潮"或"翻案"，也不能将朱光潜的"第二次转变"孤立化，而是既要看到其美学思想深化的部分，如思想的重心已经逐渐由五六十年代的反映论美学走向了七八十年代的实践论美学，也要看到其思想转变所寓意的深刻的时代特征。

1976年10月，"四人帮"被粉碎，"文革"结束，但是"文革"的余毒

---

① 钱念孙：《朱光潜与马克思主义美学》，《学术界》，2005年第3期，第285页。

② 朱光潜：《朱光潜全集·代前言：怎样学美学》（第5卷），合肥：安徽教育出版社，1989年，第229页。

③ 阎国忠：《朱光潜的学术品格》，北京大学学报（哲学社会科学版），1998年第2期，第141页。

却未完全消除：文艺黑线专政论、根本任务论、"三突出"原则等极"左"路线仍在一定范围发生着影响，一些所谓的理论"禁区"仍未敢触碰。加上这个时期华国锋又不恰当地提出了"两个凡是"的方针，也给文艺界的理论工作者带来了很大的顾虑。直到1978年十一届三中全会确定了实事求是、解放思想的方针，以及1979年第四次全国文代会所出台的一系列文艺政策之后，有关文艺的论争才如雨后春笋般地在全国兴起，如关于"伤痕"文学与反思文学的论争、关于现代主义的论争、关于人道主义的论争，以及关于"寻根"文学的论争等。虽然这些论争的侧重点各有不同，但有一点却是惊人的一致，就是要重新认识和界定文艺与政治的关系，认为文艺应当回到艺术自身的规律中去。与此同时，伴随着改革开放的春风，西方各种文艺思潮涌入中国，一时间不仅在现代派诗歌、小说和戏剧创作方面出现热潮，还出现了现代文艺批评方法热和现代文艺理论热。[1]这种局面，一方面极大地开拓了国人的眼界，另一方面又使得不少人在这种思想的狂飙之中颇感手足无措，从而引起了不少有识之士的关注和警惕。于是，如何面对这些纷繁复杂的争论，如何面对这些来自异域的五光十色的文艺思想，如何实现传统美学的现代化，以及在众声喧哗之中发出自己的声音等，这些困惑和疑问都成了迫切需要回答的问题。在这方面，朱光潜无疑是最具经验，也是最有发言权的，而且朱光潜本人也愿意不辞辛劳地贡献自己的智慧，于是，《谈美书简》《美学拾穗集》等重要著作就在这样的背景之下孕育而生了。

那么，和第一次转变相比，朱光潜在新时期的美学思想又有什么新变化呢？最直接的表现就是运用马克思主义的观点和方法来重新审视和评价其早期思想，"一方面强调了人的主体性，使人得到了不同程度的解放"，另一方面将"美是客观性与主观性的统一"同马克思的实践论相结合，形成了他晚年的实践论美学体系，推动了中国当代美学向新的阶段迈进。[2]下面，笔者再从以下几个方面作一个简要的论述：

第一，对心理学基础的重新认识。新中国成立初期，从知识分子的改造运动到美学大讨论，各方都集中精力抢占马克思主义的高地，争夺话语

① 吴秀明主编：《当代中国文学五十年》，杭州：浙江文艺出版社，2004年，第137页。
② 张伟：《认识论·实践论·本体论》，《社会科学辑刊》，2009年第5期，第20页。

权，而将对方的观点视为唯心主义，或者机械唯物主义。至于论辩后果的严重性，"胡风事件"就是一个很好的例证。在这种语境之下，朱光潜迫于形势的发展，为了不给对方留下把柄，就不得不将自己"旧时的"美学思想统统归结为唯心主义，几乎毫无保留地一刀斩断，《我的文艺思想的反动性》就是这种思维的集中体现。朱光潜说："我的《文艺心理学》《谈美》《诗论》之类书籍，本是从唯心观点出发的……主观唯心论根本否认物质世界，把物质世界说成意识和思想活动的产品，夸大'自我'，并且维护宗教的神权信仰，所以表现在文艺方面，它必然是反现实主义的，也必然是反社会、反人民的。"①显然，朱光潜为了表达"追悔"之心，将前期美学体系重视心理学的一面与主观唯心主义联系在了一起，又从主观唯心主义立场过渡到了反社会、反人民的本质。虽然这是一种相当机械和片面的逻辑论证，但在当时却非常盛行，这就是说，这顶帽子朱光潜迟早都是要戴的，倒还不如主动"交代"吧。因此，在美学大讨论和编写《西方美学史》过程中，朱光潜很注意唯物主义和唯心主义的区分，至于其中可能涉及的心理学或生理学的相关内容，一个令人忍俊不禁的事实是：无论朱光潜多么言之凿凿，后面总要加上一个"唯心主义"的尾巴，以此来表明自己的立场问题；但另一方面又暗示，康德、黑格尔、克罗齐、弗洛伊德、立普斯、柏格森等人的思想，是很难用"唯心主义"的帽子去掩盖它们的丰厚内涵。应该说，这些都是特定历史时期的产物，其本身也是与马克思主义实事求是、具体问题具体分析的精神内涵不相符合的。那么，随着新时代的到来，以及朱光潜对马克思主义研究的不断深入，这种局面的转变也就成了一种必然。

朱光潜《谈美书简》的第一篇就引用了自己1936年在《文艺心理学》中的一段"自白"，认为"事隔四五十年，现在翻看这段自白，觉得大体上是符合事实的"：研究美学的人如果不懂心理学，将会是一个很大的欠缺。②然而就笔者看来，朱光潜除了指出美学学科的非封闭性之外，一个

---

① 朱光潜：《朱光潜全集·我的文艺思想的反动性》（第5卷），合肥：安徽教育出版社，1989年，第12页。

② 朱光潜：《朱光潜全集·代前言：怎样学美学》（第5卷），合肥：安徽教育出版社，1989年，第232页；其次，在《朱光潜全集·美学拾穗集·我是怎样学起美学来的》（第5卷）第347—348页朱光潜也引用了相同的内容，只不过这次朱光潜表达得更加肯定："事隔半个世纪，现在来检查过去写的这段'自白'，它还是符合事实的。"

更大的象征意义就在于给出了一种信号，即对于自己三四十年代的美学思想，曾经被彻底否定，如今却有重新被提出来讨论并加以客观分析的必要，如果将心理学简单等同于唯心主义就一棍子打死，那无疑是将心理学狭隘化了；而是要放在自然科学和社会科学的大背景下来对心理学加以认识，比如80年代出现的各种现代主义文艺思潮中，以弗洛伊德为代表的精神分析学派就是其中很重要的一支，精神分析方法甚至一度成为"显学"就是最好的例证之一。但朱光潜显然并不急于追赶学术的时髦，而是要从根本上对心理学做出解释。

他从马克思的《经济学—哲学手稿》和《资本论》有关"劳动"的分析出发，看到生产劳动将自然人化了，人也将自己的本质力量对象化了；人在劳动过程中改造了自然，也改造了自己。因此，朱光潜明确表示："物质生产和精神生产都有审美问题，既涉及复杂的心理活动，又涉及复杂的生理活动。"①接着，在《谈美书简》第七章，朱光潜从节奏感、移情说、内模仿说，以及审美者与审美对象的类型来讨论生理作用在艺术欣赏和创造中的作用。这种现象，如果放在美学大讨论中，那是不可想象的，但是在三四十年代朱光潜的美学研究中却极为常见。在其他地方，朱光潜重新启用心理学的例子也很多，如皮亚杰对儿童心理的研究，证明婴儿最初的思考是形象思维；游戏是戏剧的雏形，儿童在游戏中得到快乐，生命力得到释放；悲剧可以使我们的情感得到"净化"和"发散"，从而有利于心理健康等。这些思想，在朱光潜的早期著作中的阐述也是很多的，但是从新中国成立以来近30年的时间里，作为观点性表述，朱光潜几乎只字不提，直到"文革"结束之后，朱光潜才重又拾起他早期思想中的这部分内容。但是有一点是必须要注意的，就是前后两期的哲学基础已经根本不同：以前是以康德、克罗齐的直觉主义，美感经验主要讨论心物之间的表现情感和再现意象；如今的哲学基础是马克思主义的辩证唯物史观，因此社会存在始终是第一位的，美感只是作为一种意识形态。

第二，关于人性论和人道主义问题。自新中国成立初期到"文革"，"人性论"问题一直是一个禁忌，在"文革"期间达到顶峰，其中蕴藏着

① 朱光潜:《朱光潜全集·从生理学观点谈美与美感》(第5卷)，合肥：安徽教育出版社，1989年，第278页。

极为深厚的阶级情绪，所以朱光潜几乎不直接涉及"人性论"问题，只是在极少数的地方谈到"人类普遍性"，这其实也包含着朱光潜莫大的学术勇气。"人类普遍性"虽然是从列宁和马克思的阶级性和党性原则出发，认为古今中外都有"人之所以为人"的共同性和"人情之常"，但即使这样，也很难不触碰到人们敏感的神经。于是朱光潜只能战战兢兢，如履薄冰，在往往观点的表述上点到即止。[①]

到了新时期，朱光潜率先将人性论、人道主义、人情味及共同美感提出来，而不把它们看成是来自资产阶级的理论和趣味一并否定掉，一是因为文艺与政治的关系问题得到重新确立，政治环境相对宽松，给了知识分子更多自由表达的空间；二是新中国成立之后长期受到"左"的或"右"的干扰，特别是林彪和"四人帮"对文艺施行的法西斯统治，给我国的文化建设带来了很大的破坏，因此新时期的文化繁荣必然要求突破文艺创作和美学中的一些禁区；三是和当时所热烈探讨的"美学是人学"和"美是人的本质力量的对象化"两大理论命题紧密联系在一起的。那么，什么是人性呢？朱光潜说，人性就是人类的自然本性，古希腊文艺信条中"艺术模仿自然"，其"自然"就主要是指人性；马克思所强调的"人的肉体和精神两方面的本质力量"就是人性。按照毛泽东的话说，"只有具体的人性，没有抽象的人性"；在阶级社会里，"只有带着阶级性的人性，而没有什么超阶级的人性"。[②]至于人道主义，朱光潜认为，在美学方面，贯穿康德和黑格尔美学著作的都是人道主义，甚至认为马克思的《1844年经济学—哲学手稿》整部书的论述也是从人性论出发的，因为他们都强调想象和情感，而想象和情感的主角最终只能是"人"，这也是区别人与动物的重要标志，不能够因为人道主义的发明权是资产阶级的货色，就在倒掉洗婴儿的脏水的同时连婴儿也一起倒掉。1983年，朱光潜在香港中文大学接受访问时还讲道："经过研究，我发现马克思主义有很高的学术价值，它不但不否定人的主观意志，而且以人道主义为最高理想。"[③]再比如人情味和

---

① 朱光潜：《朱光潜全集·论美是客观与主观的统一》（第5卷），合肥：安徽教育出版社，1989年，第93页。

② 毛泽东：《毛泽东选集》（第3卷），北京：人民出版社，1967年，第827页。

③ 朱光潜：《朱光潜全集·答香港中文大学校刊编辑的访问》（第10卷），合肥：安徽教育出版社，1993年，第653页。

共同美感，为什么纯美的爱情总是容易感染人？伟大的艺术作品如但丁的《神曲》、莎士比亚的悲剧、塞万提斯的《堂吉诃德》、巴尔扎克的《人间喜剧》等为什么能够经受住时间的考验并且超越国界？这就是毛泽东所说的"口之于味，有同嗜焉"的道理。因此，不同时代、不同民族、不同阶级是可以有共通的美感的。

　　共同美感的问题在西方自文艺复兴以来非常流行，英国经验派的休谟和博克就主张文艺要表现同情的观点；到了康德那里则被表述为情感的普遍可传达性是"以一个'共通感'为前提的"，①因此鉴赏判断虽然是个人的，却具有普遍性；在黑格尔那里，"美就是理念的感性显现"，共同美感的存在就是基于这种作为思考对象的"普遍性的理念"。②这种思想在20世纪二三十年代的中国现代主义文艺理论家那里也影响很大，如研究莎士比亚的专家梁实秋就认为，普遍的、永恒不变的人性是一切伟大作品之基础，但是这种观点遭到了来自左翼作家的猛烈批判，比如鲁迅就写了《文学与出汗》与之针锋相对。③朱光潜的《文艺心理学》《谈美》和《悲剧心理学》等著作里面都反映出了人本主义的色彩，他用有机观和传达理论来证明美感的共通性，特别是借用立普斯的"移情说"所表现出来的这种"宇宙的人情化"，展示了"人与人，人与物，都有共同之点，所以他们都有互相感通之点"，④这就是朱光潜的"分享者"。到了新时期，朱光潜又重新回到了"共同美感"的老话题，但是由于哲学基础已经发生了根本性变化，因而在阐述方式上自然也不同。他从马克思的《手稿》出发，艺术起源于劳动，于是将共同美感构筑在"劳动"的基础之上，认为劳动所产生的美感才是人类共同美感。⑤这样看来，朱光潜对人、人情、人性的关注是贯穿了他的美学发展的整个阶段的，从早期的人学认识论到50年代的人学价值论，再到80年代的人学发生论，朱光潜怀着对人生的观照，其实也

---

　　① ［德］康德著：《判断力批判》，邓晓芒译，杨祖陶校，北京：人民出版社，2002年，第75页。

　　② ［德］黑格尔著：《美学》（第1卷），朱光潜译，北京：商务印书馆，2008年，第142页。

　　③ 鲁迅：《鲁迅全集·而已集》（第3卷），北京：人民文学出版社，2005年，第581—582页。

　　④ 朱光潜：《朱光潜全集·"子非鱼，安知鱼之乐？"》（第2卷），合肥：安徽教育出版社，1987年，第21页。

　　⑤ 朱光潜：《朱光潜全集·冲破文艺创作和美学中的一些禁区》（第5卷），合肥：安徽教育出版社，1989年，第274页。

就构成了他对于美学的本体论的追问。[①]这当然是朱光潜对马克思主义的研究视野不断拓展、思想不断深化的结果。

于是，当"文革"的阴霾渐渐消退，历经沧桑巨变的朱光潜率先打出了"人性论、人道主义、人情味"的旗号，无疑为沉闷乏味的美学界打入了一剂清新的空气，"为中国的马克思主义注入了新的血液，添加了深厚的人道气息，深化了中国马克思主义的哲学义理，提高了中国马克思主义的境界"。[②]因此，文艺在时代的召唤之下，就势必要求摆脱教条主义的束缚和政策"传声筒"的地位，文艺要塑造"行动中的人"，要塑造"圆形人物"而不是"扁平人物"，就必须按照文艺自身规律、按照"美的规律"来创作文艺作品，冲破人性论和人道主义的禁区！

第三，形象思维。实际上，形象思维并不是一个新鲜话题，朱光潜在美学大讨论期间就主要从两个方面进行了讨论。一是依据马列主义关于形象思维和抽象思维的辩证统一关系，对他早期接受克罗齐式的形象思维进行批判。朱光潜说，他和克罗齐的错误都在于将直觉和想象，即形象思维直接等同起来，因为直觉无关概念、无关意志、无关联想，是孤立绝缘的，因此认为形象思维在艺术活动中也是孤立和纯粹的，与抽象思维截然对立；而在大讨论中，朱光潜根据马列主义有关形象思维的观点，认识到艺术的形象思维往往是极端复杂的活动，与抽象思维相起伏错综。[③]因此不能够将直觉和形象思维等同起来，二者的差别其实很大。二是《西方美学史》里面根据维柯《新科学》而谈到形象思维的部分。朱光潜认为维柯从历史发展观点生动说明了形象思维与艺术创造的真正关系，并且发现了形象思维的两条基本规律：以己度物的隐喻和想象性的类概念，前者导致了后来的移情作用，后者说明了典型人物是在个别中显出一般。但朱光潜又同时指出，"维柯的历史观还是唯心主义的"，[④]正是这个判断，朱光潜在晚年翻阅旧作时深感惭愧，认为"有负于《新科学》这样划时代的著作"，

---

① 徐迎新：《试论朱光潜美学的人学品格》，《学习与探索》，2011年第6期，第185—188页。

② 熊自健：《朱光潜如何成为一个马克思主义者》，《中国大陆研究》，1991年第33卷第2期。

③ 朱光潜：《朱光潜全集·我的文艺思想的反动性》（第5卷），合肥：安徽教育出版社，1989年，第17—21页。

④ 朱光潜：《朱光潜全集·西方美学史》（第6卷），合肥：安徽教育出版社，1990年，第357页。

于是决心要把它译成中文，①因此，这就注定了朱光潜还要在更深层次来重新发掘《新科学》的底蕴。

如果说在美学大讨论中朱光潜讨论"形象思维"主要是从认识论入手的话，那么到了80年代则是从认识论和实践论两方面进行考虑的，而且理论重心转向了实践论美学。朱光潜主要从《关于费尔巴哈的提纲》《实践论》《给陈毅同志谈诗的一封信》入手，认为"形象思维在整个（表象）过程中要有思维活动。就文艺说，这种思维活动是一种精神生产活动，首先是一种实践。其次才是认识"，"作为实践，形象思维生产出文艺作品。文艺作品作为一种意识形态，有助于提高人的认识，对社会发生教育作用，这是文艺作品的另一种实践意义"。②而更为重要的是，朱光潜重新把大讨论中被自己抛弃的移情作用、筋肉模仿、念动活动、创造性想象、有机论，以及儿童语言的生成等作为论证形象思维的材料，认为它既有理性认识的参与，也有情感和意志的投入，与实践活动紧密连接在了一起。③显然，实践论美学的提出不仅有利于突破二元对立思维的局限，同时也解决了朱光潜如何正确而客观地看待其早期美学思想中合理性部分的问题。

至于维柯的"诗性智慧"（形象思维），朱光潜认识到除了"以己度物的隐喻和想象性的类概念"两条基本规律以外，还有一条最基本的规律，即抽象思维必须有形象思维作基础，在发展次第上则是形象思维先于抽象思维。④这条规律，《新科学》、摩根的《古代社会》和皮亚杰的儿童心理学著作都可以提供许多有力证据。其次，和《西方美学史》相比，在后期著作中朱光潜也更加关注到维柯与马克思的渊源关系，从而克服了对维柯评价的简单化和片面性。

另外，朱光潜在80年代特别重视"形象思维"，还与历史的余留问题，以及当时正在进行的形象思维的讨论有关。1966年郑季翘曾在陈伯达控制

① 朱光潜：《朱光潜全集·维柯的〈新科学〉及其对中西美学的影响》（第10卷），合肥：安徽教育出版社，1993年，第717页。

② 朱光潜：《朱光潜全集·形象思维在文艺中的作用和思想性》（第5卷），合肥：安徽教育出版社，1989年，第487页。

③ 朱光潜：《朱光潜全集·形象思维：从认识角度和实践角度来看》（第5卷），合肥：安徽教育出版社，1989年，第479—481页。

④ 朱光潜：《朱光潜全集·维柯的〈新科学〉及其对中西美学的影响》（第10卷），合肥：安徽教育出版社，1993年，第704页。

的《红旗》杂志上大张旗鼓地声讨形象思维，但是1978年毛泽东《给陈毅同志谈诗的一封信》发表并引发广泛讨论之后，郑季翘又撰文来为自己辩护。为此，朱光潜除了怀疑郑季翘的立场和人格之外，还认为它和"四人帮"提出的"从路线出发""主题先行"论等没有本质区别。然后，朱光潜从多个方面对"形象思维"进行了探讨，其中很重要的一点就是词源学。据朱光潜考证，形象思维在英文中是think in image，变成名词是imagination（想象），意思是"用形象思维"，而不是一般所认为的"在形象中思维"。其次，在西方美学史上，过去的美学家主要是强调想象在文艺创作中的作用，如菲罗斯屈拉特、培根、鲍姆嘉通、康德、黑格尔、克罗齐等，只是到了俄国的别林斯基和德国的费肖尔才开始用"形象思维"来解释"想象"；换句话说，"想象"就是后来所讨论的形象思维。[1]如此一来，朱光潜对形象思维的讨论就又和自己三四十年代著作中的内容接轨了。而且，朱光潜为何不就此对"想象"也进行一番探讨呢？主要还是因为在早期著作中这方面的内容已经涉及很多，因而再无必要来重复先前的工作。

总之，朱光潜美学思想的第二次转变，在时代的号角声中率先提出人性论和人道主义问题，重新强调形象思维在艺术创造中的作用，虽然在很多材料、观点和方法的使用上已经和他三四十年代的思想接轨，但绝不是简单的重复，而是在更高层次上的一次更为理性、客观、有效的重构，不仅丰富了马克思主义美学的基本内容，也奠定了实践美学在中国当代美学中的重要地位。因此，我们可以说，朱光潜美学思想的转变也是"理论与实践的具体的历史的统一"。

第三节　前期朱光潜与马克思主义的关系[*]

朱光潜作为中国现代美学史上的一代宗师，经历了20世纪中国的风

---

① 朱光潜：《朱光潜全集·形象思维与文艺的思想性》（第5卷），合肥：安徽教育出版社，1989年，第291页。

＊ 本节内容"前期朱光潜与马克思主义的关系"已先期发表于《马克思主义美学研究》（北京：中央编译出版社，2012年第1期，总第15卷第1期，第27—39页。），选入本章中略有改动。

云变幻，其思想也在中西文化的碰撞、洗礼、交融中呈现出多方面、多层次的变化。可以说，研究中国20世纪现当代美学思想而不涉及朱光潜是不可能的。就朱光潜美学思想研究现状来看，主要可分为两个方面：一是研究解放前朱光潜融合中西美学思想的部分，其研究范围主要是《文艺心理学》《悲剧心理学》《谈美》和《诗论》；一是研究解放后朱光潜与马克思主义关系的部分，其研究范围主要是《美学批判论文集》和《谈美书简》。前一部分研究的不足主要有两点：一是对朱光潜最为看重的作品《诗论》缺乏足够的重视，还没有专门的研究或深入的分析；二是几乎不涉及前期朱光潜与马克思主义的关系问题，但二者之间相互关联的事实却是存在着的。后一部分研究则集中在研究朱光潜与马克思主义的关系，但是由于缺乏对前期朱光潜与马克思主义的认识和分析，其不足之处也主要有两点：一是论述朱光潜对于马克思主义态度转变的过程显得脱节或突兀；二是忽略了认识的过程性分析，因而对于朱光潜前后思想的一致性和变异性的评价机制就难免失当。因此，本文着重从学界忽视较多的朱光潜前期思想与马克思主义的关系出发，试图澄清相关事实，将朱光潜对马克思主义由漠视到接受的思想变化过程整体、如实地揭示出来，就教于学界前辈与方家。这对于客观反映出朱光潜思想脉络变化的全貌，把握中国现当代美学发展的逻辑线索，具有重要意义。

一

通过对《朱光潜全集》头十卷著作的全面阅读和核实，笔者认为现今研究或涉及朱光潜与马克思主义关系方面的著作，其错漏之处具体表现在以下四点：

第一，现有论著指出朱光潜著作当中第一次提到马克思的时间是错误的。这其中包括钱念孙、杨恩寰和宛小平。钱念孙在1995年出版的《朱光潜与中西文化》一书中写道："在朱光潜的著作中，最早提到马克思的名字是在英国留学期间的1927年。"①其后的杨恩寰、宛小平②应该说都沿用了钱

---

① 钱念孙：《朱光潜与中西文化》，合肥：安徽教育出版社，1995年，第492页。
② 参见杨恩寰：《朱光潜美学与马克思主义》，《马克思主义美学研究》（第2辑，刘纲纪主编），1998年，第185页；宛小平：《从朱光潜重估尼采和皈依马克思主义看他美学体系的内在矛盾》，《上海社会科学院学术季刊》，2001年第2期，第169页。

念孙的这一看法，将出处定在了朱光潜在1927年8月发表在《东方杂志》第24卷第15号的《欧洲近代三大批评学者（三）——克罗齐（Benedetto Croce）》一文。①但事实是，早在1922年3月30、31日《时事新报》的《怎样改造学术界？》②一文中，朱光潜就已经提到了马克思及其《资本论》的内容。③

第二，现有论著中对前期朱光潜与马克思主义的关系缺乏准确把握。认为朱光潜在解放后才开始接触到马克思主义，其代表主要是高金岭和阎国忠。虽然高金岭从2005年写成的博士论文到2008年的出版成书，涉及朱光潜"思想转型时期"的内容已经大为增加，但是核心观点仍然是："在党组织帮助下，朱光潜对过去一套旧的思想观念进行了认真清理，并初步接触了马克思主义。"④这显然不符合事实；即使这里的"接触"表达的是全面接受和吸收，但至少也是一种歧义的表达，未免给人造成一种误解：似乎在解放前的很长一段时间内朱光潜对马克思主义不闻不问、漠不相关一样。而阎国忠在《朱光潜美学思想研究》中提到："和旧中国许多知识分子一样，朱先生走上马克思主义道路是从自我批判开始的。"⑤在另一处他也说道："朱光潜之结识马克思主义，就学术角度讲，是有其必然性的。当然，马克思主义对于他完全是新的问题，他不得不像'初级小学生'一样从头学起。"⑥虽然朱光潜对马克思主义的接受有其学术思想发展的必然性，但是从朱光潜的前期著作来看，接触到马克思主义发生在20年代，在40年代已经具有较为深入的认识，并非如阎国忠所说的，开始于"自我批判"，还得"从头学起"。

第三，现有论著中的一些说法含混不清。钱念孙在《朱光潜与中西文

---

① 朱光潜：《朱光潜全集》（第8卷），合肥：安徽教育出版社，1993年，第229页。

② 朱光潜：《朱光潜全集》（第8卷），合肥：安徽教育出版社，1993年，第229—230页。

③ 关于朱光潜著作中最早提及马克思这一事实，笔者后来发现在蒯大申的《朱光潜后期美学思想述论》（上海：上海社会科学院出版社，2001年）第22页下注解①中已经提到过，故此特别指出。

④ 参见高金岭：《论朱光潜对西方美学的翻译与引进》，博士论文，2005年，第19页；《朱光潜西方美学思想翻译研究》，山东：山东大学出版社，2008年，第29页。

⑤ 阎国忠：《朱光潜美学思想研究》，沈阳：辽宁人民出版社，1987年，第136页。

⑥ 阎国忠：《朱光潜的学术品格》，《北京大学学报》（哲学社会科学版），1998年第2期，第140页。

化》中说:"1941年左右朱光潜已多少知道了一点马克思主义。"①笔者认为这种说法是含糊的,因为从下文梳理的朱光潜著作中直接提到马克思本人及其观点来看,已不是"多少知道一点马克思主义"所能概括,从而也进一步说明了朱光潜在解放前已经接触并且较深入地领会了马克思主义。

第四,现有论著中某些说法还显得片面。杨恩寰在《朱光潜美学与马克思主义》中说:"40年代前,朱光潜基本上是从政治思想角度去理解和对待马克思主义的。1949年,处在解放初期的朱光潜开始学习马克思主义著作,也是从政治思想角度,'从对于共产党的新了解来检讨我自己'。"②其实杨恩寰只看到了问题的一面。无论是解放前还是解放后,朱光潜除了是一位学贯中西的美学大家,也是一位自由知识分子,这两种特质加在朱光潜身上,使得他在面对马克思主义的时候,更多的是从学术层面,而非简单地从"政治思想角度"来加以认识。正是这个原因,在解放前的很长一段时期,朱光潜对于马克思主义的态度要么是回避,要么是漠视,一直存有戒心,这就是他一直迟迟未能走近马克思主义的真实原因所在。在朱光潜的内心,"以为不问政治,就高人一等",③这种言说的背后,其实是一个学者为了保持独立思考和价值判断所做出的必要选择。

解放后,思想改造运动空前激烈,意识形态被提到了前所未有的高度,学术的争论也成了政治立场的表征,标榜"自由主义"的朱光潜自然也不能幸免。但从主要方面看,在他发表《我的文艺思想的反动性》之后,继起的批判却在他的《美学怎样才能既是唯物的又是辩证的》一文之后风气为之一变,这篇文章被看成是"这场批判开始学术化的一个标志"。④这说明,朱光潜可以屈从于一时的政治诉求,但是骨子里却是对学术的忠贞不渝,也恰是这种思想,奠定了他以何种方式去理解马克思主义,以何种态度去回应对于他的批判。

---

① 钱念孙:《朱光潜与中西文化》,合肥:安徽教育出版社,1995年,第493页。

② 杨恩寰:《朱光潜美学与马克思主义》,《马克思主义美学研究》,1999年第2辑,第187页。

③ 朱光潜:《朱光潜全集》(第1卷),合肥:安徽教育出版社,1987年,第2页。

④ 参见周来祥、戴阿宝:《透过历史的迷雾——访周来祥》,《文艺争鸣》,2004年第1期,第54页;而薛富兴在《"美学大讨论"时期朱光潜美学略论》(《思想战线》,2001年第5期,第73页。)中则认为该文章:"(该文)标志着美学大讨论已进入一个新的阶段,即超越普及唯物主义哲学的初级阶段,而进入一个更高的辩证法思想阶段。"这其实都说明了朱光潜对于纯粹学理讨论的坚持,而不是一味政治性地扣帽子或教条主义。

最后，本论题还有一个问题是必须要回答的，就是学界对朱光潜前期思想与马克思主义的关系问题至今尚无专门研究，虽然已经为一些学者所注意，如上所述，这是否意味着这个问题就不重要呢？笔者认为是重要的。这种重要性首先是它的困难性。作为一代美学宗师的朱光潜，在解放前的著作当中却有方意无意地很少提及甚至刻意回避马克思及其经典作家作品，且即使涉及马克思主义观点的部分也是散见于他的各年代的著作之中，这是很耐人寻味的。因此必须要经过细致梳理和细心发掘才能窥探其中究竟。其次，马克思主义作为20世纪最为活跃最具影响力的思想流派之一，很早就已经被传入中国，并且在思想上和实践中都发挥着持续的重大影响，可是为什么到朱光潜这里却长时间被忽略或者漠视呢？最后，新中国成立之后，朱光潜运用马克思主义来检讨自己，心悦诚服地皈依了马克思主义，宣称自己"是一个马克思主义者"，[1]那么他所认识的马克思主义是何种意义上的马克思主义呢？其理论基础何在呢？通过研究他的前期思想与马克思主义的关系问题，就有利于更好地理解和厘清其后期思想及这种转变过程，这对于全面掌握朱光潜的思想品质和逻辑架构，以及透过朱光潜理解当时整整一代知识分子的心路历程，都是大有益处的。

二

马克思主义在中国的传播、发展、壮大，不仅是国际共产主义发展的重要一环，也适应了中国新民主主义革命的需要。作为时代的回响，朱光潜也敏锐地捕捉到了这个信号，并在其作品中有所体现，展示了他与现实的连接；而从其1949年之前的作品来看，虽然直接谈及马克思的地方不多，但是在细节上，则恰恰表明朱光潜从来都没有斩断与马克思主义的联系。只是由于多方面原因（接下来会谈到），朱光潜的理论方向并未立刻做出调整，这也是由他的学术品格决定的。因此，我们从其前期作品中不多地几次提到"马克思"之处做一个清理和分析，从而为管窥朱光潜如何认识和看待马克思主义提供了一条极为有用的线索。

20年代的中国，由于新文化运动的影响，思想界空前活跃，各种西方

---

① 胡乔木:《记朱光潜先生和我的一些交往》,《朱光潜纪念集》, 合肥: 安徽教育出版社, 1987年, 第24页。

理论充斥其间，如形式主义、写实主义、基尔特社会主义、实验主义等，其中马克思和《资本论》及其所代表的共产主义也成为其中极为重要的一派。在这种情况下，1922年3月，正身处香港"洋学堂"的朱光潜发表了《怎样改造学术界？》，文中第一次提到了马克思。但是文章的要旨不是为了介绍西方各家各派思想，而是面对中国时局和各种思潮，表达自己独立的思考和判断力。时年25岁的朱光潜因此批评了国人在面对民族危亡时的那种"病急乱投医"的现象，认为对西方各种思想不加研究、不加分辨、囫囵吞枣式地加以接收下来，这对国人民族性的塑造及国家的前途是不利的。这说明，朱光潜的头脑是清醒的、冷峻的，学风是审慎的、严肃的；而就后来的事实看，朱光潜是将这种严谨的治学精神一贯到底的：不教条、不盲从、不失自己的判断力，而要"建设一种自己的理论"。①即使是今天，这种治学精神对于我们仍具不可或缺的启迪意义。

1927年8月，已经身在欧洲留学的朱光潜着迷于克罗齐，于是在考察克罗齐的思想渊源时得到两处有关马克思的信息：一是对克罗齐有最大影响的教员赖贝阿拉（Labriola），他"是欧洲第一个拿马克思唯物史观到大学里去演讲者"；二是克罗齐"早年研究马克思（Karl Marx）"，"他的经济学说则为马克思主义的反动，极力排斥历史可以用唯物观解释之说"。②至于朱光潜是否因为对克罗齐的兴趣进而也对马克思进行了一番研究，他没有详述，但是显然，身处马克思主义故乡的朱光潜，对于马克思主义的认识显然是有切身体会的。同年10月，朱光潜在《一般》发表《谈情与理》，文中也谈到马克思。朱光潜写道："在马克思派经济学中，'阶级斗争'和'劳工专政'都是规范，而'剩余价值'律和'人口过剩'律是他所依据的事实。但是一般人制定规范，往往不根据事实而是根据自己的希望。"③朱光潜除了证明事实道理重于情感喜好、研究问题不能停滞于道听途说之外，还向我们暗示了一点很重要的，即朱光潜对马克思的《资本论》已经具有一定了解和认识，并且对其逻辑架构也明显是持认同态度的。

接下来，在1937年4月4日发表在天津《大公报》的一篇文章《中国思想的危机》中三次提到了马克思。文章描述当时的一种普遍思潮是，中

---

① 朱光潜：《朱光潜全集》（第3卷），合肥：安徽教育出版社，1987年，第89页。
② 朱光潜：《朱光潜全集》（第8卷），合肥：安徽教育出版社，1993年，第229—230页。
③ 朱光潜：《朱光潜全集》（第1卷），合肥：安徽教育出版社，1987年，第40—41页。

国知识阶级在思想上的出路非"左"即"右","决没有含糊的余地"。"所谓'左',就是主张推翻中国政治经济现状,用马克思的唯物史观,实行共产主义。"但同时朱光潜也指出了其中的某些错误的倾向,即"现在中国有许多人没有经过马克思的辛苦研究,把他的学说张冠李戴地放在自己身上,说那就是他们自己的'思想',把它加以刻板公式化,制为口号标语,以号召青年群众,这就未免误认信仰为思想,误认旁人的意见为自己的思想了",①——这就是当时中国思想的危机。此时,朱光潜一方面肯定了马克思的学说"确实是思想的成就",但另一方面他对此也持保留态度,即怀疑"它是否完全精确"。在朱光潜看来,接受他人思想为我所用,必须要经历两个过程:一是不要公式化、标语化,而是要经过自己的苦心研究;二是要严格区分"政治运动"和"思想运动"的差别,而不要误将政治的"宣传"当成了"思想运动"。虽然朱光潜的这种一味排除政治于学术研究之外的思想未必完全正确,但就今天的眼光看来,他的这种敢于钻研、不墨守成规的品格恰是暗合了马克思主义求实、谨严的学风的,因为恩格斯在早年就曾告诫说:"在我对这类东西作出判断以前,我是宁愿把它们彻底研究一番的。"②朱光潜批评的,正是这种对于马克思主义缺乏"彻底研究"的错误倾向。

　　到了1942年9月,朱光潜在《中央周刊》发表了《人文方面几类应读的书》,主要是应邀开一个"作为现代公民常识所必读的书籍目录",其中就有马克思及其著作《资本论》。③虽然再没有谈到更多细节,但足以见出《资本论》在朱光潜心目中所占有的位置和分量!在1948年11月2日朱光潜在《中央日报》发表的《世界的出路——也就是中国的出路》一文也再次提到了马克思及其著作《资本论》。文章认为,马克思承其文艺复兴—卢梭—法国大革命及美国独立以来的影响,"应用人权平等诸观念,加上黑格尔辩证哲学,著成《资本论》",而俄国共产革命的胜利亦是受马克思主义的影响得以实现。朱光潜因而借此预测了这种趋势的动向:"目前世界政治的大道至理是民主自由与共产主义结合与改善。这是世界的出路,也

① 朱光潜:《朱光潜全集》(第8卷),合肥:安徽教育出版社,1993年,第514—515页。
② 转引自纪怀民、陆贵山、周忠厚、蒋培坤编著:《马克思主义文艺论著选讲》,北京:中国人民大学出版社,1982年,第296页。
③ 朱光潜:《朱光潜全集》(第9卷),合肥:安徽教育出版社,1993年,第122页。

就是中国的出路。"①在当时，中国的局势已经相当明显了，而世界的走向却尚在斗争中行进，朱光潜此时自觉运用马克思主义的唯物史观，大胆地对世界发展的趋势作了总体概括和预判，应当说其思想又升华到了另一高度，而这种高度又是之前他所接受的康德、克罗齐以来的形式主义美学观所不能够解决的：即考察人类历史的发展规律，不仅是唯物的，而且是辩证的。这就是《资本论》对朱光潜的启示。

其实，回看1948年前后的朱光潜，他的文艺思想已经发生了很大的转变，一个不应忽略的事实是，1947年春在撰写《克罗齐哲学述评·序》的时候，朱光潜一改自己一贯所坚持的主观唯心主义哲学观，通过对克罗齐的批判，从而在唯心主义的根部发现了物质性和唯物主义精神。朱光潜在《克罗齐哲学述评·序》中这样写道：

"我因为要研究克罗齐的美学，于是被牵引到他的全部哲学；又因为要研究他的全部哲学，于是不得不对康德以来的唯心主义哲学作一个总检讨。……作者自己（朱光潜自指，引者注）一向醉心于唯心派哲学，经过这一番检讨，发现唯心主义打破心物二元论的英雄的企图是一场惨败，而康德以来的许多哲学家都在一个迷径里使力绕圈子，心里深深感觉到惋惜与怅惘，犹如发现一位多年的好友终于不可靠一样。"②

那么，这种"不可靠"的解决之道在何处呢？朱光潜在正文给出了明确的答案：物质。他这样总结：

"克罗齐的'物质'是很暧昧的。他要忠实于唯心主义，要说明世间一切个别事物全是直觉所生的意象，而同时直觉仍不能不有所依据，于是在'直觉以下'，方便假立了'物质'，却没有详细思索这'物质'的涵义可能打破他的全部唯心哲学系统。他的世界还离不开这个'物质'基础。"③

值得注意的是，此番结论都是在朱光潜个人自觉钻研和探索的基础上形成的，并没有直接的政治压力或强迫，完全不似新中国成立后的《我的文艺思想的反动性》一文，虽然自我批判的态度极为诚恳，但是说得太过

① 朱光潜：《朱光潜全集》（第9卷），合肥：安徽教育出版社，1993年，第526页。
② 朱光潜：《朱光潜全集》（第4卷），合肥：安徽教育出版社，1988年，第305—306页。
③ 朱光潜：《朱光潜全集》（第4卷），合肥：安徽教育出版社，1988年，第380—381页。

也有如不及一样。另外还应看到，其实在20世纪30年代，朱光潜对克罗齐的批判就有两次：第一次是《文艺心理学》，主要是对克罗齐的美学思想进行介绍，附带批评了他的否认艺术的传达性和价值观；第二次是《诗论》第四章，朱光潜不仅指出艺术"传达性"在艺术创造和欣赏中的作用，更为重要的是他要着力于"建设自己的理论"。而这一次，朱光潜将"唯物论"引进自己的批评实践，无疑增强了自己理论话语的活力，而且也为自己的批判找到了新的突破口。这样，到了1948年的时候，朱光潜主要通过《资本论》而掌握的马克思主义的唯物辩证法用于对人类历史的分析和判断，自然就更加坚定和踏实了。

所以，要说朱光潜在解放后才开始接触或者学习马克思主义显然是不符合事实的，而是说在解放后，由于政治的、话语的或者学术的原因，开始全面、认真、系统地学习和钻研马克思主义，这一点倒是确然的。而且也是在1948年前后，朱光潜已经在很大程度上接受了经典马克思主义并且有意识地运用到了批评实践中。

三

一个必须要解决的问题是，为什么朱光潜从20年代初就接触了马克思主义，到1948年终于自觉运用马克思主义的理论来科学地分析文艺和现实问题，即从疏离到认同，从漠视到接受，其间经历了长达近30年的时间呢？回答清楚这个问题，不仅有利于看清朱光潜前期思想的整体风貌，也有利于透过朱光潜从而洞悉中国现代美学理论在转型和深化当中不断前进的历程。笔者以为，原因主要有以下三点：

第一，是朱光潜的学术背景、美学观，以及中国美学的亟须建设的紧迫性延迟了他对于马克思主义的接受。早年的朱光潜与桐城派渊源深厚，古典根基扎实，他的兴趣爱好主要是"《庄子》《陶渊明集》和《世说新语》这三部书以及和它们有些类似的书籍"，对他"影响最深"，因此在思想上养成了一种"闲逸冲淡""超然物表"的"魏晋人"的人格理想，[1]初步奠定了朱光潜从事学术的国学功底和品格。到香港学习，又激发了他对西学的向往。八年留学欧陆，朱光潜的兴趣从文学到心理学再到哲学，美

---

[1] 朱光潜：《朱光潜全集》（第5卷），合肥：安徽教育出版社，1989年，第12—13页。

学成了他"所喜欢的几种学问的联络线索"。从康德的形式主义美学，经黑格尔的绝对理念，再到克罗齐的表现说，他所继承和汲取的都是有关精神的、心灵的灵丹妙药，即使后来他的注意力似乎是落在了尼采的日神精神和酒神精神，但是仍然没有逃出唯心主义的范畴。①

这样，在批评实践中不自觉地就倡导一种文学的自足性、"为艺术而艺术"、文学的超阶级性等观念；"美感经验"始终是朱光潜美学欣赏和批评的一个基地；在他所定义的美是心与物"恰好"的关系当中，"情趣"始终要比"意象"占据着更加优先的地位。朱光潜能够实现从中学到西学的跨越，一是当时西方流行的浪漫主义的"感伤情调"与中国道家思想具有某种亲缘关系，这与传统文化在他身上所铸成的性格很容易一拍即合；二是西方这套唯心主义的理论体系发达，"体大而虑周"，②这正是以经验性、点悟式为特征的中国美学所亟须解决的问题。因此，朱光潜作为西方美学的大量且系统介绍的第一人，不仅对于中国美学的丰富和完善是一个"补苴罅漏"，而且对于中国现代知美学的体系建立也迈出了坚实的一步，如《诗论》——它对于中国比较诗学的贡献，还必将继续得到发掘。

正是基于朱光潜的这种学术品格，一方面可以让他保持一种"出世"的精神，潜心于学术，致力于中国现代美学的发展；另一方面，尽管当时中国风云变幻，思想界的批判、争论也异常激烈，但是一旦涉及民族、国家的生死存亡，做一个"含泪"的批评家③却未必能有实际效用，因此倒不如静下心来认真做踏实的学问要好。因为在当时的中国，除了革命斗争的现实性之外，在思想领域内，诗学理论的现实性同样紧迫：大量西方美学思想的引进，以及引起的与本土话语的激烈论争也还只是外在的手段；在此基础上根本地借鉴、吸收、融通中西思想并且形成自己的理论体系才是内在的目的。虽说偏离政治和远离阶级斗争未必值得提倡，但是政治掩

---

① 朱光潜：《朱光潜全集》（第2卷），合肥：安徽教育出版社，1987年，第210页。

② ［清］章学诚：《文史通义·内篇五》（第5卷），上海：上海书店，1988年，第75页。

③ 参见鲁迅：《鲁迅全集》（第1卷），北京：人民文学出版社，2005年，第425—428页；其次，在《朱光潜全集》的《眼泪文学》（1937）中也讲道："眼泪是容易淌的，创造作品和欣赏作品却是难事，我想，作者们少流一些眼泪，或许可以多写一些真正伟大的作品；读者们少流一些眼泪，也或许可以多欣赏一些真正伟大的作品。"但是二者的差别正在于，前者在于号召实实在在的暴力革命，后者则希望文学摆脱"哀怜癖"，显出"丈夫气"。载朱光潜：《朱光潜全集》（第8卷），合肥：安徽教育出版社，1993年，第497—500页。

盖、渗透、压倒和替代了一切，各个领域或学科的独立性格就会明显降低，深入的理论思辨和生动的个性形式就难以得到充分展开和发挥，[①]这一点也是应该尽力克服的。因此，面对中国当时"美学的一般情况"，[②]面对马克思主义在中国的蓬勃发展，作为一个严肃的学者，不简单地苟同于潮流、不轻易改变自己的研究方向、坚持自己的学术道路、致力于中西美学的融通，这是很难能可贵的。也正是这个原因，朱光潜在中西美学的融合之路上成绩斐然；也正是这个原因，在解放前的相当一段时间里，虽然朱光潜很早就已经接触到了马克思主义及其经典著作，但是却有意无意地加以忽略甚至漠视了经过俄国化和庸俗化了的马克思主义，作为一个严肃的学者，这一点也是可以理解的。

第二，在对待革命的态度上，朱光潜是一个自由主义者。"自由主义"，按照朱光潜的说法，是人凭借他"理性的意志"而达到的一种"自主"，而不是受到"压抑或摧残"，成为一种"奴隶的活动"；运用于批评实践，就是"我们不能凭文艺以外的某一种力量（无论是哲学的、宗教的、道德的或政治的）奴使文艺，强迫它走这个方向不走那个方向"。因此，朱光潜"反对拿文艺做宣传的工具或是逢迎谄媚的工具"。[③]显然，在朱光潜眼里，文艺的政治化不仅有害于文艺自身的发展，而且对于文艺工作者的思想也是一种钳制和羁绊。这就决定了在解放前的很长一个时期内，朱光潜虽然徘徊在马克思主义周围，却未敢轻言走近，这其中包括鲁迅、周扬、蔡仪等在三四十年代对朱光潜的批判，而且在1939年1月的一封《致周扬》的信中，朱光潜还谈到当时在周扬的"招邀"之下，他差点也就去了延安。[④]为什么呢？

这主要是因为：一方面，政党间斗争激烈，革命活动风起云涌，马克思主义作为理论武器与中国现实政治联系紧密，致使朱光潜犹豫、克制、审慎，甚至为了保持"中立的超然"有意要疏离当时中国流行的带有某种庸俗化的马克思主义；另一方面，由于朱光潜深厚的学养和纯粹知识分子特性，注定了他与左翼及政党成员之间对于马克思主义的理解和态度上存

---

① 李泽厚：《中国近代思想史》，北京：人民出版社，1979年，第475—476页。
② 朱光潜：《朱光潜全集》（第10卷），合肥：安徽教育出版社，1993年，第533页。
③ 朱光潜：《朱光潜全集》（第9卷），合肥：安徽教育出版社，1993年，第479—482页。
④ 朱光潜：《朱光潜全集》（第9卷），合肥：安徽教育出版社，1993年，第19—20页。

66

在着显著差异。比如革命问题，由于长期受中国道家哲学和西方唯心主义的熏陶，以及他本人对心理学的偏爱，朱光潜一心想到的是和平改革、思想革命，认为那才是最平稳、最根本、最彻底的革命，而后者由于历经血与火的教训，"批判的武器当然不能代替武器的批判"，①必然要诉诸政治革命和暴力运动。朱光潜的这种对理想式的自由主义的追求，在政治上当然被看成是保守的、落后的，甚至是反动的，因而在三四十年代的左翼革命理论家那里遭到了猛烈的批判。但是令人称奇的是，从《朱光潜全集》前期著作来看，朱光潜除了选择沉默，几无直接回应性的文章，这和他在解放后积极加入到"美学大讨论"的情形是截然相反的。或许在朱光潜看来，抽身事外，不计功利，不介入，这是他去政治化的最好方式，借此保持思想的独立和自由。

第三，前期朱光潜对马克思主义的长期漠视，还在于当时在中国流行的马克思主义自身也是存在不少问题的。首先，中国的马克思主义思想从传入之初就具有"理论来源的间接性"。②十月革命之前中国学人主要是通过日本这条渠道了解马克思主义的，十月革命胜利之后就主要是吸收苏联模式的马克思主义，其重要代表如瞿秋白、鲁迅等。但不可否认的是，由于国家处于非常时期，文艺工具论、功利观被放在了突出位置，甚至漠视文艺的自身规律，夸大文艺的社会功用，就在一定程度上改变乃至扭曲了马克思主义的本来面貌与构架。诚如代迅所提到的："本世纪（指20世纪，引者注）前半叶中国人所接触和了解的马克思主义文艺理论并不全面，其中还包含着波格丹诺夫的文艺'组织生活'论，'拉普'派的'唯物辩证法创作方法'，美国作家辛克莱的'一切的艺术是宣传'，还有日丹诺夫的影响等等。它们既和马克思主义文艺理论框架存在着某种联系，但是作为对马克思主义文艺理论的理解和阐释，它们又是片面的、不准确的乃至非马克思主义的。在一定历史时期内，它们曾一度被奉为马克思主义文艺理论的正宗而成为主流。"③这些思想的盛行，在当时特定时期有其存在的客

---

① 中共中央马克思恩格斯列宁斯大林著作编译局编译：《马克思恩格斯选集》（第1卷），北京：人民出版社，1995年，第9页。

② 马驰：《艰难的革命·马克思主义美学在中国·导言》，北京：首都师范大学出版社，2006年，第3—4页。

③ 代迅：《马克思主义文艺理论中国化的内在逻辑》，《文学评论》，1997年第4期，第55页。

观性和合理性，但是在一个严肃学者面前，也在一定程度上影响了朱光潜对于经典马克思主义的真切判断。到了解放后，朱光潜将自己的研究重心调整到马克思主义美学上来，提出了如"美是属于意识形态的""艺术不仅是一种认识活动，也是一种实践活动"①"客观世界与主观能动性统一于实践"②等一系列重要观点，取得了广泛的共识，不仅纠正了学界此前一些认识上的误区，更加贴近了经典马克思主义美学的思想面貌，而且也为实践美学在中国的发展做了必要的铺垫。

从马克思主义的发展历程来看，苏联模式的马克思主义过分强调了自然的制约性，不可避免地走上了与旧唯物主义相似的道路，比如，它将"世界看成是一个只按照自己的规律运转、而同人的实践没有干系的体系，认为马克思在哲学领域中实现的革命变革是把实践引进了认识论，把人对客观世界的改变，看成是认识的基础"。③这种哲学，显然是将单纯的客观反映论推到了唯物独尊的地位，从而忽略了人的主观能动性和实践。而西方马克思主义在反对苏联模式的基础上过分强调人的主观能动性方面，从而又不可避免地陷入了唯心主义的境地。这两种思想，虽然都宣称继承了真正的马克思主义，但是却从一个极端走到了另一个极端，和经典马克思主义存在着较大的距离。

实际上，从20世纪三四十年代的文艺论争到五六十年代的"美学大讨论"，在中国大地上流行的马克思主义哲学主要还是列宁的反映论，④而马克思的世界观，则不仅"把实践引进了本体论，强调也要从主观方面去理解事物"，而且"始终坚持外部自然界的优先地位，始终坚持劳动实践在多种层次上所受的自然制约性"。解放前的朱光潜虽然从"感性经验"出发，忽视了实践的要义，但是他所强调的"表现""情趣""心灵"，却是对人主观情感的褒扬，这就必然和流行的苏联模式的马克思主义格格不入，因此不免因审慎而怀疑，因怀疑而悬搁。直到80年代，朱光潜才又

① 朱光潜：《朱光潜全集》（第5卷），合肥：安徽教育出版社，1989年，第80、169页。
② 朱光潜：《朱光潜全集》（第10卷），合肥：安徽教育出版社，1993年，第188页。
③ 徐崇温：《"西方马克思主义"论丛·在研究当代各种思潮中发展马克思主义》，重庆：重庆出版社，1989年，第3页。
④ 另外参见简德彬《"东方马克思主义"历史》（刘纲纪主编：《马克思主义美学研究》第4辑，广西：广西师范大学出版社，2001年，第233—234页。）一文干脆就将1917—1956年概括为"列宁主义解读"阶段，可见"列宁主义"对中国思想界的长期而重大的影响。

从马克思主义的基本观点出发，重新强调了"人性论""人道主义""人情味"，以及"形象思维"等一些重要观念，冲破思维禁区，"不破不立"，这既是对"文革"十年人性扭曲的反拨，也是对苏联模式的马克思主义文艺思想的进一步纠正。

当然，由于历史条件和最初传播者的某些局限，加上翻译水平的参差，不足之处也是显而易见的，如"马克思恩格斯的主要著作大多还是节译或摘录；唯物史观只是初步的结论性介绍，它的理论内容还比较粗糙和单薄；最初传播者几乎还没有注意到辩证唯物主义"[①]，某些错误的翻译被当成批判的准则和宣传的依据等，这就加深了朱光潜对马克思主义的误解。恩格斯讲："我们的理论是发展着的理论，而不是必须背得烂熟并机械地加以重复的教条。"[②]这才是马克思主义的生命力之所在。

1983年朱光潜在接受访问的时候，他回忆了"美学大讨论"时的情景："为了弄清楚马克思主义究竟是怎么样的，我决定开始自学俄文，那时我已经六十岁了。我仔细阅读马克思主义经典著作，发现译文有严重的错误，歪曲了马克思主义。""译文读不懂的必对照德文、俄文、法文和英文的原文，并且对译文错误或欠妥处都做了笔记，提出了校改意见。"[③]这是新中国成立后的情形，马克思主义已经上升为官方意识形态，其译介能力和理论水平尚且至此，那么在20世纪三四十年代，其错漏之处便可以想象了。

1941年朱光潜在《个人本位与社会本位的伦理观》中描述了当时马克思主义给他造成的印象："极端的唯物史观不能使我们满意，就因为它多少是一种定命论，它剥夺了人的意志自由，也就取消了人的道德责任和努力的价值。"[④]之所以造成这种印象，主要是因为朱光潜所见到的当时在中国流行的马克思主义是被歪曲了的、教条化了的马克思主义，这种"极端性"就是日本、苏俄"拉普"文艺思想在中国的延伸。针对这种现象，茅盾早在1925年的《论无产阶级艺术》一文中就曾批判过："无产阶级作家应承认形式与内容须得谐和，形式和内容是一件东西的两面，不可分离的。无产阶

① 丁祖豪、郭庆堂、唐明贵、孟伟：《20世纪中国哲学的历程》，北京：中国社会科学出版社，2006年，第88页。

② 中共中央马克思恩格斯列宁斯大林著作编译局编译：《马克思恩格斯选集》（第4卷），北京：人民出版社，1995年，第681页。

③ 朱光潜：《朱光潜全集》（第10卷），合肥：安徽教育出版社，1993年，第653、571页。

④ 朱光潜：《朱光潜全集》（第4卷），合肥：安徽教育出版社，1988年，第38—39页。

级艺术的完成，有待于内容之充实，亦有待于形式之创造。"①可是到了30年代，这种论战风气不但没有消退，反而更有恶性膨胀的趋势，因此茅盾斥之为"左"的幼稚病。另外，新中国成立后的"美学大讨论"，争论各方均号称自己掌握了正统的马克思主义，指责对方要么是唯心主义，要么是机械唯物主义，也足以见出各方对于马克思主义的理解的分歧。到底谁才是代表了真正的马克思主义，朱光潜不停留于表面的意气之争，而是用事实说话，并且通过认真钻研得以证明；也是通过这次大讨论，在新的历史条件下，在新的学术语境中，这才为他全面进军马克思主义提供了广阔的舞台。

总之，朱光潜在前期近30年的时间中，看似不追随当时中国流行的马克思主义，始终保持着适当的距离，而在新中国成立后却又积极参加关于马克思主义思想的讨论，甚至自学俄语，参考多门语言翻译马克思主义原著，并对已经翻译的作品提出校对意见，这都表明：朱光潜在解放前长期对马克思主义的漠视，其实他拒绝的不是经典马克思主义及其思想，而是拒绝经由日本、苏俄传过来的马克思主义，以及当时被着力用于"宣传"和被歪曲了的马克思主义。虽然朱光潜在此过程中难免有矫枉过正之嫌，但这也是由他当时所形成的学术品格，以及主动担负起中国美学的发展重任和致力于中国传统美学的现代性转换的研究重心所决定的。他通过一系列著作，不遗余力地将西方美学思想引进中国，致力于中国现代美学的建设和发展；又通过中西美学的融合，使中国现代美学不断丰富和完善。到1948年前后，朱光潜通过历史事实和切身体会，实际上在很大程度上已经接受了马克思主义，并且有意识地将其运用于批评实践中，这展示了朱光潜作为一位严肃的学者所具有的严谨的学风和审慎的研究态度，同时也说明了"历史上见证的马克思主义似乎一直处于不断调整和革新中，通过断裂——也是使其完善和创新的条件，它一直存在于周围的文化中、存在于其概念之外的新视域中"。②

重新审视朱光潜与马克思主义的关系，对于重新理解20世纪中国美学的发展脉络，对于当今面临外来美学与本土传统激烈撞击的中国美学界，均具有重大启示意义。

① 茅盾：《茅盾文艺杂论集》（上），上海：上海文艺出版社，1981年，第195页。
② ［法］雅克·比岱、厄斯塔什·库维拉斯基主编：《当代马克思辞典·前言》，许国艳等译，北京：社会科学文献出版社，2011年，第3页。

第二章　嬗变与坚守：中国现代美学体系的自觉建构者

第一节　白马湖散文精神与朱光潜美学思想的奠定

随着"朱光潜热"的兴起，研究的深度在不断增加，研究的广度在不断拓展。自1987年阎国忠的第一本《朱光潜美学思想研究》出版以来，到2012年止，眼界范围之内其研究专著和论文集已达20部，期刊论文发表上千篇，而且这方面的国家或省部级社科研究项目还在不断获得立项支持。可见，"朱光潜研究"作为一个有效的学术增长点仍将继续得到开掘。这是一个好现象。著名美学家叶朗先生就曾指出："我们应该从朱光潜'接着讲'。"[1]

但是，纵观朱光潜的研究文章及著述，有一个问题一直没有得到很好的解决，即朱光潜是如何走上美学之路的，他的美学起点应该从何时算起。一般的研究者往往局限于从朱光潜自小所受到严格的私塾教育谈起，然后追溯到他的桐城传统，以及后来的香港学习和留学欧陆等，[2]但实际上，这只是属于朱光潜的学习经历，只是为朱光潜走上美学道路提供了某种可能性，而并不构成朱光潜走向美学之路的充分条件。其次是注意到了

----

[1]　叶朗：《从朱光潜"接着讲"》，《美学的双峰：朱光潜、宗白华与中国现代美学》（叶朗主编），合肥：安徽教育出版社，1999年，第2页。

[2]　朱式蓉、许道明：《朱光潜：从迷途到通径》，上海：复旦大学出版社，1991年，第12—34页。本书只是将"白马湖时期"的朱光潜作为生平介绍的一部分，并未意识到朱光潜在此时期的所受影响，对于朱光潜后来美学之路的重要性。而宛小平、魏群所著的《朱光潜论》（合肥：安徽大学出版社，1996年，第197—201页）则主要将"白马湖时期"定义在教育学思想的框架之下，也没有意识到此时期的影响对于朱光潜的美学之路具有奠定作用。

朱光潜的第一篇美学论文《无言之美》，这诚然是朱光潜走上美学之路的
起点，但是研究者往往局限于文章本身美学韵味的探析，而没有联系到中
国现代文学史上的一个重要群体——白马湖文学流派，对朱光潜的影响。
即便是许道明、朱式蓉于1987年撰写的《朱光潜前期美学研究述评》这样
的文章，也只提及《无言之美》，并未涉及与之紧密相关的白马湖散文流
派；①而另一篇是蒯大申的《朱光潜早期文化思想及对其美学的影响》，该
文将朱光潜1925年留学欧洲之前的思想划为"早期"，并认为"有特别注
意之必要"，但从全文来看，白马湖散文流派显然没有进入作者的视野，
因而也并未意识到白马湖散文精神对于朱光潜从个人性格到艺术趣好以及
后来美学思想的奠定的深刻影响了。②这不得不说是朱光潜美学思想研究
中的一个很大缺失。事实上，如果没有1924年秋到1925年夏这一段从白
马湖春晖中学到立达学园的经历，或许在中国现代美学史上就没有一代美
学大师朱光潜，而只有作为教育家和心理学家的朱光潜。

迄今为止，已经涉及朱光潜的美学之路与白马湖文学流派有紧密联系
的研究主要有这样四部书：《朱光潜与中国现代文学》（商金林）、《朱光潜
与中西文化》（钱念孙）、《朱光潜：出世的精神与入世的事业》（钱念孙）、
《朱光潜学术思想评传》（王攸欣）。商金林在该书第一章标题中直接使用
了"白马湖派"，文中较为详细地梳理了朱光潜与白马湖文人如夏丏尊、
朱自清、丰子恺、胡愈之、叶圣陶等的交往情况及深厚情谊；第二章讨论
的"以出世的精神做入世的事业"正是白马湖时期青年朱光潜受弘一法
师（李叔同）影响之下为自己树立起的人生理想，③而李叔同正是白马湖作
家群的"精神领袖"，④因此《朱光潜与中国现代文学》实际上有两章内容
涉及朱光潜与白马湖文人的关系问题，而弱点是没有集中从白马湖文人群
体的精神内涵，以及这种影响关系之下去探讨朱光潜后来在美学上的审美
走向。钱念孙的《朱光潜：出世的精神与入世的事业》第三章是在其早期
著作《朱光潜与中西文化》第二章"教育实践"基础上的进一步丰富和完

---

① 朱式蓉、许道明：《朱光潜前期美学研究述评》，《安庆师范学院学报》，1987年第3期，
第39页。

② 蒯大申：《朱光潜早期文化思想及对其美学的影响》，《美学的双峰——朱光潜、宗白华与
中国现代美学》（叶朗主编），合肥：安徽教育出版社，1999年，第206—222页。

③ 商金林：《朱光潜与中国现代文学》，合肥：安徽教育出版社，1995年，第7—39页。

④ 傅红英：《论白马湖散文精神的现代性特征》，《文学评论》，2011年第1期，第133页。

善，但是主体内容大致相同，即白马湖文人对朱光潜的"影响颇深"主要体现在两个方面：一是性格的陶冶；二是事业的帮助，[1]但是内容比较笼统单薄，既没有从白马湖散文精神的总体观念入手，也没有从影响关系上对朱光潜的美学思想作学理性的分析。王攸欣的《朱光潜学术思想评传》也是注意到了白马湖时期的朱光潜之所以走上美学这条道路是受到夏丏尊、朱自清的很大影响，而且持续到40年代；[2]但是其论述思路并未超越前面两位前辈，而且就笔者看来，朱光潜继承了白马湖文人的散文精神，不仅持续到了40年代，而且伴随着朱光潜的整个学术生涯。这样看来，要研究朱光潜如何走上美学这条道路，不仅需要考虑对白马湖散文精神的深入发掘，还必须从学理上探析朱光潜美学思想与之所建立起来的联系，只有这样，我们才能更加清楚地厘清朱光潜美学思想的起点，以及后来的发展和变化。与之相应的，我们通过对朱光潜美学思想的整体呈现，对于重估白马湖文人团体在中国现代文学及美学史上的地位也是有积极意义的。

因此，本文拟从以下三个层次来展开论述：一、白马湖文人群体的形成过程；二、考察白马湖散文的精神内涵；三、白马湖散文精神对朱光潜美学思想的奠定及影响。

一

笔者认为，朱光潜的美学追求与白马湖散文精神的紧密关联之所以被长期忽略，至今尚不深入，其原因主要有以下几个方面：一是在中国现代文学史上，关于"白马湖流派"的提法较晚，1981年才首次由台湾学者杨牧在《中国近代散文选》的前言中提出"白马湖派散文"的观点，后虽有学者黄继持、陈星、朱惠民等跟进，[3]但仍旧存在一定争议，比如钱理群开

---

① 钱念孙：《朱光潜：出世的精神与入世的事业》，北京：北京出版社出版集团（文津出版社），2005年，第35—44页；以及钱念孙：《朱光潜与中西文化》，合肥：安徽教育出版社，1995年，第78—96页。

② 王攸欣：《朱光潜学术思想评传》，北京：北京图书馆出版社，1999年，第20—27页。

③ 参见杨牧：《中国现代散文选·序》，台湾：洪范书店，1981年，第6页；黄继持：《试谈小思》，《香港文学》，1985年第3期，第28页；陈星：《台、港女作家林文月、小思合论》，《杭州师范学院学报》（社会科学版），1991年第1期，第81页；朱惠民：《红树青山白马湖》，《白马湖散文十三家》，上海：上海文艺出版社，1994年，第250—251页。

始将这个群体命名为"立达作家群"，后来又称为"'开明'派"，①而姜建则概括其为"开明派"，②而后来他在另一篇文章中甚至又否认白马湖"散文流派"的存在，而主张定义为"文化流派"，③朱惠民则在最近的两篇文章中称为"白马湖文派"；④二是认为朱光潜在白马湖春晖中学到江湾立达学园的驻足时间较短，所受影响有限，而且美学论文也仅限于《无言之美》；三是"白马湖散文流派"到近年来虽然成为一个学术热点，但是主要集中在中国现代文学史的研究领域，在美学领域的研究中尚未得到足够重视，因而更难将这种散文精神和朱光潜的美学思想结合起来分析；四是研究者思维惯性的影响，一谈到朱光潜的美学历程便首先归结为幼时私塾教育、桐城传统，以及后来的留学生涯，却不能够具体指出朱光潜美学思想的真正起点，因此是犯了将必要条件当充分条件使用的错误。鉴于这种情况，文章有必要简要回顾一下白马湖散文流派形成的过程，并拟解答"白马湖散文流派何以可能"的诘问。

一般说来，"白马湖散文流派"主要分为四个时期，即浙一师时期、白马湖畔春晖中学时期、上海江湾立达学园和开明书店时期，以及抗战以后这四个时期，其中主体是中间两个时期。

1920年初，由于受"一师风潮"的影响，支持学生一方的浙一师校长经亨颐、教师夏丏尊相继离开，而经亨颐则直接返回故乡上虞筹办春晖中学。1921年夏丏尊也回到故乡上虞，不仅个人支持经亨颐办学，还由于夏丏尊个人的人格魅力和广泛的交游，吸引了一大批志同道合的仁人志士前来相助。自1922年起，他们先后齐聚白马湖春晖中学，如匡互生、丰子恺、刘薰宇、朱自清、朱光潜、刘延陵、刘叔琴、李叔同、俞平伯、叶圣陶、刘大白等，一时间白马湖畔春晖中学群贤毕至，人才荟萃，成了众多文人的仰慕之地。他们在这里教学办刊、感怀山水、品茶论酒、写诗作

① 钱理群、温儒敏、吴福辉：《中国现代文学三十年》，上海：上海文艺出版社，1987年，第387页；以及钱理群、温儒敏、吴福辉：《中国现代文学三十年》，北京：北京大学出版社，1998年，第450页。

② 姜建：《一个独特的文学、文化流派——"开明派"略论》，《江苏行政学院学报》，2002年第2期，第130页。

③ 姜建：《"白马湖"流派辨正》，《南京审计学院学报》，2005年2月，第68—69页。

④ 朱惠民：《白马湖文派研究综述》，《中共宁波市委党校学报》，2009年第4期，第120—125页；以及朱惠民：《关于"白马湖作家群"与散文"白马湖派"之辩——兼议该流派风格特征的存在》，《井冈山大学学报》（社会科学版），2011年9月，第94页。

文，既感受到文人墨客的轻松与自由，同时又在文章风格及审美追求上相互浸染，形成了中国现代文学史上独具一格的"白马湖散文流派"。但是就在这田园牧歌般的山水诗画中，情况也在悄悄地起着变化，终于在1924年冬因由黄源的"毡帽事件"而集中爆发出来。教务长匡互生因此愤然辞职，于1925年在上海创立立达中学，后改名为立达学园，夏丏尊、叶圣陶、朱光潜、丰子恺等人也都到立达任教。这一时期，他们继续写作，他们的友情继续保持，而这期间对他们的文化事业有重要助益的一步就是开明书店的问世，因为后来像朱光潜的多部著作如《给青年的十二封信》（1929）、《谈美》（1932）、《文艺心理学》（1936）、《我与文学及其他》（1943）、《谈文学》（1946）等都是依靠开明书店出版发行的。开明书店不仅直接成为白马湖文人宣传自己思想和理念的前沿阵地，而且也扩大了他们在文化领域的影响范围。1932年，淞沪抗战爆发，开明书店和立达学园在战火中损失严重；1933年匡互生逝世；1937年全面抗战以后，白马湖文人群星散落各地，但是他们在文化征途上依然继续前进。[①]

那么，第一个问题是，为什么浙一师时期和抗战之后这两段与"白马湖散文流派"能够形成关联呢？这主要是因为：齐聚到白马湖春晖中学的核心成员主要是来自浙一师，他们是经亨颐、夏丏尊、李叔同、丰子恺、朱自清、俞平伯、叶圣陶。可以看出，白马湖流派的主体主要是浙一师成员，他们陆续来到白马湖，不仅带来了五四新文学的启蒙主义和反叛精神，也带来了浙一师的民主作风和教育理念，这些思想也直接在白马湖春晖中学得到了延续。而1937年抗战爆发之后，白马湖文人虽然已经星散各地，但是从白马湖出去的众多文人仍旧念记着白马湖的山水风物、写关于她的文章、述湖畔的深情厚谊，如丰子恺《白鹅》、俞平伯《忆白马湖宁波旧游》、朱光潜《敬悼朱佩弦先生》、朱自清《白马湖》、夏丏尊《白马湖之冬》、张孟闻《白马湖回忆》等，依依往昔，历历在目；并且众多作家仍旧保持着友谊和精神上的联系，仍旧从事着文化活动，他们的文章风格仍旧具有一脉相承的一面，如本文后面对朱光潜美学思想的分析就正好说明了这一点。其次，白马湖散文流派从浙一师、白马湖春晖中学、江湾立达学园到后来抗战爆发的解散，已经历了从时间到地域的变换，为什么单单用"白马湖"一段概括其他三个时期呢？或者说，"白马湖派"何以能够代替"立达派"或"开明派"呢？关于这个问题，朱晓江在《"白马湖作家群"研究中若干问题的考辨》中有较为细致的论述。他认为，"白马湖作家群"具有"零地标"（Ground Zero）的功能，即这个文人群体以"白马湖"为中心，在其前进过程中向四周扩散开去。因为第一，这群文人在白马湖的聚首是以相对完整的阵容出现在中国文学史上的；第二，以"立人"为核心，包含教育、出版、文学三位一体的文化风貌在这里基本成形；第三，"白马湖"还不仅仅作为地名而存在，而且由于这群现代知识分子的抒写而成为一种审美意象和风格指代，具有了深刻的人文内涵和精神价值；第四，白马湖与现代都市隔出一段距离，恰好为这群文人静观现实世界提供了一个平台，既有利于他们从现实中挣脱出来，又有利于他们在山水之间找到诗人的灵性、开拓其散文的文化品质。①笔者以为这个分析是很中肯的。但笔者以为，更为重要的不在于这个文人群体被怎么称呼，而在于分析他们在这一时期的代表性著作和精神内涵，以便确认他们在中国现代文学史及美学史上的地位和贡献；因为毕竟，这个群体正在不断受到学界的关注，这是一个不争的事实。

二

"白马湖流派"擅长写散文，在中国现代文学史上留下了许多脍炙人口的散文佳篇。1981年台湾作家杨牧在《中国近代散文选》的"序言"中指出：白马湖散文的风格是"清澈通明、朴实无华，不矫揉造作，也不讳言伤感"。②1991年大陆的陈星在《台、港女作家林文月、小思合论》一文中也有类似的结论：白马湖散文"清澈隽永、质朴平易，从不矫揉做作，

---

① 朱晓江：《"白马湖作家群"研究中若干问题的考辨》，《中国现代文学研究丛刊》，2009年第6期，第17—18页。

② 杨牧：《中国现代散文选·序》，台湾：洪范书店，1981年，第6页。

力求自然畅达"。①笔者读《白马湖散文十三家》，比如《既望的白马湖》《春》《藕与莼菜》《无言之美》《背影》《蝉与纺织娘》《山阴五日记游》《白马湖之冬》等，应该说其文章风格"清澈隽永、朴实无华、自然畅达"是确定无疑的，在阅读中给人一种清净空灵、铅华尽洗的审美享受。那么，纵观白马湖散文到底是一种怎样的精神特质和审美追求呢？笔者主要从以下三个方面来加以阐述：

第一，白马湖文人身上秉承着五四以来的启蒙传统和新文化精神，他们在教育和写作实践中的理想正是以"立人"和塑造完整的人格为己任。1925年鲁迅写道："中国人向来就没有争到过'人'的价格，至多不过是奴隶，到现在还是如此，然而下于奴隶的时候，却是数见不鲜的"；无论修史的专家如何爱铺张，如何爱排场，更为直截了当的历史真实无非是，"一，想做奴隶而不得的时代；二，暂时做稳了奴隶的时代"。②诚然，鲁迅先生的文风向来以辛辣犀利见长，但无疑深刻表明了中国人在"王侯将相"的时代争取做"人"权利的艰难，但是到了五四新文化运动之后，"自由、平等、博爱"的观念已经深入人心。用"人的文学"来否定封建的"非人"的文学，"最典型地反映了西方人道主义对中国现代文学思想的影响"。③周作人早在1918年《人的文学》一文中就指出：中国关于"人"的真理的发现，尚需"从头开始"，"从新要发见'人'，去'辟人荒'"。④周作人富有预见性的论断后来在郁达夫那里得到了证实。郁达夫说："五四运动的最大成功，第一要算'个人'的发见。从前的人，是为君而存在，为道而存在，为父母而存在的，现在的人，晓得为自我而存在了。"⑤如果说传统价值观只能体现为"处庙堂之高则忧其民，处江湖之远则忧其君"的双重人生的话，那么受西方自文艺复兴以来的人文主义和五四新文化的影响，"人"的主体价值和对"自我"的发现，则被提到了前所未有的高

① 陈星：《台、港女作家林文月、小思合论》，《杭州师范学院学报》，1991年第1期，第81页。

② 鲁迅：《灯下漫笔》，《鲁迅全集》（第1卷），北京：人民文学出版社，2005年，第224—225页。

③ 罗钢：《历史汇流中的抉择——中国现代文艺思想家与西方文学理论》，北京：中国社会科学出版社，2000年，第22—23页。

④ 周作人：《人的文学》，《周作人代表作》（陈为民编选），北京：华夏出版社，第225—226页。

⑤ 郁达夫：《中国新文学大系·散文二集导言》，上海：上海文艺出版社，2003年，第5页。

度；如果说传统的伦理关系讲究的是"君君臣臣、父父子子"的话，那么五四启蒙的使命正在于"立人"，以塑造完善人格为己任。实际上，五四运动爆发之后，浙江省立第一师范学校就成了浙江新文化运动的中心，而接下来发生的无论是"一师风潮"还是"毡帽事件"，都是五四精神的延续。他们反封建专制、反暴政，崇尚自由、个性，其实也是与白马湖文人所一贯奉行的教育宗旨是一致的，即"立人"，一切为了"人"的个性解放和思想启蒙。

1923年夏丏尊在《春晖的使命》中这样明确指出：春晖生于乡间，属于乡村运动的一部分；春晖是私立的，是同志的集合，竖的是真正的旗帜，办的是纯正的教育；春晖要积极探索学制改革，逐步酌情增设文、理、农、师范等职业科；春晖实行男女同校，使女子也能够接受教育；而最终目的是要培养出一种坚诚的信念，"以精神的能力，打破物质上的困难"，打破蒙滞昏懒，打破自我封闭，打破安于现状等人性上的天然局限。[①]1925年立达学园在江湾成立。据朱光潜回忆，"立达"的深意源于儒家《论语》的"己欲立而立人，己欲达而达人"两句话，"在'立'与'达'两方面，'人'与'己'有互相因依的关系，'成己'而后能'成物'，做到成物也才能真正地成己"。[②]在匡互生的授意之下，朱光潜起草了立达学园的宗旨：立达学园坚信人类生而平等，人人都有受教育的权利，都应有机会尽量发挥天赋的资能，所以改造社会的根本在于改革教育；学校纯由同志的教师、信仰的学生组成，师生互助友爱，力求人格感化；人格教育的第一要素在于诚实、诚恳的精神，拒绝虚伪；要培养立达师生豁达的胸襟，要有献身精神，要为人群谋幸福；要培养立达师生高贵的理想和意志，"使精神不易为物质欲所屈服"；培养立达师生"自由研究，独立思索，以求养成科学的头脑"。[③]除了立校宗旨，其代表性人物如李叔同也主张"首重人格修养，次重文艺学习"，[④]而朱自清则更具远见地

---

① 朱惠民选编：《白马湖散文十三家》，上海：上海文艺出版社，1994年，第211—213页。

② 朱光潜：《回忆上海立达学园和开明书店》，《朱光潜全集》（第10卷），合肥：安徽教育出版社，1993年，第521页。

③ 朱光潜、匡互生：《立达学园旨趣》，《匡互生和立达学园教育思想教学实践研究》，北京：北京师范大学出版社，1993年，第107—109页。

④ 丰子恺：《先器识而后文艺——李叔同先生的文艺观》，《丰子恺散文全编》（下编），杭州：浙江文艺出版社，1992年，第534—535页。

看到了教育者对受教育者的深刻影响关系，认为教育者首先"必须有健全的人格，而且对于教育，须有坚贞的信仰，如宗教信徒一般"。①可见，从春晖到立达，其教育理念和宗旨是一脉相承的，而其中最为显著的仍旧是要摆脱世俗偏见、利欲熏心、自私狭隘的蒙昧，从而达到对"人"的精神的塑造和人格的确立。

从春晖中学到立达学园，白马湖文人还着力创办了一系列以中学生为对象的刊物，如《春晖》《春晖的学生》《我们的七月》《我们的六月》《一般》《中学生》《新少年》等，其撰稿人和编辑也主要是由白马湖作家群里的师生完成。特别是开明书店的成立，无疑"为白马湖作家群提供了又一传播新思想、新文化、新学术的重镇"。②按照朱光潜的说法："'开明'就是'启蒙'，这个名称多少也受了法国百科全书派启蒙运动的影响。"③但实际上，"开明"的寓意除了启蒙，还与当时的军阀专制形成了鲜明对比，在文化观念上显示出"一种平和宽容、与时共进的姿态"，④不刻意保守，也不一味激进。1926年《一般》创刊的时候，他们给这本同仁刊物确定了这样的宗旨，很集中地体现了白马湖文人的群体心态："我们也并不想限定取哪一条路，对于各种主义都用平心比较研究，给一般人作指导，救济思想界混沌的现状。"⑤这既是白马湖文人的目标指向，也是他们对现实观照下的深刻反省和自我鞭策；这种开放的文化立场和思想定位，恰好也进一步说明了白马湖文人在"立"人和"达"人之前，首先尽可能地做到"立"己和"达"己，在主观上营造出了一种包容和向上的动力。

第二，白马湖文人志同道合、意气相投，他们的散文恬淡隽永，像白马湖湖水般明净通透，在中国文学史上形成了一道独特的风景线；但是在现实中他们却并不明确开宗立派、不参加任何政治性团体、不介入文坛纷争，为什么呢？因为他们内心里向往着一种平和淡远、静穆超脱的精神境

① 朱自清：《教育的信仰》，《朱自清全集》（第4卷），南京：江苏教育出版社，1990年，第143页。
② 吕晓英：《白马湖作家群论》，《上海师范大学学报》（哲学社会科学版），2006年3月，第79页。
③ 朱光潜：《回忆上海立达学园和开明书店》，《朱光潜全集》（第10卷），合肥：安徽教育出版社，1993年，第522页。
④ 姜建：《"白马湖"流派辨正》，《南京审计学院学报》，2005年2月，第69页。
⑤ 《一般》编辑部：《〈一般〉的诞生》（诞生号），1926年9月5日。

界。实际上，当经亨颐、夏丏尊决意走出城市，来到偏远的白马湖着手独立办学、开启民智的时候，在取舍之间已经显示出了他们的高风亮节。丰子恺在《山水间的生活》中对此有极为生动的描述：

"我曾经住过上海，觉得上海住家，邻人都是不相往来，而且敌视的。我也曾做过上海的学校教师，觉得上海的繁华和文明，能使聪明的明白人得到暗示和觉悟，而使悟力倦弱的人收到很恶的影响。我觉得上海虽热闹，实在寂寞；山中虽冷静，实在闹热，不觉得寂寞。就是上海是骚扰的寂寞；山中是清净的热闹。"①

这种"骚扰的寂寞"和"清净的热闹"形成的巨大反差，其实正好反映了白马湖文人的精神皈依：世俗名利和物质欲求都是有限的，唯有内心的极大丰富和完善才能得到真正的满足和安宁。小仲马笔下的茶花女曾经也"华妆照眼，遇所欢于道"，但在林纾的笔下仍不过是"转眼繁华，萧索至此"；②所以王勃在"逸兴遄飞"之后也不免感喟"胜地不常，盛筵难再；兰亭已矣，梓泽丘墟"；琵琶女则是经历过"五陵年少争缠头，一曲红绡不知数"的风光之后，也只能落得"门前冷落鞍马稀，老大嫁作商人妇"的悲戚命运。③因此，白马湖文人摒弃城市的繁华与喧嚣，寄身于白马湖，感怀白马湖，写白马湖边的故事，并且怡然自得；他们投身教育、以文会友、得山水而赋彩，同时也使得平淡的山水浸染了诗人的灵气和习性，有了深刻的文化内涵和底蕴。黑格尔也讲，"真正的美的东西"，"就是具有具体形象的心灵性的东西，就是理想，说得更确切一点，就是绝对心灵，也就是真实本身"。④所以，白马湖文人与白马湖周遭山水景致的关系，不管是"庄生梦蝶"，还是蝶梦庄生，他们都已经千丝万缕地交织在了一起，共同构成了中国现代文学史上不可或缺的一部分。

---

① 丰子恺：《山水间的生活》，《白马湖散文十三家》（朱惠民编选），上海：上海文艺出版社，1994年，第6页。

② ［法］小仲马著：《巴黎茶花女遗事》，林纾、王寿昌译，北京：商务印书馆，1981年，第4—5页。

③ 王勃：《秋日登洪府滕王阁饯别序》，白居易：《琵琶行》。分别见朱东润主编：《中国历代文学作品选》（中编第一册），上海：古籍出版社，2002年，第257—258页，第209页。

④ ［德］黑格尔著：《美学》（第1卷），朱光潜译，北京：商务印书馆，2008年，第104页。

当然，白马湖文人的超脱还在于他们的散文充满了佛性和宗教关怀，这无形中提高了白马湖散文的艺术品位。在白马湖作家群中，李叔同的精神感召力无疑是得天独厚的。李叔同（1880—1942），号弘一，他是中国话剧的开拓者之一，在音乐、书法、绘画和戏剧方面都造诣颇深；1918年剃度为僧，精修律宗，弘扬佛法。自1923年起夏丏尊曾多次邀请李叔同到白马湖小住，还为他集资修筑了小屋取名曰"晚晴山房"。据朱光潜回忆：在一般朋友当中，李叔同"不常现身"，但是"人人感到他的影响"。[①]朱光潜自述年轻时提出"以出世的精神做入世的事业"作为人生理想，其中原因就有来自李叔同替他写《华严经》偈的启发。[②]我们读《白马湖散文十三家》，像王世颖、丰子恺、叶圣陶、朱自清、俞平伯、夏丏尊等的散文，总能感到佛性佛理浸润其间，文风质朴淡雅，其中还有不少文章因怀念李叔同而作，可见弘一法师的霞光普照，对他们的影响至深。佛家讲"一切皆苦""诸法无我"。在那样的年代，外敌入侵、军阀混战、民不聊生，如何求得一个安身之所，如何将国家的希望寄托在培养青年一代的事业上，如何保持内心的安宁与富足？或许，在勤勤恳恳、兢兢业业的工作之余，面对政治斗争的漩涡和复杂的阶级对立，超脱就不仅是一种哲学的思维方式，也是一种生存方式。带着这样的感触和理解，佛家的清虚和超脱反而显得愈加珍贵：当我们读夏丏尊的《白马湖之冬》的时候，一方面感受到文笔的清新淡雅和温情，但另一方面，"寒风的怒号"同样渗透出刺骨的辛酸；我们也可读朱自清的《刹那》，他铿锵有力地宣扬着"刹那的人生"，宣扬"现在的生活"，实在也是因为人很难摆脱周遭的羁绊，因此要超脱，要追求内心的真实，要着意于当下主体性的感受和情怀，毫无顾虑，奋勇向前。因此，白马湖文人的静穆超脱是与魏晋风度有本质区别的：前者充满了对现实的观照，后者是消极避世；前者摒弃了政治功利性，注重对他人及社会的人格感化，后者则注重个人修炼和精神自由，最终却多是为了沽名钓誉或者重振仕途。

第三，白马湖文人秉承五四启蒙传统，以塑造完整人格为己任，同时

---

① 朱光潜：《丰子恺先生的人品和画品》，《朱光潜全集》（第9卷），合肥：安徽教育出版社，1993年，第154页。

② 朱光潜：《以出世的精神做入世的事业》，《朱光潜全集》（第10卷），合肥：安徽教育出版社，1993年，第525页。

又保持着静穆超脱的精神境界，"以出世的精神做入世的事业"，"为人生"是他们的文学主题，"人生的艺术化"是他们的审美主张。以笔者的浅见，中国古典文学大抵可为两类：一类是言志载道文学，强调的是美刺教化的功能，形成了一套沿袭久长的"礼乐"传统；一类是风月神怪文学，强调的是娱乐消遣的功能，要么是忧戚伤感、矫情故作，要么是游心太玄、鬼神莫测。中国古代的文人远可纵论国家社稷、近可评说天下苍生，主题虽大、气势虽宏，但真正涉及"人生"的话题却不约而同地鲜有提及，像《诗经》中《氓》这样既有现实观照又有理性反思的代表性诗文实在是太少了。因此到了五四新文化运动，"罢黜旧文学，提倡新文学"的呼声才如此响亮、如此震耳欲聋；挪威作家易卜生《玩偶之家》的主人公娜拉的命运才如此牵动人心、如此引起广泛的阅读和争议。一时间，人性问题、恋爱问题、男女平等问题、经济独立问题、就业问题等，全都一齐摆在了人们的面前，渴望着得到解答。总之，人们已经开始关注生活的意义和现实的标准了。茅盾在《中国新文学大系·小说一集·导言》中说："文学应该反映社会的现象，表现并且讨论一些有关人生一般的问题。"[1]新潮社作家罗家伦也认为："文学是人生的表现和批评""艺术是为人生而有的，人生不是为艺术而有的"。[2]1921年文学研究会的成立就主要是打着"为人生"旗号在从事文学创作的，并与鸳鸯蝴蝶派针锋相对，最终在20—30年代占据着优势。虽然有学者将白马湖文人看作是文学研究会浙江分会的成员，[3]笔者并不同意，但是在"为人生"这一点上，他们无疑是共通的。

按照学者祁述裕的观点，五四"为人生"文学大抵以1920年为界分为前后两期，前期主要表现出明显的理性精神，后期则主要描绘失意苦闷的情感。[4]他的这种划分还是有一定依据的：1840年以后的中国开始进入了历史转型期，从闭关锁国到向西方学习，由器物到制度再到文化，各种

---

① 茅盾选编：《中国新文学大系·小说一集》，上海：上海文艺出版社，2003年，《导言》2003年，第4页。

② 罗家伦：《驳胡先啸君的〈中国文学改良论〉》，丁元编撰：《五四风云人物文萃：傅斯年、罗家伦》，北京：人民日报出版社，1999年，第126、142页，第151—152页。

③ 王孙：《白马湖散文十三家·序言》（朱惠民选编），上海：上海文艺出版社，1994年，第5页。

④ 祁述裕：《论五四时期"为人生"作家群的审美流向》，《安徽大学学报》（哲学社会科学版），1987年第2期，第79页。

社会思潮前赴后继、此起彼伏。但是进入20年代后，外敌入侵与军阀割据的现状仍无大的改变，社会上不免弥漫着一股消极苦闷的情绪，特别是在青年当中，国家与民族、前途与青春的"幻灭"之感油然而生。而此时应运而生的白马湖派，其教育理念除了注重人格教育，还自觉担负了对青年人生前途的关注和指引：朱自清在《刹那》中就既反对行乐派又反对颓废派，认为那是"生之毁灭"；夏丏尊提出了教育的根本乃是"情"的教育、"爱"的教育，否则便成了"空虚"①；叶圣陶在《与佩弦》中反对玩世不恭、冷酷无情，而倡导"认真处世""有情待物"；丰子恺在《艺术教育的原理》中则主张"真正的完全的人"，而不是"不完全的残废人"②；朱光潜则在《给青年的十二封信》中涉及中学生学习生活的多个方面，而最终仍旧落实到"人生与我"这样的关键问题上。需要指出的是，白马湖文人毕竟是一群致力于教育且学养深厚的团体，他们不仅尽心为青年解答人生困惑，使生活变得更好，还要使生活变得更美，因而他们也是最早提出"艺术教育"的群体之一。

"人生的艺术化"就是白马湖文人艺术教育的出发点和终极指归，也是他们的审美理想和切身实践的生活方式。前文已述，从春晖中学到立达学园，白马湖文人是在历经艰险和困难中不断发展起来的，比如说大环境是外敌入侵、军阀混战，教育救国虽理想远大却未必能够引起大的反响，而办学资金紧缺，一切需从头做起却是绕不过的障碍。在这样的情况之下，这群纯粹的知识分子仍旧创造出了"北有南开，南有春晖"的美誉佳绩，实在是"中华民国"教育史上的一个奇迹。白马湖文人自觉坚守着"以出世的精神做入世的事业"的人格理想，在教育事业上一丝不苟、兢兢业业，绝不怨天尤人，在个人得失上超脱、淡泊，以一种清淡、闲适、自由的心态去面对日常生活，即使在"萧瑟"中也能发现一种别样的"诗趣"，"作种种幽邈的遐想"③，这不能不说是白马湖文人群体精神境界的最高体现。王国维曾在《人间词话》中这样讲道："诗人对宇宙人生，须入乎

① ［意］亚米契斯著：《爱的教育》，夏丏尊译，上海：上海书店印行，1980年，《译者序言》第2—3页。

② 丰子恺：《艺术教育的原理》，《丰子恺文集》（艺术卷一），杭州：浙江文艺出版社、浙江教育出版社出版发行，1990年，第16页。

③ 夏丏尊：《白马湖之冬》，《白马湖散文十三家》（朱惠民选编），上海：上海文艺出版社，1994年，第227页。

其内，又须出乎其外。入乎其内，故能写之。出乎其外，故能观之。入乎其内，故有生气。出乎其外，故有高致。"①用王国维的"出入说"来描述白马湖文人的"宇宙人生"，他们所从事的教育事业，以及他们艺术化的生活，这不正是他们真实而确切的写照吗？

三

1923年夏天朱光潜从香港大学毕业，②先在上海吴淞中国公学中学部教英文，后因江浙战争对学校的毁坏，经由夏丏尊的介绍于1924年秋来到白马湖春晖中学。按照朱光潜个人的说法："在短短的几个月之中，我结识了后来对我影响颇深的匡互生、朱自清和丰子恺几位好友。"③1924年冬因为黄源的"毡帽事件"与匡互生一起来到上海另谋生路，1925年2月在虹口老靶子路成立"立达中学"，夏天迁址上海北郊江湾，改名"立达学园"。当立达学园逐渐步入正轨，朱光潜在此时也正好考取安徽官费留学英国。从时间上看，从1924年秋到1925年夏，朱光潜与白马湖文人的相聚并不长，但是对于朱光潜后来的美学之路却是意义非常重大：他的美学处女作《无言之美》是其美学历程的起点；更为重要的是，白马湖散文精神对于他后来美学思想的奠定还有着深远的影响。

关于白马湖散文精神对朱光潜美学思想的影响，笔者主要从三个方面来讨论：一是20世纪20年代朱光潜在白马湖春晖中学到立达学园时期，这时期其美学思想的集中体现是《无言之美》；二是朱光潜1925年留学欧陆到40年代，这是朱光潜美学奠定他在中国现代美学史上重要地位的主要阶段；三是解放之后，这个阶段朱光潜的美学思想体现为重要转型，但是通过追寻和探索，仍可发现白马湖精神的斑驳身影。

1980年朱光潜在自己的《作者自传》中写道："我把上海的这段经历说

① 王国维撰，黄霖等导读：《人间词话》（卷上六十），上海：古籍出版社，1998年，第15页。
② 关于朱光潜在香港大学毕业的确切时间，朱光潜在《作者自传》（第1卷）和《回忆上海立达学园和开明书店》（第10卷）两文中均是"1922年"，但是在其他不少研究著作中却要么"1922年"要么"1923年"，颇使笔者费了一番周折寻思彼此的正误。后来笔者与香港大学取得联系，热心的工作人员通过查阅校史印证是"朱光潜1923年取得学士学位"，概因年代久远朱光潜误记之故。详情链接：http://www4.hku.hk/hongrads/index.php/graduate_detail/187
③ 参见《作者自传》和《回忆上海立达学园和开明书店》，分别出自《朱光潜全集》第1卷第2页和第10卷第520页，合肥：安徽教育出版社。

详细一点，因为这是我一生的一个主要转折点和后来一些活动的起点。"①那么，这个"转折点"是从哪里转向何方呢？通过梳理朱光潜1921年到1925年间发表的作品可以发现，除了1924年秋冬之际的《无言之美》，他当时的兴趣主要是教育学和心理学。②朱光潜的学术重心转向美学，白马湖文人的影响功不可没。1948年朱光潜在沉痛悼念朱自清先生的时候这样回忆说：

"学校（即春晖中学，引者注）范围不大，大家朝夕相处，宛如一家人。佩弦和丏尊、子恺诸人都爱好文艺，常以所作相传视。我于无形中受了他们的影响，开始学习写作。我的第一篇处女作《无言之美》，就是在丏尊、佩弦两位先生鼓励之下写成的。他们认为我可以作说理文，就劝我走这一条路。这二十余年来我始终抱着这一条路走，如果有些微的成绩，就不能不归功于他们两位的诱导。"③

《无言之美》以大家熟知的《论语·阳货》中的"予欲无言"开篇，其寓意和《老子》的"大音希声"、《庄子·知北游》的"天地有大美而不言"相得益彰，都暗示了"言有尽而意无穷"的伟力。然后，朱光潜通过大量中外艺术创作的实例和评论证明，在言与意之间，无言之美正在于"含蓄"。朱光潜说："文学之所以美，不仅在有尽之言，而尤在无穷之意。推广地说，美术作品之所以美，不是只美在已表现的一部分，尤其是美在未表现而含蓄无穷的一大部分，这就是本文所谓无言之美。"④文章旁征博引，言之有据；行文如行云流水，生动优美，读来使人如沐春风，爱不释手。《无言之美》是一篇富有张力和韵味的美文，朱光潜将博学、哲思和桐城古文的"纯正简洁"融为一体，显出了作者出众的个人才华。王攸欣认为：朱光潜"对无言之美的欣赏一直保持到晚年"。⑤而实际上，《无言之美》除了它的情致风韵引人入胜、与白马湖散文风格协调一致之外，朱

---

① 朱光潜：《朱光潜全集·作者自传》（第1卷），合肥：安徽教育出版社，1987年，第3页。
② 参阅朱光潜：《朱光潜全集》（第8卷），合肥：安徽教育出版社，1993年，第1—133页；以及商金林：《朱光潜与中国现代文学》，合肥：安徽教育出版社，1995年，第7页对于朱光潜此间作品的梳理。
③ 朱光潜：《朱光潜全集·敬悼朱佩弦先生》（第9卷），合肥：安徽教育出版社，1993年，第487页。
④ 朱光潜：《朱光潜全集·无言之美》（第1卷），合肥：安徽教育出版社，1987年，第69页。
⑤ 王攸欣：《朱光潜学术思想评传·附录一》，北京：北京图书馆出版社，1999年，第262页。

光潜显然不仅就艺术而谈艺术、就美感而谈美感，而是宕开一笔，直接与白马湖文人的五四风骨和精神内涵结合了起来。

朱光潜将人类意志的发展走向分为现实界和理想界：人类意志有征服现实界的欲望，但二者常常处于冲突之中；但是理想界却空阔自由、尽善尽美。美术的使命就是帮助人类超越现实界，接受现实界的缺陷和不完满，同时又要竭力创造一个理想界，在理想界中求得安慰。虽然朱光潜主张"理想化"，看重"想象力"的用武之地，追求一种"超脱"的精神境界，但在本质上，朱光潜是拒绝消极的人生观的。桃李不言，下自成蹊，正所谓"圣人处无为之事，行不言之教"①，而背后其实蕴含着深刻的社会根源。《无言之美》的深刻性，已经显示出一些不易为人察觉，但却极为重要，而且在后来得到了印证的文化理念：即自新文化运动以来的各种文艺思潮和文化观念，无论是本土的还是西方的，都必须参与到开启民智、启蒙思想和塑造民族主体精神的活动中来；而最终，"人"是真正的主体，"人生"是最后的归宿。

从1925年留学英国到40年代是朱光潜创作的丰产期，他在美学上的重要著作基本都在这个时期完成，这也直接奠定了他在中国现代美学史上的权威地位。在朱光潜的美学历程中，对他影响最深，同时也是他批判得最多的是克罗齐。克罗齐是当时西方影响最大的哲学家，朱光潜就从克罗齐开始，广泛涉猎了西方自柏拉图以来的哲学、美学思想，如康德、黑格尔、尼采、布洛、立普斯、谷鲁斯、亚里士多德、柏拉图、莱辛等。但是正如罗钢总结的："每一个理论家对外来学说的吸收都是有选择的，这种选择的理论取向一方面受制于特定时代的精神需要，另一方面又受制于本人对这一时代需要的体认。"②那么，当救亡与启蒙已经成为时代的主题，朱光潜是如何"体认"他的那个时代的呢？朱光潜接受了康德、克罗齐以来关于"直觉论"的观念，在《文艺心理学》和《谈美》二书中，朱光潜讨论的核心问题便是"美感经验"，而美感经验的基础是"直觉论"思想。按照朱光潜的介绍，"直觉"主要有两重特征：一是时间短、瞬间性。"美感经验是纯粹的形象的直觉，直觉是一种短促的、一纵即逝的活动"；二

---

① 饶尚宽译注：《老子》，北京：中华书局，2006年，第5页。
② 罗钢：《历史汇流中的抉择——中国现代文艺思想家与西方文学理论》，北京：中国社会科学出版社，2000年，第24页。

是非功利性、孤立绝缘。在美感经验中，物呈现形象，而直觉除了专注于物之形象本身以外，别无他涉，即不去考虑形象之外的诸如实用、功利、快适、概念等。[1]如果我们进一步查证就会发现，前者的始因与白马湖文人所崇尚的"刹那主义"紧密相关，而后者的审美非功利性正是白马湖文人超脱精神的体系化和完善。可以说，这种不旁牵他涉的超脱精神正是达到"刹那主义"的精髓之所在，而刹那主义则为审美非功利性提供了精神愉悦的巨大满足。因此有学者指出："审美超脱的人生态度是朱光潜前期美学思想发展的起点。"[2]这是很有道理的。而稍显差别的是，白马湖文人的超脱精神主要是依托传统文化中的道家修养和来自李叔同的佛家精神的影响，而朱光潜此时则更偏向于康德、克罗齐的认识论体系。

如果说古典时期和浪漫时期的艺术创造还主要停留在灵感、迷狂、天才或者"无意识"等阶段的话，那么到了现代，艺术家的主体意识则被提到了前所未有的高度，即"自意识"的崛起，因而艺术创作的"思量"和探讨自然过渡到了诸如内容与形式、艺术与人生、写意与写实的阶段。用朱光潜的话来说，前者是"自然流露"，后者是"有意刻划"。[3]这样看来，艺术由古典、浪漫向现代的转变，一个显著的变化其实还不在于某个艺术规律（如"三一律"）的打破，而在于创作主体在艺术中的逐渐彰显，"人"的意识在艺术中不断浸染，"人生"问题逐渐成了艺术的中心话题。朱光潜是敏锐地注意到了文艺的这种转向的，他当然也受到这种风气的影响；熟悉朱光潜的人都知道，他实在不是一个纯粹的书斋先生，他的思想里透露着深刻的社会观照和人生关怀。他曾在《谈美》的"开场话"里痛心疾首地叹道："我坚信中国社会闹得如此之遭，不完全是制度的问题，是大半由于人心太坏。……要求人心净化，先要求人生美化。"[4]"人生"问题始终是朱光潜思考得最多的话题之一。在朱光潜看来，人类认识世界的方式有三种：实用的、科学的、美感的，但是作为完整的有机体，"人生见

---

① 朱光潜:《朱光潜全集·文艺心理学》（第1卷），合肥：安徽教育出版社，1987年，第314页、第270页。

② 朱式蓉、许道明:《朱光潜前期美学研究述评》，《安庆师范学院学报》，1987年第3期，第42页。

③ 朱光潜:《朱光潜全集·文艺心理学·作者自白》（第1卷），合肥：安徽教育出版社，1987年，第199页。

④ 朱光潜:《朱光潜全集·谈美》（第2卷），合肥：安徽教育出版社，1987年，第6页。

于这三种活动的平均发展，它们虽是可分别的却不是互相冲突的"；实际人生是整个人生的一个片段，艺术与实际人生虽有一定的距离，但是与整个人生却并不隔阂。"因为艺术是情趣的表现，而情趣的根源就在人生"。①因此，朱光潜提倡"人生的艺术化"，这其实是他"美学思想的出发点和指归目标"②，与白马湖散文精神遥相呼应。但是也必须清醒地认识到，"人生的艺术化"虽然被朱光潜定义为"人生的严肃主义"和"人生的情趣化"，但是从根本上讲，朱光潜仍是以一种非常平和的方式、从"性分"和"修养"方面来化解现实中的矛盾从而实现"雅"化生活；而当时的处境却是那样激进而残酷，朱光潜立意虽远，却并不适合于当时革命形势的需要，与左派思想相比确实就显得保守，甚至是"坐而论道"了，因此在30—40年代受到了左翼文艺理论家的猛烈批判。

新中国成立后，由于政治形势的巨大变化，朱光潜也曾短暂地屈服于外在的压力而陷入了"上纲上线"的笔战之中，但是随着"美学大讨论"的深入，朱光潜凭借深厚的学养和人格的魅力，逐步将大讨论牵引到学术化的辩论中来。在那样一个自顾不暇的年代，朱光潜仍旧潜心于学术事业，为了能够准确理解原著的要义，朱光潜不惜年近六旬仍旧开始学习俄文；朱光潜一直都没有放弃"形象思维"的讨论，"文革"之后又率先在美学领域开始了关于"人性、人道主义、人情味"等话题；当创作开始变得艰难的时候，朱光潜就将全身心投入到翻译当中去；到了80年代，朱光潜还应编辑之邀，重新为青年写作了《谈美书简》……

朱光潜的学术生涯超过半个世纪，其创作和翻译方面所取得的丰硕成果，在中国现当代美学史上都是一座难以逾越的丰碑。当我们梳理其思想、回溯其渊源、发掘其起点，我们找到了白马湖文人与朱光潜的深厚交情，以及对他的深刻影响。纵观朱光潜一生的美学思想，其对西方自文艺复兴以来的人道主义的继承，对人性、人格的尊重和培育，对审美化人生的追求，以及自然超脱的豁达情怀，始终贯注于其美学思想的始终；而在细枝末节里面，我们又总是可以发现白马湖散文精神斑驳的形影，可见白马湖文人对朱光潜的影响至深。我们很难想象，朱光潜在香港大学毕业之

① 朱光潜：《朱光潜全集·谈美》（第2卷），合肥：安徽教育出版社，1987年，第90—91页。
② 王旭晓：《"人生的艺术化"——朱光潜早期美学思想所展示的美学研究目标》，《社会科学战线》，2000年第4期，第78页。

后如果没与白马湖文人相遇，其结果会是怎样；毕竟，历史不可以假设，历史也不可能重演。但是，我们毕竟可以这样断言，白马湖文人的相聚，以及所展现出来的白马湖散文精神，对于朱光潜后来学术趣味的形成、对西方各种文艺思想的"拿来"，以及其美学体系的奠定，都有至关重要的影响，伴随了朱光潜的一生。

第二节　朱光潜与格罗塞：不同指向的艺术起源论

朱光潜40年代的体系建构主要集中在《诗论》，即便在晚年的时候朱光潜也这么认为：这是他在过去的写作中用功较多，比较有独到见解的一部书。①鉴于已有研究的成果，如阎国忠、钱念孙、劳承万、王攸欣等都有专著的章节加以讨论，而《诗论》体系的骨架又是基本确定的，因而笔者认为与其大体复述前辈成果，做重复性的劳动，不如别开生面，花主要精力来讨论《诗论》中朱光潜对格罗塞《艺术的起源》的借鉴和吸收。况且就笔者的比较研究发现，格罗塞于朱光潜的影响对《诗论》的成书具有不可或缺的作用。

但是就目前为止，国内对于格罗塞美学思想的专门研究尚不充分，基本止于介绍、复述的阶段，深入探讨的篇章屈指可数；②特别是将格罗塞与朱光潜的美学思想连接起来展开比较研究的，就笔者眼界之内尚未见到，然而这种事实影响又确实存在：朱光潜在《诗论》中用超过一页的文字来引述格罗塞在《艺术的起源》中的内容，甚至原文摘录该书的抒情歌谣；③不仅如此，《艺术的起源》对《诗论》的影响不仅是诗歌起源方面，这种影响甚至是整体性的，贯穿了《诗论》的始终。至于这重关系为什么被

────────────

① 朱光潜：《朱光潜全集·诗论·重版后记》（第3卷），合肥：安徽教育出版社，1987年，第331页。

② 就中国知网cnki搜索看来，在少数的几篇专门研究格罗塞《艺术的起源》的文章中，唯一从比较美学角度进行研究的只有王建疆的《格罗塞与普列汉诺夫艺术起源理论比较》（《广西大学学报》（哲学社会科学版）（南宁），1990年第5期）一文，其余文章概述的痕迹都比较明显。

③ 相关内容详见朱光潜：《朱光潜全集·诗论》（第3卷），合肥：安徽教育出版社，1987年，第14—15页；以及格罗塞著：《艺术的起源》，蔡慕晖译，北京：商务印书馆，2008年，第177页，在歌词的翻译上略有出入。

忽略，甚至连研究朱光潜美学思想的专著所涉及《诗论》中有关艺术起源的部分，也将格罗塞其人一并忽略掉了？无论这种现象是有意还是无意，这都是研究朱光潜《诗论》过程中的一个巨大损失，因为格罗塞对朱光潜的影响是如此显而易见。笔者以为，出现这种现象的原因主要有以下三点：一是研究朱光潜的思想来源的时候过分注重了来自克罗齐的影响；二是对于格罗塞及《艺术的起源》一书中的美学思想尚未进入研究者的视野；三是对于《诗论》中朱光潜所提及格罗塞的部分重视不足。因此，对《艺术的起源》和《诗论》两部作品进行比较研究是具有重要意义的，这也有利于更加全面地掌握和揭示朱光潜美学思想的整体面貌。

格罗塞（Ernst Grosse，1862—1927），德国著名艺术史家，其美学思想的代表作主要是《艺术的起源》（1894）。[①] 从该书全文看，格罗塞的美学思想是在批判继承康德、黑格尔、赫尔德和丹纳的基础上，通过深入考察原始艺术与社会经济结构，以及生活状况之间的关系后得出来的，而最终突显了"生产方式"在艺术领域的决定作用。在行文过程中，格罗塞对丹纳的批判最为严厉：既不认为影响艺术的首要因素是种族，也不认为气候对于艺术特性影响的直接性，因为绝不相同的两个民族如澳洲人和埃斯基摩人在装潢上却可以表现出惊人的一致性，而"气候经过了生产才支配艺术"。[②] 我们同样还可以了解到，格罗塞受康德的影响最深。他基本上接受了艺术和审美活动的非功利性思想，以自身为目的，并且将这个思想贯穿了全书的始终；同时，格罗塞也赞同艺术的社会性，认为"无论什么时代，无论什么民族，艺术都是一种社会的表现，假使我们简单地拿它当作个人的现象，就立刻会不能了解它原来的性质和意义"。[③] 显然，格罗塞理解的审美普遍性已经超越了康德所宣称的"共通感"，即不是基于个人为单位的审美同情，而是首先从历史观的角度来强调了艺术的社会价值。另外，格罗塞还对一些研究原始艺术的误区进行了批判，认为不能够用一些

---

① 可参阅张玉能、陆扬、张德兴著，蒋孔阳、朱立元主编：《西方美学通史》（第5卷，上海：上海文艺出版社，1999年，第184—198页。），书中已经对格罗塞美学思想进行了相当系统而精当的点评式介绍，而本文由于论文需要在此基础上有必要作一个简要的补充，毕竟，就目前而言国内对格罗塞的研究的确不多。

② ［德］格罗塞著：《艺术的起源》，蔡慕晖译，北京：商务印书馆，2008年，第236—238页。

③ ［德］格罗塞著：《艺术的起源》，蔡慕晖译，北京：商务印书馆，2008年，第39页。

现代的观念先入为主地去套用和解释这些原始民族的审美活动：比如说某种造型艺术显示的所谓宗教意义、或者某种图案呈现出的几何形状、或者身体彩绘即是原始的衣着或者遮羞之类。之所以如此，主要是出于这些研究者没经过深入考察而进行的一厢情愿地臆断，而这些原始艺术或许更多只是出于一种情感或者乐趣，并无其他外在目的。当然，本书还有一大特色就是不可避免地使用了大量推测性的语气，表面看来似乎是作者对自己所阐释内容的不确定性，但是唯有这种"不确定性"，恰好显示了作者的审慎和治学的态度。诚如格罗塞自己所言："如果我们的解释，竟引起了怀疑和驳议，那更是我们学术的大幸；因为那里有怀疑和驳议，就是那里已经有发展进步的首要条件了。"①

那么，比较格罗塞的《艺术的起源》和朱光潜的《诗论》，这种影响关系是如何体现的呢？笔者以为可以从以下几个方面进行讨论。

第一，两位美学家身上都自觉肩负着历史使命：格罗塞要冲破黑格尔以来所形成的艺术哲学的传统，而朱光潜则要在中国诗话传统的基础上朝着诗学的方向迈进。格罗塞开篇就说，艺术的研究及其论著，可以分出两条路线，即艺术史的和艺术哲学的，而将两者合起来，才能成为现在的艺术科学。格罗塞的主要意思就在于，《艺术的起源》不仅要有事实材料作为依据，还要作有关艺术的性质、条件和目的的一般研究。②因为康德就曾讲过，没有理论的事实是迷糊的，没有事实的理论是空洞的，只有两者相互结合才能产生出知识。③而格罗塞这种主张建立"艺术科学"的迫切心情，正是19世纪中期以来科学主义在西方蔚然成风的直接反映。格罗塞说："在科学中，是受客观的支配；在艺术评论中，是受主观的支配。艺术评论志在建立法则；科学却是意在寻求法则。……艺术史里独立而且混杂的事实，除了了法则，就无论什么东西都不能使它们得到秩序和价值，可是法则这个东西，正是人们所不曾寻求的。"④格罗塞虽然不了解中国的

① ［德］格罗塞著：《艺术的起源》，蔡慕晖译，北京：商务印书馆，2008年，第24—25页。
② ［德］格罗塞著：《艺术的起源》，蔡慕晖译，北京：商务印书馆，2008年，第1页。
③ ［德］康德：《纯粹理性批判》，邓晓芒译、杨祖陶校，北京：人民出版社，2004年，第52页原文："思维无内容是空的，直观无概念是盲目的。……只有从它们（即思维和直观）的互相结合中才能产生出知识来。"
④ ［德］格罗塞著：《艺术的起源》，蔡慕晖译，北京：商务印书馆，2008年，第3—4页。

书法，①也未必对中国诗歌做过深入研究，但是他追求艺术科学的这种企图，以及所针对的这种"有事实无法则"的现象，用在中国传统诗论之上却是很贴切的：或许，中国的诗论在古代的兴盛是因为它的朦胧而产生的韵味，而到近代以后，它的衰落也是因为它的朦胧而带来的混乱。受此影响，朱光潜在《诗论》"抗战版序"中这样反省道：

"中国向来只有诗话而无诗学，刘彦和的《文心雕龙》条理虽绝密，所谈的不限于诗。诗话大半是偶感随笔，信手拈来，片言中肯，简练亲切，是其所长；但是它的短处在零乱琐碎，不成系统，有时偏重主观，有时过信传统，缺乏科学的精神和方法。"

朱光潜的此番总结虽未必尽然，但却大体勾勒了中国传统诗论的总体特征，特别是科学主义的浪潮从西方向东方迅速蔓延开来，站在中西之交并深受其影响的朱光潜就自然要运用这种方法论来重新检视中国传统诗论，进行中西比较。中国传统诗论是否需要借鉴、是否需要革新就成为摆在中国文人学者面前一个不得不面对的问题；加上当时正在开展的新诗运动，朱光潜毫不掩饰地表现出对中国文学的前途和命运的担忧。因此，朱光潜不无迫切地说："当前有两大问题须特别研究，一是固有的传统究竟有几分可以沿袭，一是外来的影响究竟有几分可以接收。这都是诗学者所应虚心探讨的。"②这样看来，在新的形势下开展对中国传统诗学的研究，既有其自身发展的需要，也有现实的依据；而且，对于中西诗学的身份对应及取舍关系，朱光潜也有比较清醒的认识。

第二，艺术起源的"历史与考古学的证据不尽可凭"，于是转向了"心理学的解释"。那么，为什么说心理学的解释就要比历史学和考古学所得来的证据更加可靠可信呢？格罗塞说："艺术科学的首要而迫切的任务，乃是对于原始民族的原始艺术的研究。为了便于达到这个目的，艺术科学

---

① 因为谈起书法艺术，格罗塞首先想到的是日本人，这显然是张冠李戴的，而不曾想到书法艺术在中国则是更加源远流长，况且日本书法本来出自中国。见格罗塞著：《艺术的起源》，蔡慕晖译，北京：商务印书馆，2008年，第111页。

② 朱光潜：《朱光潜全集·诗论·抗战版序》（第3卷），合肥：安徽教育出版社，1987年，第4页。

的研究不应该求助于历史或史前时代的研究，而应该从人种学入手。"①按照格罗塞的意思，历史"不晓得原始民族"，而考古学为我们昭示的"是史前时代的形象艺术的或多或少的一堆片断"。那么人种学是否就完全可靠了呢？格罗塞认为，我们虽然能够在人种学那里"获取正确的知识"，但"人种学的方法仍旧是不完全的"，因为对原始民族的艺术材料的搜集不可能完全。"我们只能将同时代或同地域的艺术品的大集体和整个的民族或整个的时代联合一起来看。艺术科学课题的第一个形式是心理学的，第二个形式却是社会学的。"②格罗塞对历史和考古学的研究方法进行批判的思想不仅在朱光潜那里全盘被接受下来，而且他的这种心理学的价值取向，也正好和朱光潜之前所接受的心理学学术背景，以及对艺术欣赏和创造的心理学阐释是相呼应的。朱光潜在论证诗歌与音乐、舞蹈同源的时候同样讲道："就人类诗歌的起源而论，历史与考古学的证据远不如人类学和社会学的证据之重要，因为前者以远古诗歌为对象，渺茫难稽；后者以现代歌谣为对象，确凿可凭。"③

　　如果说格罗塞主要从总体上对历史和考古学的研究方法进行批判的话，因为格罗塞不止讨论诗歌，还有音乐、塑像、雕刻、装饰等，那么朱光潜则专从诗歌方面对中国古代"搜罗古佚"的风气进行了否定，而且批评的力度比格罗塞走得更远。朱光潜斩钉截铁地说："搜罗古佚的办法永远不会寻出诗的起源。"为什么？因为历史和考古学所依据的两个观念也是根本错误的：一是"它假定在历史记载上最古的诗就是诗的起源"；二是"它假定在最古的诗之外寻不出诗的起源"。④毕竟，有文字记载的历史往往已经迈入了文明史的进程：大到文明的演化、小至艺术的生成，待到要有文字或符号将它记录下来的时候，那已经经历过了漫漫的历史长河。所以格罗塞要说："艺术的起源，就在文化起源的地方。"⑤朱光潜也讲："诗的起源实在不是一个历史的问题，而是一个心理学的问题。"⑥因此，在《艺术的起源》一书中，格罗塞运用实证主义的方法对人体装饰如劙痕

---

① ［德］格罗塞著：《艺术的起源·诗论》，蔡慕晖译，北京：商务印书馆，2008年，第17页。
② ［德］格罗塞著：《艺术的起源》，蔡慕晖译，北京：商务印书馆，2008年，第10页。
③ 朱光潜：《朱光潜全集·诗论》（第3卷），合肥：安徽教育出版社，1987年，第13页。
④ 朱光潜：《朱光潜全集·诗论》（第3卷），合肥：安徽教育出版社，1987年，第9页。
⑤ ［德］格罗塞著：《艺术的起源》，蔡慕晖译，北京：商务印书馆，2008年，第26页。
⑥ 朱光潜：《朱光潜全集·诗论》（第3卷），合肥：安徽教育出版社，1987年，第11页。

（scarification）、刺纹（tattooing）、画身等，和装潢中的大量原始器物如盾牌、飞去来器和骨制用具进行了考察和深究，对艺术的起源作了较为中肯的说明；而朱光潜则将格罗塞的这套研究方法概括为两条原则：一是重视艺术的原始性，二是不忽略材料来源的民间性。①

第三，艺术的情感化指向。我们已经知道，格罗塞、朱光潜都是受康德美学思想影响很深的，而康德在《判断力批判》中就集中表达了这一思想：一切审美判断都是情感判断。②那么，关于艺术指向情感这个问题是否还有必要继续说下去呢？笔者以为是有必要的。只有我们一旦观察到二者在此论证过程中所具有的空前一致性的时候，才能够更加肯定地认为：朱光潜受到格罗塞的影响是多么深刻。

格罗塞通过对原始舞蹈如科罗薄利（corroborry）舞等进行分析后得到如下观念：第一，艺术的审美活动凝结着情感因素，而这种情感多半是愉快的；第二，审美活动本身就是一种目的，所以艺术审美是受一种内在目的和规律支配，而不是受外在目的支配的手段；第三，"介乎实际活动和审美活动之间的，是游戏的过渡形式"。③这些思想，虽然从表述内容和方式上与朱光潜不尽相同，但是当一位熟悉朱光潜前期美学思想的研究者读到这些语段的时候，定然不会感到陌生；而且也有理由进一步相信，朱光潜在《诗论》中所表现出来的对格罗塞《艺术的起源》的整体性接受，这也是其中原因之一。

格罗塞还说："诗歌是为达到一种审美目的，而用有效的审美形式，来表示内心或外界现象的语言的表现。这个定义包括主观的诗，就是表现内心现象——主观的感情和观念——的抒情诗；和客观的诗，就是用叙事或戏曲的形式表示外界现象——客观的事实和事件——的诗。在两种情形里，表现的旨趣，都是为了审美目的；诗人所希望唤起的不是行动，而是感情，并且除了感情以外，毫无别的希冀。这样，我们这个定义，在一方面，从感情的不合诗意的表现中区别出抒情诗来，在另方面，从教训和辞

---

① 朱光潜：《朱光潜全集·诗论》（第3卷），合肥：安徽教育出版社，1987年，第10页。

② 康德说："美没有对主体情感的关系自身就什么也不是。"他还区分了作为审美判断根据的审美情感与作为其后果的审美快感。参见［德］康德著：《判断力批判》，邓晓芒译、杨祖陶校，北京：人民出版社，2002年，第53页，第149—150页。

③ ［德］格罗塞著：《艺术的起源》，蔡慕晖译，北京：商务印书馆，2008年，第38页。

章的表现与记述里区别出叙事诗和戏曲来。①一切诗歌都从感情出发也诉之于感情，其创造与感应的神秘，也就在于此。"②我们先且不谈格罗塞对诗歌的分类，即主观的诗和客观的诗，因为朱光潜在《诗论》中对此所进行探讨的来源可能还与王国维的"出入说"③有关。而更为醒目的是，这种"表现内心现象"和"表示外在现象"的言说方式，直接促成了朱光潜"境界论"的诞生：前者涉及情趣，后者涉及意象，"诗的境界是情趣和意象的融合"。④这种理论指向同时也与克罗齐美学思想不谋而合。

当然，笔者在此并非就是要否认克罗齐、立普斯、尼采、华兹华斯等对朱光潜的影响，而是或许可以这样认为，除了这些人的影响之外，我们不能忽略格罗塞《艺术的起源》对于朱光潜《诗论》的作用，而且可能的是，对于朱光潜《诗论》这部著作，格罗塞从立意到论证过程及具体观点方面，都给予了他更多的启示。

第四，从整体结构看，《诗论》与《艺术的起源》也有很强的一致性。前面已经说过，格罗塞在批判艺术史和艺术哲学的基础上，着意于建立一门艺术科学，而朱光潜从中国传统诗论所遇到的挑战及现实的依据入手，着意于建立一套具有逻辑性、系统性的诗学理论。朱光潜在《诗论》开篇便说："想明白一件事物的本质，最好先研究它的起源；犹如想了解一个人的性格，最好先知道他的祖先和环境。诗也是如此。"⑤因此，朱光潜接受格罗塞《艺术的起源》的影响，也正是依循这一逻辑理路展开的：从诗的起源、诗的本质、诗的独特性再到诗的表现形式等。《艺术的起源》首先用四个章节立论，然后再分别阐述人体装饰、装潢、造型艺术、舞蹈、诗

---

① ［德］格罗塞著：《艺术的起源》，蔡慕晖译，北京：商务印书馆，2008年，第211页原注："'政治的歌曲总是一种很讨人厌的歌曲'，歌德用一种真正诗的感情这样说。就是最优秀的政治歌曲，也只是有韵的辞章而已，并不是诗。同样地，最深刻的哲学诗也只是有韵训语而已，不是诗。"这一段注释，其实也就是朱光潜所认为的，艺术不能为政治、道德、哲学的影响所左右，艺术应该遵循自身的规律。

② ［德］格罗塞著：《艺术的起源》，蔡慕晖译，北京：商务印书馆，2008年，第175页。

③ 参见［清］王国维：《人间词话·六十》，转引自朱良志编著：《中国美学名著导读》，北京：北京大学出版社，2006年，第348页。而朱光潜在《诗论》谈到相似的观点："诗的情趣都从沉静中回味得来。感受情感是能入，回味情感是能出。诗人于情趣都要能入能出。单就能入说，它是主观的；单就能出说，它是客观的。"参见朱光潜：《朱光潜全集·诗论》（第3卷），合肥：安徽教育出版社，1987年，第64页。

④ 朱光潜：《朱光潜全集·诗论》（第3卷），合肥：安徽教育出版社，1987年，第62页。

⑤ 朱光潜：《朱光潜全集·诗论》（第3卷），合肥：安徽教育出版社，1987年，第7页。

歌、音乐等艺术形式，最后加一章总结，结构简洁明了；很有意思的是，朱光潜在《诗论》中也是用四个章节首先进行原理的阐释，然后再分述诗与散文、音乐、绘画的关系，以及诗歌的声、顿、韵、律，虽然最后没有出现预料当中的一章作为总结，但是一旦我们清楚《诗论》成书的时段并非连续，或许就可以帮助我们理解为什么后来要加进《陶渊明》一章作为结尾而形成的这种对应关系了。至于对具体的艺术形式进行探讨的时候，熟悉两部书的读者无疑都会强烈地感觉到，他们都把握了艺术的共同命脉——节奏，即格罗塞与朱光潜都紧扣"节奏"来探讨艺术自身的审美特质。至于为什么会选取"节奏"作为切入点，我们同样可以清晰地获悉，他们共同依托的是生理学和心理学的基础，是来自从亚里士多德经康德再到斯宾塞以来的"净化—发散"说一脉。这样看来，朱光潜选择《艺术的起源》作为《诗论》写作的蓝本，在格罗塞这里获得许多有益的启示，或许结构的近似只是次要的因素，在理念上的共同追求才应该是最主要的原因。

本来，如果心中事先装有一个"影响研究"的观念，然后再根据这个观念去寻求"影响"的细枝末节，难免就容易产生一些草木皆兵的误判或者异想天开；但是既然《诗论》当中朱光潜明确标识出有来自格罗塞《艺术的起源》的部分，那么我们以此为契机进行蛛丝马迹的追踪就可以说不是捕风捉影，更不是空穴来风了。而且由于这种艺术理念的亲缘关系，以及作者本身所具有的近似的批判意识，因此我们有理由相信，本文所作的一些推断是符合事实要求的，并非凭空臆想和杜撰。

比如，格罗塞在文中说道："在社会高层中时髦风尚所以时常变更，完全是社会分化的结果。"关于这句话格罗塞同时还作了进一步的注解："……现代好尚的狂热和急剧的变更，不是一种生理的而是病理的现象；这就是我们神经兴奋过度的象征和结果。在过度兴奋的情形之下，人们总是病态地继续不断渴望着更'独出心裁'以及更富刺性的装饰品的。"[①]一方面，格罗塞高度肯定了原始民族的创造性，认为饰品的发展到现代固然增进了材料的范围和技巧的改进，"但人们还从来没有能够在原始的诸形

---

① ［德］格罗塞著：《艺术的起源》，蔡慕晖译，北京：商务印书馆，2008年，第82页，第88页。

式之外，增加了一种新形式"。①另一方面，格罗塞也批评了现代人由于追求个体意识的彰显，从而在装饰品的风格上呈现出的一种病态化的特征。言下之意，原始民族的饰品虽然未必昂贵，制作技巧未必精细，但是就质朴和丰富性而言，自诩为文明的现代人却要相形见绌。尽管这个观点有待商榷，但是到了朱光潜《诗论》里面则直接表现为："个人意识愈发达，社会愈分化，民众艺术也就愈趋衰落，民歌在野蛮社会中最发达，中国边疆诸民族以及澳、非二洲土著都是证明。"②这些证据都无疑指向了一个事实，即朱光潜与格罗塞的继承关系是非常直接的，而且这种现象在两部著作中相当普遍。

那么，二者之间有没有分歧呢？分歧当然是有的，而最大的分歧就在于：格罗塞强调生产方式对艺术发展进程的决定作用，而朱光潜则更倾向于从艺术自身去寻找答案；在此观念的统摄之下，格罗塞更注重艺术表现的社会性内容，而朱光潜则倾向于艺术表现的个体性价值。

格罗塞说："生产方式是最基本的文化现象，和它比较起来，一切其他文化现象都只是派生性的、次要的。"③之所以得出这个结论，并非格罗塞的凭空臆想，而是他穷其毕生心血研究东亚艺术，以及非洲、澳洲、美洲原始艺术与家庭和经济状况之间的关系的基础上得出的；他通过对原始民族社会生活的细致考察——特别是装潢艺术中从动物装潢向植物装潢的变迁这一历史进程④——中发现：一个民族的文明决定于，并依靠于它的生产方式；"经济事业是文化的基本因素"；原始艺术的演变发展同样也依存于生产的发展，并且存在于一定的社会之中。难怪有学者会得出结论说，格罗塞是第一个从艺术领域收集根据来支持马克思、恩格斯关于社会的经济组织和精神生活存在着密切关系这一观点的。⑤同样地，虽然格罗塞受到康德的深刻影响，但是在解释艺术可传达情感的普遍性问题上，格

① ［德］格罗塞著：《艺术的起源》，蔡慕晖译，北京：商务印书馆，2008年，第79页。
② 朱光潜：《朱光潜全集·诗论》（第3卷），合肥：安徽教育出版社，1987年，第25页。
③ ［德］格罗塞著：《艺术的起源》，蔡慕晖译，北京：商务印书馆，2008年，第29页。
④ ［德］格罗塞著：《艺术的起源》，蔡慕晖译，北京：商务印书馆，2008年，第116—117页。
⑤ 程孟辉：《格罗塞原始艺术观概述——兼评〈艺术的起源〉》，《出版工作》，1987年第2期，第72页。

罗塞则抛弃了康德的"共通感"，^①即不是从主观的普遍可传达性出发，而是从艺术的社会性入手进行论证。格罗塞说："诗歌由唤起一切人类的同一的情感，而将为生活兴趣而分歧的人们联合起来；并且因为不断地反复唤起同一的感情，诗歌到最后创出了一种持续的心情。……政治分割了意大利，但是诗歌却将她联合了；……关于诗的统一的力量，德国也有同样的经验。……歌德对于建设新德意志帝国的功绩，并不下于俾斯麦。"^②这么说来，艺术不仅具有审美愉悦的功能，同样具有社会职能，审美愉悦和社会职能在很多情况之下是合二为一的；单纯的审美非功利性不可能解答艺术的所有问题。

　　既然如此，为什么"生产方式"的观念在《诗论》当中却很难见到它的踪迹呢？而且就朱光潜的早期著作看，马克思的《资本论》于朱光潜而言也是相当熟悉的，并且还作为公民常识的必读书目多次向读者进行推介。^③然而，朱光潜最终放弃了对"生产方式"的讨论，取而代之的是"美感经验"，并且在《诗论》中提出了著名的"境界说"来解析中国传统诗歌。之所以如此，这主要还与朱光潜向来所坚持的艺术主张是分不开的。早年朱光潜留学欧洲，由于受克罗齐、康德、亚里士多德的影响特别深，所以形式主义的美学观念在朱光潜那里所占的分量特别重；他多次谈到"为艺术而艺术"（art for art's sake）的文艺观，认为艺术审美应当和科学的或实用的分开，文学艺术应当依循自身发展的规律，而不是"凭文艺以外的某一力量（无论是哲学的、宗教的，道德的或政治的）奴使文艺，强迫它走这个方向不走那个方向"。^④因此，虽然生产方式与艺术发展进程有着极为密切的联系，但是艺术批评如果不是从节奏、韵、律等艺术的表现形式入手，自然也就被划分到"外部批评"的行列，不能得到朱光潜的青睐了。

---

①　［德］康德著：《判断力批判》，邓晓芒译、杨祖陶校，北京：人民出版社，2002年，第53页，第74—75页。

②　［德］格罗塞著：《艺术的起源》，蔡慕晖译，北京：商务印书馆，2008年，第206页。

③　参见朱光潜：《朱光潜全集》，合肥：安徽教育出版社，第8卷第29页；第1卷第40—41页；第9卷第122页，第526页。

④　朱光潜：《朱光潜全集·自由主义与文艺》（第9卷），合肥：安徽教育出版社，1993年，第482页。

顺承下来，作为"情趣意象化或意象情趣化"①的艺术，其最终落脚点却是为着"表现"情感，那么，这种情感又是一种怎样的情感呢？它显然只是个人的而不是社会性的，如果非要表现出群体性的特征，那也首先应该表现为个体性。以原始诗歌的作者为例，虽然"群众合作说"的历史由来已久，但是朱光潜仍旧秉持着"个人创作说"的精英意识，只是在言说方面略带折中调和的色彩。朱光潜在《诗论》中说得很清楚："民歌必有作者，作者必为个人……在原始社会之中，一首歌经个人作成之后，便传给社会，社会加以不断地修改、润色、增删，到后来便逐渐失去原有的面目。我们可以说，民歌的作者首先是个人，其次是群众；个人是草创，群众是完成。"②在民歌的这种"两重创作"中，无疑是个体在起着不可忽视的基础性作用的。朱光潜之所以重视个体在艺术表现中的作用，一是受西方浪漫主义文艺思潮的影响，二是午与当时的时代氛围有关。作为青年导师的朱光潜，与许多青年都建立了亲密的联系，但同时也深切体味到在不少青年当中弥漫着的那股郁闷、忧伤、空虚、彷徨的绝望之气，于是希望通过谈文学、谈修养、谈趣味等内在修炼，以及自由主义精神的培养，借此来排遣胸中郁闷，奋发向上，进而通向人生的艺术化。客观地说，朱光潜的这些思想在一部分青年当中确实有如心灵的一剂良药，甚至对于人性解放也具有一定的积极意义，但是于大时代的步伐而言则显得有些脱节，甚至消极，因此这也是在当时以及后来的美学大讨论中受到广泛诟病的原因。③

　　但是，正如在《〈诗的哲学默想录〉英译本导言》中对鲍姆嘉藤的美学理论所作的评价那样："它们不可避免地要反映艺术在其所处的时代必须具有的一种或几种特殊价值。在一个时代，道德的忠告是首要的，而另一个时代表现现实是首要的，再一个时代，打动情感却是首要的了，如此等等。"④因此我们也可以这么说，朱光潜美学思想的某些价值也许与他所处的那个时代格格不入，但是"时运交移，质文代变""歌谣文理，与世

---

　　① 朱光潜：《朱光潜全集·文艺心理学》（第1卷），合肥：安徽教育出版社，1987年，第347页。

　　② 朱光潜：《朱光潜全集·诗论》（第3卷），合肥：安徽教育出版社，1987年，第21页。

　　③ 参见鲁迅《"题未定"草（七）》、周扬《我们需要新的美学》、蔡仪《新美学》，以及《美学问题讨论集》均涉及对朱光潜美学思想的直接批判。

　　④ ［德］鲍姆嘉藤著：《美学》，王旭晓译，北京：文化艺术出版社，1987年，第180—181页。

推移",①我们谁又能绝对肯定说，一部好书就一定只能属于产生它的那个时代呢？或许在历经岁月的沉淀之后，老酒的陈香才会缓慢地为人们所发掘，细细品来，韵味无穷，历久弥香。

第三节　从克罗齐到马克思：朱光潜美学思想的内在逻辑

前面已经讲到的白马湖散文精神，其精髓和实质其实是来自西方的人本主义思想。白马湖文人反抗暴政、倡导新式教育、兴办新式刊物，最终落实到的仍旧是文化之昌盛、精神之解放及"人"之树立。这也是中国的先进知识分子自近代以来不断学习西方，从军事到政治，再到文化的必然结果。这群知识分子的另一个特征还在于，他们一方面深受传统文化的熏陶，一方面又是最早一批开眼看世界的人群之一，他们在民族的生死存亡中苦苦挣扎，同时也在中西文化的激烈碰撞中苦思冥想，因而难免会从另外一个全新视角来重新透视中国的固有文化。也正是由于这个原因，他们才能够跳出中国传统之固有的思维模式，使用另外一套全新的话语体系和话语方式来解释中国的传统理论及其衍生现象，从而在中西之间的龃龉和磨合中探索出一条前所未有的新路。当我们沿着这个思路重新审视朱光潜，就会发现朱光潜对学术的探求从来都是如此执着和孜孜以求，也一直行进在融贯中西美学思想来构筑自己的理论道路之上。

朱光潜（1897—1986）出生于安徽桐城，自小受过严格的私塾教育，按照朱光潜自己的话说，"学过写科举时代的策论时文"。②虽然封建时代八股取士的传统在近代以后越来越遭到痛批，但是无疑的，这种严格刻板的训练对于熟练掌握中国传统文化的要义却是不无益处的。桐城派讲究考据、义理、辞章，朱光潜就是在这样的学术规范之下成长起来的；朱光潜认真研习过《古文辞类纂》，因此也培养了他对于中国旧体诗文的浓厚兴趣，并深谙其中之道。五四运动给朱光潜的思想带来了巨大的冲击，"文

---

① ［南朝］刘勰：《文心雕龙注释》，周振甫注，北京：人民文学出版社，1981年，第476页。
② 朱光潜：《朱光潜全集·作者自传》（第1卷），合肥：安徽教育出版社，1987年，第1页。

白之争"使朱光潜最终自愿放逐了自己跻身于"桐城谬种"的行列,而是选择了白话文。这是朱光潜人生道路上的第一个重大转折,这至少表明朱光潜在接受新思想方面的态度,不过朱光潜也意识到"文言的修养"对于语言的"纯正简洁也还未可厚非"。这充分说明,朱光潜的思想是开放的,但并不过激,而是保持着一种较为清醒、冷静、客观的态度来看待中国传统文化在时代语境之下的古今问题,也因此将这种态度推衍到后来他所面临的中西问题之上。朱光潜在《诗论》的"抗战版序"里说:

"中国向来只有诗话而无诗学,刘彦和的《文心雕龙》条理虽绝密,所谈的不限于诗。诗话大半是偶感随笔,信手拈来,片言中肯,简练亲切,是其所长;但是它的短处在零乱琐碎,不成系统,有时偏重主观,有时过信传统,缺乏科学的精神和方法。"①

那么,朱光潜是怎样将西方的一整套"科学的精神和方法"来将中国旧有的诗话、词话系统化、体系化呢?这就涉及朱光潜美学思想中一个很重要的问题,即朱光潜美学理论体系的建构问题。本文认为,朱光潜美学体系的自觉建构可以分为三个阶段:一是20年代末到30年代的《文艺心理学》和《谈美》,朱光潜面对五光十色的西方文艺思潮和美学理论,他所采取的态度并不是全盘接受,而是着力于思考"我们应该何去何从"的问题;二是40年代的《诗论》,朱光潜"用西方诗论来解释中国古典诗歌,用中国诗论来印证西方诗论",②它是中西诗学成功对接的一次尝试,也为中国比较文学的发展方向提供了思路和方法,后来被台湾比较文学学者古添洪、陈慧桦誉为"阐发法"的代表;三是50年代之后的《美学批判论文集》和《谈美书简》,此时朱光潜的话语重心已经转到了马克思主义美学上来,因此朱光潜着意于在新的语境之下"建立一种新美学",以期获得新的学术增长点。总之,无论是成功还是失误,我们都可以说,朱光潜将理论建构的理想贯穿了他的整个学术生涯。

---

① 朱光潜:《朱光潜全集·诗论》(第3卷),合肥:安徽教育出版社,1987年,第3页。
② 朱光潜:《朱光潜全集·诗论·后记》(第3卷),合肥:安徽教育出版社,1987年,第331页。

一

1925年，当白马湖文人的另一个理想乐土立达学园步入正轨之后，朱光潜开始了留学欧陆的生涯。由于夏丏尊、朱自清等人的提携，以及有同仁开办的开明书店作为坚强后盾，朱光潜勤学精思，文思如活水般汩汩而来，于是一系列的文章、著作相继得以发表或出版，并与国内读者见面，如《给青年的十二封信》《变态心理学派别》《文艺心理学》《谈美》等。我们现在阅读朱光潜最早出版的《给青年的十二封信》，该书内容庞杂，涉及中学生的方方面面，如读书、作文、社会运动、恋爱、升学选科等，而归结为一点，朱光潜所关心的，实际是青年的人生问题，这也与白马湖文人的教育理路是相一致的。夏丏尊在为该书作序时就认为，该书是"劝青年眼光要深沉，要从根本上下功夫，要顾到自己，勿随了世俗图近利"。①诚然，《给青年的十二封信》确实从广义上来说具有统一的主题和宗旨，毕竟在理论体系上并不明显，但是到了《变态心理学派别》，朱光潜的这种理论体系的诉求便开始明朗化了。

朱光潜在第一章《引论》里面，首先指出了心理学的近代化转向，即传统心理学只是以健全的成人作为研究对象，而对于成人的心理只是注意到它们的意识层面，而近代心理学不仅将动物和婴儿纳入到研究范围，而且还将研究的触角深入到隐意识和潜意识层面，认为本能和情感才是心的动力，而不是理智。接着，朱光潜简述了"变态心理学"的命名由来、起源、代表人物及潮流分类等，纲举目张，使我们对于变态心理学派别有了一个很清晰的总体把握。应该说，这是朱光潜在构筑自己理论体系之前的一次初步尝试，他通过自己广泛的阅读和兴趣，在接受西方文化知识的时候并非囫囵吞枣式的，而是善于从中找出线索，归纳总结，尽可能地形成提纲挈领式的知识。这也是他受西方科学精神和方法论影响之下的集中体现。但是，我们现在需要追问的是，为什么朱光潜就会形成这种理论体系的自觉诉求呢？关于这一点，钱念孙在《朱光潜与中西文化》一书中有相当警觉的注意。

钱念孙认为，朱光潜到欧洲留学，有两个前提性的背景因素尤其值得

① 朱光潜：《朱光潜全集·给青年的十二封信》（第1卷），合肥：安徽教育出版社，1987年，第77—78页。

注意：一是年龄背景。当时朱光潜已经28岁，已经大学毕业，而且已工作整整两年，不再是以未成年人的身份留学海外，因此对于事物的看法和态度自然与青少年时期就出国留学的中国现代作家如胡适、鲁迅、徐志摩、梁实秋、郭沫若、郁达夫、田汉等会有所不同。朱光潜去西方学习已经不再是"社会化"的过程，而是"再社会化"。二是知识背景。朱光潜在香港大学的学习经历为他到英国求学做好了铺垫，而且中西文化的冲突他也提前有过切身感受和预知，因此由香港而爱丁堡，两种文化在各方面的冲突和碰撞自然要相对平稳、和缓得多。[①] 当然，还有一个原因需要着重强调的就是来自白马湖文人的影响，夏丏尊、朱自清、李叔同、丰子恺等人超脱平易，白马湖散文的恬淡隽永，都为朱光潜的精神气质奠定了坚实的基础。因此，朱光潜到了西方之后为什么能够静心观察、审视西方各种文艺思潮，潜心于自己所钟爱的学术事业，而没有出现像胡适、鲁迅那样对于传统文化的过分抨击，也没有像国粹派那样对一切西方的东西都视如洪水猛兽，一律加以排斥和批驳？原因正在于朱光潜清醒、客观、冷静的学术气质已经成型，并且灌注于他本人的精神品质之中，成了他静心恪守的法则。所以，他对于西方整个学术文化所采取的态度是既吸收又批判，不非此即彼、不情绪化、不偏激，折衷调和，补苴罅漏；面对西方各种文艺思潮，朱光潜时刻想到的是"我们应该何去何从"。可以说，这是朱光潜在《文艺心理学》和《谈美》中思考最多的问题，不仅体现了他化解中西文化冲突的思维方式，也是他从事学术研究的动力，贯穿了他学术事业的始终。

"我们应该何去何从"的论题是朱光潜在《文艺心理学》"附录"第三章和《谈美》第五章里面提出来的，文中主要涉及西方文艺理论中由来已久的有关表现派和形式派（或内容派与形式派）两派的争论。[②] 这两派的学说都持之有故，言之成理。作为一个外来学者，朱光潜的天平应该偏向何方，还是一股脑儿、不辨真假全盘接受？这都是作为一个审慎学者应该考虑的问题。朱光潜于是提出了"我们应该（或'究竟'）何去何从呢？"这一重大反思性命题。显然，在朱光潜向西方求学的历程中，一个重要的价值取向就在于：无论西方理论如何高深博大、体系如何完备周全、观点

---

① 钱念孙：《朱光潜与中西文化》，合肥：安徽教育出版社，1995年，第97—99页。
② 朱光潜：《朱光潜全集》，合肥：安徽教育出版社，1987年，第1卷第516页；第2卷第34页。

如何振聋发聩，都必须经过"我们应该何去何从"这杆天平来加以检验，看出它的来龙去脉和究竟、看是否与我们的现实相适合、看是否有益于我国文艺理论之建设。只有这样，我国本土理论才有生长、发展、创新的空间，而不是各种主义和理论的简单挪移和堆砌，不然最终等待我们的只能是"失语"。

相比较而言，从五四新文化运动到21世纪的今天，我们经历西方文艺思潮大规模输入中国已有三次，走"全盘西化"的西方中心主义老路或者顶礼膜拜中国古代传统的文化保守主义都已遭到否弃，都不利于中国当代文艺理论及美学的健康发展。那么，中国古代文论的现代转型仍旧举步维艰，要么患上了"失语症"，[1]要么就陷入了固步自封、扼腕叹息的孤立境地，其原因何在呢？笔者以为，一是我们对中西文化缺乏足够的认识和深入的沟通，二是缺乏一种客观、公正的开放心态，三是最终缺乏一种实干的精神。张少康就明确讲，我们必须以中国古代文论为母体和本根，吸取西方文论的有益营养，来构建具有中国特色的当代文艺学，这才是"走历史发展的必由之路"。[2]童庆炳先生在批评反本质主义的时候则更加直接地说："不论你方法多么先进，你反本质主义多么坚决，这些都是次要的。重要的是学者的坐冷板凳精神，刻苦勤奋的精神，对于自己的研究对象熟悉得如数家珍的精神，研究现状和研究历史的精神，缺少这种精神，不能做出系统的深刻的具有学理的研究，只是匆忙发表一些意见，那么我们的文学理论学科就缺乏学术的根基，如果说文学理论有危机的话，我认为最大的危机在这里。"[3]可见，即使在全球化的今天，要真正做到中西文化的比较和融通，仍旧不是看似的那么容易。而朱光潜早在30年代就此进行了自觉地探索，葆有审慎、客观、冷静的学术态度，并且做出了骄人的成绩，在今天看来不仅弥足珍贵，而且具有现实的借鉴意义。

实际上，"我们应该何去何从"的设问不仅仅只是针对表现派和形式派两家的，我们细读《文艺心理学》和《谈美》，朱光潜其实将这种审慎、严谨的学术态度灌注在了他所面对的西方各种文艺思潮乃至整个哲学、美

---

① 曹顺庆：《文论失语症与文化病态》，《文艺争鸣》，1996年第2期，第51页。
② 张少康：《走历史发展的必由之路——论以古代文论为母体建设当代文艺学》，《文学评论》，1997年第2期，第44页。
③ 童庆炳：《反本质主义与当代文学理论建设》，《文艺争鸣》，2009年第7期，第11页。

学体系，从而在批判和吸收中将自身的理论建构置身于一个更加开放和广阔的视域中去。这样看来，朱光潜面对琳琅满目的理论资源，他的内心其实不仅充斥着中西之争，即使在西方理论资源内部，朱光潜也实在面临着审察、辨析和艰难的抉择。很可惜的是，朱光潜的这一倾向性表态一直并未得到应有的重视，但是他在20世纪30年代就已经提出来了。

那么，在20年代末至30年代，朱光潜着意于构筑一个怎样的理论体系呢？我们可以清楚地知道，他的理论资源是来自康德、克罗齐以来的表现主义美学，他所构筑的核心概念就是"美感经验"。克罗齐在其著作《美学原理》中开章明义就说："知识有两种形式：不是直觉的，就是逻辑的；不是从想象得来的，就是从理智得来的；不是关于个体的，就是关于共相的；不是关于诸个别事物的，就是关于它们中间关系的；总之，知识所产生的不是意象，就是概念。"[①]可见，直觉是一切"知"的基础和初级阶段，它只见形象而不见概念，是聚精会神将所有精力全神贯注于个体形象，不旁迁他涉，因而呈现出一种孤立绝缘的凝神观照的境界。那么，这是否就可以说"直觉的"就是"美感的"了呢？或者要问，朱光潜是如何由"直觉的"过渡到"美感的"呢？朱光潜的依据主要有两个：一是知识论，即康德把研究直觉的一部分划为美学；一是词源学，即西文中的aesthetic的意义与克罗齐所使用的intuitive极相近，指"心知物的一种最单纯最原始的活动"。[②]这样，朱光潜就将"美感"和"直觉"连接了起来，提出了"美感经验就是形象的直觉"[③]这一重要命题。

"形象的直觉"直接指出了美感形成的两个要素："形象"和"直觉"，但实际上，形象已经不再是单纯的自然物，而是经过了心灵改造之后的结果。在美感经验中，物呈现形象，直觉则专注于形象本身，别无旁涉，孤立绝缘，而不去考虑形象之外诸如概念、快适、善或实用目的等，于是我（心）之"性格和情趣"便外射于形象当中，形象也成为直觉的唯一目标和受体，二者相因为用，双向往还，由物我两忘而至物我交感（物我同

---

① ［意］克罗齐著：《美学原理》，朱光潜译，《朱光潜全集》（第11卷），合肥：安徽教育出版社，1989年，第131页。

② 朱光潜：《朱光潜全集·文艺心理学》（第1卷），合肥：安徽教育出版社，1987年，第208页。

③ 朱光潜：《朱光潜全集·文艺心理学》（第1卷），合肥：安徽教育出版社，1987年，第214页。

一)的境界。这就是美感经验，也就是艺术之欣赏和创造。当我们厘清了"美感经验"的内涵，也就不难分析《文艺心理学》以下各章节中，朱光潜在何种意义上是持赞同意见的，又是在何种意义上他是持批判态度的，这甚至对理解前期朱光潜的整个美学体系都具有指导性的作用。

于是，我们可以看到，在讨论布洛的"距离说"的时候，朱光潜这样论述道：美感起于形象的直觉，不带实用的目的和利害关系；当我们能够将浓密的海雾用一种审美的态度去欣赏的时候，那是因为我们实际的人生与海雾所蕴藏的危险保持有一种"适当"的距离，海雾已然成为一种孤立的形象而被欣赏。既然海雾已经成为一种孤立绝缘的形象，我们又能够与之保持一种适当的距离，那么如何才能够达到由物我两忘至物我同一的境界呢？那就是将我全身心的情感投射到所观照之意象上，使心物之间的界限完全被打破，融为一体；这种情感、性格、情趣、意志的流动和投射作用就是立普斯的"移情说"。同样，在阐述了立普斯偏重于观念作用一派的"移情说"之后，朱光潜还阐述了谷鲁斯一派偏重于生理作用的"移情说"；立普斯的移情说讲究情感外射，所以重心在由我及物的一面，谷鲁斯的移情说讲究筋肉运动的"内模仿"（inner imitation），所以重心在由物及我的一面。朱光潜继续分析说，谷鲁斯的"内模仿"虽然是移情作用下所伴随着的一种筋肉运动，它是对运动形象的模仿，然而又不实现出来，因而它又是一种"象征的模仿"。[1]其后浮龙·李无论是怎样地提出些"线形运动"（movement of lines）和"人物运动"（human movement）的分别，始终都逃不开产生美感所伴随的生理变化。

从《文艺心理学》的前四章我们可以看出：克罗齐的直觉论始终是朱光潜分析美感经验的理论基础和出发点，"美感经验就是形象的直觉"；而前四章对"美感经验"的深入开掘，以直觉论为基础，结合距离说、移情说、筋肉感觉说等进行完善和优化，共同组成了一个具有相对完满的理论结构，同时也成为接下来各个章节进行美学批判和探索的理论资源。故此，朱光潜总结出了以下五条具有纲领性质的结论：

第一，美感经验是一种聚精会神的观照。

---

[1] 朱光潜：《朱光潜全集·文艺心理学》（第1卷），合肥：安徽教育出版社，1987年，第256页。

第二，要达到这种境界，我们须在观赏的对象和实际人生之间辟出一种适当的距离。

第三，在聚精会神地观赏一个孤立绝缘的意象时，我们常由物我两忘走到物我同一，由物我同一走到物我交注，于无意之中以我的情趣移注于物，以物的姿态移注于我。

第四，在美感经验中，我们常模仿在想象中所见到的动作姿态，并且发出适应运动，使知觉愈加明了。因此，筋肉及其他器官起特殊的生理变化。

第五，形象并非固定的。同一事物对于千万人即现出千万种形象，物的意蕴深浅以观赏者的性分深浅为准。①

这样，朱光潜就将自己的理论依托标举出来了。凡是提及美感经验，便以此五条结论加以衡量，从而就使自己在接下来的论述过程中能够有的放矢，从容不迫。比如说对"联想"的评述，朱光潜谈道："在美感经验中我们聚精会神于一个孤立绝缘的意象上面，不旁迁他涉，联想则最易使精神涣散，注意力不专，使心思由美感的意象本身移到许多其他的事物上面去。"②其次，艺术作品是一个和谐的有机整体，而联想之意象是随意的、混乱的；联想者往往是注重内容（情节），但有内容却未必能够成就好的艺术作品。最后，朱光潜还引用近代实验美学的证据来论证联想是不利于美感经验的。在《什么叫做美》一文中，朱光潜甄别出"美"是很难单纯用主观或者客观去规定的，美既不是有用，也与善和真相别，"美感经验是最直接的，不假思索的"。那么，美究竟是什么呢？朱光潜用一种近乎宣言式的告白讲道："美不仅在物，亦不仅在心，它在心与物的关系上面"，"它是心借物的形象来表现情趣"，因此，"美就是情趣意象化或意象情趣化时心中所觉到的'恰好'的快感"。③这些，都是在前面立论的基础上有条不紊地进行的。即使是有关"文艺与道德"的千年之争，朱光潜仍旧以

---

① 朱光潜:《朱光潜全集·文艺心理学》（第1卷），合肥：安徽教育出版社，1987年，第269—270页。

② 朱光潜:《朱光潜全集·文艺心理学》（第1卷），合肥：安徽教育出版社，1987年，第286页。

③ 朱光潜:《朱光潜全集·文艺心理学》（第1卷），合肥：安徽教育出版社，1987年，第345—347页。

美感经验为基点分为之前、之中、之后三段，①笔者认为朱光潜的这种条分缕析的科学方法，虽然在讨论上可能见出繁琐，但是却相当明了、很具创见性的，避免了通常情况的将文艺与道德杂糅在一起的笼统解答的模式，这不能不说是朱光潜在理论建设方面的贡献；更为重要的是，这种考察问题的方式无疑具有更加普遍的推广作用和借鉴意义。

照此意讲，朱光潜是否就毫无批判地完全接受了克罗齐的"直觉论"呢？显然不是。即使朱光潜本人也承认："我们在本书里大致采取他的看法，不过我们和他意见不同的地方也甚多。"②那么朱光潜和克罗齐的这种"不同"和分歧将如何体现？

通过细读文本就可以发现，朱光潜在奠定"美感经验"的理论框架的时候，引入布洛的"距离说"就隐隐地表达了对克罗齐美学思想的批判：根据"直觉论"，美感经验是一种聚精会神的观照，所呈现之形象乃是一种孤立绝缘、独立自足的世界；但是朱光潜在讨论形式与内容的争论时就认为，"根据'距离'的原则说，它们都各走极端，艺术不能专为形式，却也不能只是欲望的满足。艺术是'切身的'，表现情感的，所以不能完全和人生绝缘"。③艺术也有为人生的一面，所谓"人生的艺术化"。至于历史派与美学派的争论，圣伯夫只言历史，弗洛伊德只言心理学，而克罗齐只言美学，朱光潜认为他们的方法和见解都太偏，其实不可偏废，可以相互补充。朱光潜说："未了解决不足以言欣赏；只了解而不能欣赏，也只做到史学的工夫，没有走进文艺的领域。"④其实这话的另一个意思是，"联想在为幻想（fancy）时有碍美感，在为想象（imagination）时有助美感"，"联想有助于美感，与美感为形象的直觉两说并不冲突"，"联想虽不能与美感经验同时并存，但是可以来在美感经验之前，使美感经验愈加充

① 朱光潜：《朱光潜全集·文艺心理学》（第1卷），合肥：安徽教育出版社，1987年，第319页。
② 朱光潜：《朱光潜全集·文艺心理学》（第1卷），合肥：安徽教育出版社，1987年，第353页。
③ 朱光潜：《朱光潜全集·文艺心理学》（第1卷），合肥：安徽教育出版社，1987年，第224—225页。
④ 朱光潜：《朱光潜全集·文艺心理学》（第1卷），合肥：安徽教育出版社，1987年，第278—279页。

实"。①这样，朱光潜就以经验的事实和现实的材料来加以检验和充实，弥补了克罗齐偏重形式论的孤立感，使"美感经验"显得更加饱满而充满生趣，而不至于将审美完全停留于抽象的境地。同时，这种在论述过程中夹杂的对克罗齐思想的零星批判也说明了，朱光潜接受克罗齐美学思想的过程，其实也是从批判克罗齐开始的；正是这些批判，为朱光潜后来对克罗齐思想的集中检讨作了很好的铺垫。

接下来，朱光潜在《克罗齐派美学的批评——传达与价值问题》里就集中批判了克罗齐的美学思想，并指出自己与其分歧之所在，主要是以下三个方面：

第一，克罗齐的机械观，其特征是将一个整体的人分析为科学的、实用的、美感的三大部分，单提"美感的人"出来讨论。朱光潜认为这很难在现实中成立。

第二，克罗齐对"传达"的解释，他认为艺术仅是心直觉到一种意象便算完成，艺术也完全是个人的，艺术不需要传达。朱光潜认为"艺术即直觉"只是艺术活动里面很小的一部分。

第三，克罗齐的价值论，他将美定义为"成功的表现"，丑为"不成功的表现"，因而在艺术范围内没有美丑之分也否认美本身的程度之分。朱光潜则不但承认有美丑之别，而且在美的程度上也是有差别的。②

那么，朱光潜为什么会选择在机械观、关于"传达"及价值论三方面给予克罗齐美学思想的批判呢？笔者认为，是否坚持机械论或有机论的分歧是朱光潜与克罗齐分道扬镳的关键所在。西方世界自16世纪以来，自然科学快速发展，机械论就是自然科学中的分析方法在哲学领域的产物和表现，到18世纪的法国，机械论已经成为支配性的思维方式，并且延续到了19世纪。恩格斯在《反杜林论》的"引论"中批判"机械论"时说："把自然的事物和过程孤立起来，撇开广泛的总的联系去进行考察，因此就不是把它们看作运动的东西，而是看作静止的东西；不是看作本质上变化着的东西，而是看作永恒不变的东西；不是看作活的东西，而是看作死的东

---

① 朱光潜：《朱光潜全集·文艺心理学》（第1卷），合肥：安徽教育出版社，1987年，第291—292页。

② 朱光潜：《朱光潜全集·文艺心理学》（第1卷），合肥：安徽教育出版社，1987年，第359—367页。

西。"①克罗齐就是持机械论的，忽略传达问题和价值论上的失误就是静态、孤立、机械的分析方法所致。但是已经站在20世纪的朱光潜已经接受有机论的洗礼，显然不会再去同意克罗齐的机械观，因而在借鉴、吸收克罗齐的美学思想的同时，必然要进行"拿来主义"；而从全书来看我们也可以发现，虽然朱光潜在理论资源上是取自克罗齐，但绝不是亦步亦趋，而是有自己的思考和主张的，他用有机论去比对，用传统的资源去填充，用现实经验和人生去检验，而最终着眼的是"建设一种自己的理论"，②这在《诗论》书里能够更加清晰地反映出来。这是朱光潜的学术理想，也是他的气魄。

这样看来，朱光潜要批判克罗齐的美学观，批判的正是他将"艺术即直觉即表现"置于机械、抽象的范畴加以讨论的，忽略了艺术与现实、与人生的关联，忽略了"直觉即艺术"与艺术活动的关联，也忽略了艺术本身与艺术作品的关联，这实际已从根本上取消了艺术存在与现实的基础，把艺术置于一个极其不可捉摸的、虚无缥缈的境地。

无独有偶，与克罗齐主义相类的还有大哲学家黑格尔，他早在19世纪就提出了更加令人震惊的思想——"艺术终结论"。黑格尔将艺术划分为三种类型：象征型、古典型、浪漫型，艺术发展到浪漫型就到了"它的发展的终点，外在方面和内在方面一般都变成偶然的，而这两方面又是彼此割裂的。由于这种情况，艺术就否定了它自己，就显出意识有必要找比艺术更高的形式去掌握真实"，③这就是艺术让位给宗教。"艺术终结论"的问题其实早在《悲剧心理学》（1933）中已经为朱光潜所注意到，朱光潜由黑格尔的《美学》出发，已经敏锐地觉察到了悲剧的没落，取而代之的是声像及视觉艺术等。（关于这一问题笔者在后面还要用专章讨论。）后来，"艺术终结论"重又被美国当代艺术评论家阿瑟·丹托发掘出来，成就了他具有重要影响的文章《艺术的终结》（1984）及著作《艺术终结之后》（1997）。实际上，"艺术终结论"的提出迄今已近两百年，但它仍旧只能是作为一种人类启示而存在，现实当中的艺术依然故我发展；正像尼采

---

① 中共中央马克思恩格斯列宁斯大林著作编译局译：《马克思恩格斯全集·反杜林论》（第20卷），北京：人民出版社，1972年，第24页。

② 朱光潜：《朱光潜全集》（第3卷），合肥：安徽教育出版社，1987年，第89页。

③ ［德］黑格尔著：《美学》（第2卷），朱光潜译，北京：商务印书馆，1997年，第288页。

宣布"上帝死了"，福柯宣告"人死了"，福山宣称"历史的终结"一样，宗教依旧在全球扩展影响，人依旧在现实地生活，历史同样在延续。阿瑟·丹托说："历史终结了，但人类并没有终结——正如故事终结，而人物并没终结一样，他们生活下去，一直很幸福。"①黑格尔也讲："凡是合乎理性的东西都是现实的，凡是现实的东西都是合乎理性的。"②所以，一种理论的提出自有它的历史语境，它在一定程度上代表着人类思维形态和生存状态的真实写照，带给人类或思考、或启示、或警醒，但是毕竟，理论不可能代替人们脚踏实地的现实的生活，就正如观照一棵古松、一枝梅花，你的态度可以是实用的、科学的，或是审美的，但是作为一个活生生的人，你却不能将自己身体截然分开成哪些部位是实用的，哪些是科学的，哪些是审美的一样，因为人不是理论、不是抽象，更不是机械，而是一个有机的整体。或许，顺着这个思路，我们也可以这样讲，朱光潜对克罗齐美学思想一次又一次的批判，最终由前期的"克罗齐式的信徒"转向后期的马克思主义者，外在压力倒还在其次，而根本原因还在于其美学思想发展的内在逻辑。

二

1949年10月1日，中华人民共和国成立，四大文艺思想体系在共同的"解放"语境中合流：一是解放区文艺思想体系、一是国统区文艺思想体系、一是沦陷区文艺思想体系、一是"孤岛"文艺思想体系。③这些思想体系来源多样，背景错综复杂，相互之间的分歧也特别严重，但是到了新中国的崭新语境之下，各自的前途，以及历史命运自然要发生分化，担当核心领导作用的重任自然就落在了解放区文艺思想体系之上。

从1951年到1955年，知识分子改造运动开始，一大批艺术家、理论家在严酷的政治高压之下命运悲惨、处境艰难。但是就在这样艰难的情形之下，一个更宏大的夙愿正在朱光潜的内心萌生，即朱光潜着意于要"建

---

① ［美］阿瑟·丹托著：《艺术的终结》，欧阳英译，南京：江苏人民出版社，2005年，第127页。

② ［德］黑格尔著：《小逻辑》，贺麟译，北京：商务印书馆，2007年，第43页。

③ 柏定国：《中国当代文艺思想史论（1956—1976）·前言》，北京：中国社会科学出版社，2006年，第1页。

立一种新美学"。朱光潜说：

> 在无产阶级革命的今日，过去传统的学术思想是否都要全盘打到九层地狱中去呢？还是历史的发展寓有历史的联续性，辩证过程的较高阶段尽管是否定了后面的较低阶段，而却同时融会了保留了一些那较低阶段的东西呢？……比如"移情说"和"距离说"是否可以经过批判而融会于新美学呢？我愿意在对于马克思主义多加学习之后，再对美学作一点批判融贯的工作，现在还不敢冒昧有所陈述。①

朱光潜心目中的"新美学"是一种什么样的美学呢？显然是以马克思主义为指导思想，并且融贯"移情说""距离说"等具有表现论色彩的这样一种新型美学样式。毕竟，时代语境的变化直接导致了话语方式的变化。虽然朱光潜向来觉得文艺思想应该与政治保持一定的距离，但是要促进学术的新增长点，要争得话语权，要发出自己的声音，必要的调整总是需要的。至于是否能够成功地实现"批判融贯"，这还需要后来历史的检验。

在美学大讨论中，虽然经历了短暂的上纲上线的批判，但是由于朱光潜令人钦佩的胆识、深厚的学养和超凡的魅力，大讨论很快又回到了纯正的学术争鸣当中来。朱光潜在争鸣中主要依据马克思主义有关"文艺是一种意识形态"和"艺术是一种生产劳动"两条基本原则展开讨论，提出了著名的"物甲物乙"说，"美是属于意识形态的"，"艺术不仅是一种认识活动，也是一种实践活动"，②以及"客观世界与主观能动性统一于实践"③等一系列重要观点，在学界取得了广泛的共识，不仅纠正了此前思想界对一些基本理论认识上的误区，更加贴近了经典马克思主义美学的思想面貌，而且也为实践美学在中国的发展做出了必要的铺垫。我们不禁要问，朱光潜如何能够在当时条件下对于马克思主义的认识和看法，却要比许多从解放区过来的同志理解得更加准确呢？为什么朱光潜能够准确地率先把

---

① 朱光潜：《朱光潜全集·关于美感问题》（第10卷），合肥：安徽教育出版社，1993年，第2页。

② 朱光潜：《朱光潜全集》（第5卷），合肥：安徽教育出版社，1989年，第43、80、169页。

③ 朱光潜：《朱光潜全集》（第10卷），合肥：安徽教育出版社，1993年，第188页。

握和兼顾美既是唯物的又是辩证的呢？这种情形是怎样造成的呢？笔者以为，在某种程度上，朱光潜在解放前所秉持的表现主义美学观重视从主观方面去分析美感经验的审美方式，反而是有助于解放后的朱光潜更加全面而深入地理解马克思主义美学思想的精髓的。

首先，由于朱光潜此前的美学观是唯心主义的，强调主观在审美中的主导作用，但是经过思想改造运动和自我批判，朱光潜已经从唯心主义向唯物主义转变，因而在美学探讨中很注意强调唯物的一面，物质是第一性的，物质决定意识。其次，朱光潜在解放后转向马克思主义的研究，作为一个严谨的学者，朱光潜学习马克思主义也是很认真的。通过对经典马克思主义著作的阅读，朱光潜发现，马克思主义的精髓除了强调物质第一性以外，也并不排斥意识的作用；意识是第二性的，但同样也可以对物质有能动地影响，即反作用。再次，与朱光潜深厚的西方学术背景有很大不同的是，来自解放区的一些美学家由于历经革命战火的洗礼，以及本身所具有的优越感，情况就更加复杂和特殊一些。他们的许多思想观念一直是与斗争形势紧密连接在一起的，因而导致一些错误的思想倾向直到解放后还未得到及时有效地清理和纠正，如拉普文艺、机械唯物主义、教条主义等。因此，"阶级斗争"的观念很自然就延续到了新中国成立之后，他们对来自苏联的马克思主义文艺思想尽数接受和吸收，而对马克思主义所依托的整个"西方文化精神的了解"[1]则相当匮乏，因此在理解上出现一些偏差也是很自然的事情。最后，除了理论本身的视角转换之外，其实也与朱光潜自身向来所保持的严谨踏实的学术品质、健康向上的心态，以及海纳百川的气度是分不开的，而且这种优秀品质并不会因为时代、环境的变化而发生改变，所以朱光潜的美学思想才能不断深化、日新其业、所获独多。[2]这样，我们就能够理解，在新中国成立初期充斥着政治压力和斗争的情况下，为什么朱光潜往往能够在争论和批判过程中"从学理本身出发，因而也能抓住问题的要害"？[3]为什么能够将美学讨论首先牵引到唯物的而且是辩证的道路上来？朱光潜在大讨论中的意义，不仅揭示了马克

---

① 刘郁琪：《朱光潜美学思想批判与马克思主义》，《当代教育理论与实践》，2011年12月，第164页。

② 薛富兴：《美学讨论时期的朱光潜美学思想略论》，《思想战线》，2001年第5期，第77页。

③ 商昌宝：《思想转轨与学术转向》，《山东文学》，2010年第8期，第98页。

思主义美学的真实面目，同时也使当时的论辩风气为之一变。这一切都不是偶然的。

但是到了1958年，朱光潜在《美学批判论文集》的"后记"里仍旧承认："我受西方资产阶级唯心主义美学的影响至少有三十年之久，而我认真学习马克思主义才不过最近三四年的事情。这就说明了我的批判不可能是很中肯的或是很彻底的。""破与立是相因为用的，不破固然不能立，不立也就不能破。在批判自己的主观唯心主义的同时，我也开始在做'立'的尝试。"①无论这是出于朱光潜的谦虚，还是他的审慎，不过事实证明他确实虽有"新美学"的体系构想，但在"立"的方面行而未远，尽管他提出了一系列富有启发性的观点。况且，批判的白热化也使得朱光潜费心劳神，疲于应付，因而将建构理想耽搁了。

大讨论之后，朱光潜又将关注重心投入到《西方美学史》的编写当中。这部巨著不仅填补了国内空白，而且至今仍旧是了解西方美学基本知识的经典史论性著作。再到之后的"文革"十年，国内的学术文化事业遭到了巨大的破坏，政治的高压使得国内许多知名的文化界人士遭难。出于自我保护的需要，朱光潜将主要精力投入到了翻译当中，这也是非常时期朱光潜为继续自己的学术事业而进行的一种巧妙应对和无声抗争。晚年的朱光潜仍旧是勤奋异常，不仅翻译了维柯的《新科学》，对学术界一些错误的翻译及译名做一些必要的修补，发表了大量单篇文章，还应上海文艺出版社之邀写作了《谈美书简》，辑成有《美学拾穗集》。晚年的朱光潜仍旧领学术风气之先，率先开启讨论人性、人道主义、人情味、共同美，以及形象思维等重大理论命题，无疑为当时沉闷乏味的理论界打入了一剂清新的空气，"为中国的马克思主义注入了新的血液，添加了深厚的人道气息，深化了中国马克思主义的哲学义理，提高了中国马克思主义的境界"。②但是毕竟，"江山代有才人出"，80年代活跃在中国美学界的里程碑式人物李泽厚凭借《批判哲学的批判》和《美学三书》一举占领了学术的制高点。实践美学在朱光潜那里萌芽，最终在李泽厚这里苗壮成长为参天大树。或许，朱光潜构筑"新美学"的历史使命，他苦

---

① 朱光潜:《朱光潜全集·美学批判论文集》（第5卷），合肥:安徽教育出版社，1989年，第224页。

② 熊自健:《朱光潜如何成为一个马克思主义者》，《中国大陆研究》，第33卷第2期。

苦追寻的理想，最终成了他尚未完成的事业。我们虽然不得不痛苦地接受这样的现实，但理论的延续毕竟不可能仅凭某一个人就能将所有的路全部走完，而是在中国当代美学史上继起的另一位巨擘——李泽厚，不失时机地站出来挑起了大梁，他带给我们理论的依托和心灵的慰藉，从而引领着我们"循"着大师的脚步继续"前行"。①

三

朱光潜的前半生，适逢国家多灾多难，民族危亡处于旦夕之间，朱光潜所从事的事业是寓救亡于启蒙，着力于在中西美学的融合当中建立本土的话语体系；朱光潜的后半生，生活上仍旧饱经磨难和风霜，学术事业历尽周折和坎坷，但他仍旧兢兢业业地寻求一种"新美学"的体系建构，甚至在最艰难的时候仍然想到要将西方美学原著经典译介到中国，以此来夯实、奠定中国当代美学发展的坚实基础。朱光潜的学术之路，圆满地诠释了他"以出世的精神做入世的事业"的人生信条，也将他的"三此主义"（此时、此地、此身）注解得淋漓尽致。

叶朗认为，朱光潜的美学思想一方面反映了西方美学从古典走向现代的趋势，另一方面也反映了中国近代以来寻求中西美学融合的历史趋势。②而这两种趋势汇为一流，无疑是将中国古典文论及美学的话语方式、抒写方式集中体现为：从崇尚诗性感悟的模糊性、点悟式和非体系性向科学性、系统性、明晰性的思想体系和逻辑论证转变。朱光潜的功绩正是这一转变的重要载体。

1926年朱光潜在爱丁堡时期，就结合西方文学在《中国文学之未开辟的领土》一文中敏锐地指出，中国文学主要有三大特点：一是"偏重主观，情感丰富而想象贫弱"，很少有人能够跳出"我"的范围，"纯用客观的方法去描绘事物"；二是"偏重人事而伦理的色彩太浓厚"，"文以载道"是主流，言之无物的诗文被斥之为"雕虫小技"；三是忽视神话学的

---

① 李泽厚：《循马克思、康德前行》，《批判哲学的批判：康德述评》，北京：生活·读书·新知三联书店，2007年，第455—466页。

② 叶朗：《从朱光潜"接着讲"》，《美学的双峰：朱光潜、宗白华与中国现代美学》（叶朗主编），合肥：安徽教育出版社，1999年，第3—6页。

研究，许多神话"七零八乱"。①朱光潜认为，现在正值中西文学行相见礼、激烈碰撞的大时代，"同化作用是自然的结果"，因此我们应多借鉴、吸收西方学者的研究方法开展多方面多层次的研究：以作者为中心的研究，如阿诺德（Matthew Arnold）；以时代、地理、种族为中心的研究，如泰纳（Taine）；以及分类研究和重视参考书目等。只有我们将文学解放出来，使它获得独立自主的地位，才有机会将它们分门别类、来做系统的研究，从而建立起具有本土话语体系的中国文学批评史。"中国文学批评史"的体系诉求，在20世纪20年代已经为朱光潜所跟进和追踪；在《文艺心理学》《谈美》书中，虽然他广泛讨论和甄别了西方美学各流派、思潮及其相互论争，但是着眼点却在中国传统美学的现代转化，"我们应该何去何从"成了他那个时期著作的"题眼"。如果说朱光潜二三十年代还主要是从总体性方面对理论体系进行构筑的话，那么到了40年代朱光潜则将重心放在了"语言格律声韵之变化"的细致探析上，这也正是他前期体系建构的丰满和充实，于是催发了《诗论》的诞生。

解放之后，由于话语方式和语境都发生了根本性的变化，朱光潜也行将结合新的理论形态构筑"一种新美学"，无奈何历史的进程总是充满了偶然，也打乱了朱光潜重新融贯的计划。但是正所谓"东边日出西边雨，道是无晴却有晴"，作为一位真正的学者，朱光潜虽然在理论体系上受到了中断和破坏，但他却将注意力和研究重心专注于《西方美学史》的写作，以及美学经典原著的翻译方面，给予中国当代美学的发展做出了极为重要的贡献。今天，我们重新提出朱光潜美学思想的体系建构问题，就是期望能够从朱光潜这个典型个案当中得到启示，为比较文学"中国学派"②在第三阶段的学科理论建构找到某种合适的道路；同时，对朱光潜美学思想当代性的发掘，也正好诠释了"接着讲"的重要理论内涵。

---

① 朱光潜：《朱光潜全集·中国文学之未开辟的领土》（第8卷），合肥：安徽教育出版社，1993年，第134—143页。
② 关于比较文学"中国学派"的提法，参见曹顺庆：《比较文学中国学派基本理论特征及其方法论体系初探》（《中国比较文学》，1995年第1期）、《中国学派：比较文学第三阶段学科理论的建构》（《外国文学研究》，2007年第3期）、《比较文学中国学派三十年》（《文艺研究》，2008年第9期）等一系列相关文章，而笔者认为这一提法是必要而且及时的。

第三章 对接与融通：中国艺术精神的当代转换

第一节 逆时而为的表现主义美学宣扬者

回望20世纪中国美学的发展，有两大源头根深蒂固：一个是朱光潜传播的西方近代的表现主义美学传统，一个是从苏联移植过来的现实主义美学传统。[①]这两大传统，在根底上具有可相通性，因为都植根于两希文明；但在形式上却相互抵牾、水火不容，因为它们的话语体系和理论主张各不相同。在中国近代史上，由于"西学东渐"的影响，它们都作为西方众多现代思潮中的一支输入到中国，与人道主义一起适应了这个古老帝国的文化启蒙和思想解放的需要。但是由于当时特定的历史环境和深重的社会危机，两大传统在成功实现了自西向东的挪移之后，又注定被赋予了各自不同的历史使命被推到了时代的风口浪尖，从而也将两种传统上千年的历史纠葛在东方得到了延续，这就是中国20世纪30—40年代表现主义美学与现实主义美学的激烈交锋。

总的来说，表现主义美学与现实主义美学的斗争大体反映了20世纪中国美学的发展进程：第一期是五四新文化运动到20年代中期，西方各种文艺思潮大规模输入中国、齐头并进，共同满足了早期中国知识分子求知若渴、"开眼看世界"的需要，甚至囫囵吞枣式地先行将它们接受下来。此

---

① 参见彭锋：《美学的意蕴》，北京：中国人民大学出版社，2000年，第29页认为："中国现当代美学根深蒂固的源头有两个：一个是朱光潜传播的西方近代的心理学美学传统，一个是从苏联移植过来的马克思主义美学传统。"笔者认为这个判断大体勾勒了20世纪中国美学的理论实际，但是还不够确切；如果用表现主义美学和现实主义美学来概括的话，则会显得更细化而具有针对性。

时期，表现主义美学与现实主义美学共同在启蒙号角之下自由发挥着作用。第二期是20年代末以后，由于国际、国内环境风云突变，表现主义逐渐走向衰落，特别是创造社的转型，标志着现实主义美学逐渐取得压倒性优势，表现主义美学受到空前猛烈的批判。这种状况一直持续到70年代末。这种不平衡的对比关系，不仅体现了两种传统在中国的不同遭际和命运，而且更深刻地反映了自先秦以来"文以载道"传统在中国现代美学中的内在底蕴；至于中国传统美学当中的"独抒性灵"思想可能与表现主义具有相暗合的部分，但不过是滚滚洪流中偶尔泛起的朵朵浪花而已。第三期是80年代以后，表现主义美学随着"文化热"的浪潮才又重新得到肯定和传播，成为新时期多元美学观点中最为重要的观点之一。

因此，厘清了这重关系，然后再来放眼中国现当代美学史上这位最重要的表现主义美学的宣扬者和坚守者——朱光潜，便可以清晰见出朱光潜在中国现当代美学史上的独特地位，以及填补文艺思潮史的意义。

一

表现主义是20世纪最重要的艺术精神之一。它最初产生于绘画领域，后来逐步波及建筑、音乐、戏剧、诗歌、小说等方面。表现主义的兴起是在英国，然而其真正中心却在德国。1905年在德累斯顿成立的"桥社"和1911年在慕尼黑成立的"青骑士"，这两个艺术团体发起的一系列社会活动对于扩大表现主义在欧洲的影响起到了至关重要的助推作用。但是从表现主义的思想内涵看，却显示出了相当的复杂性：因为在称谓上，弗内斯就总结认为表现主义既可以是一种运动，也可以是一种倾向，还可以是一种精神，在他"看来是最难于定义的"；从表现主义的思想渊源上看，它"在巴罗克的活力和哥特式的变形中有着先驱者"，还与尼采的活力论、马里内蒂的未来主义、惠特曼的泛神论、陀思妥耶夫斯基对下意识的隐秘所作的心理探索、柏格森对主观力的强调等保持着某种关系，以及还有与"现代主义"的某些重合，[①]这些都无疑加深了对表现主义内涵的理解难度。因此在30年代卢卡契对表现主义的论争有这样的总结："然而，一到需要具体说出谁是典型的表现主义作家，即究竟谁有资格称得上是表现主

---

① ［英］弗内斯著：《表现主义》，艾晓明译，北京：昆仑出版社，1989年，第1页，第18页。

义者的时候，意见竟如此大相径庭，以致连一个哪怕是没有争议的名字都举不出来。"①之所以出现这种理论分歧，最主要的原因在于：从艺术家到理论家，他们对于"表现"一词的理解都存在着程度不同的差异，如哲学意蕴、美学原则、艺术指向及创作实践等；他们将"某种普遍的，同时又有某种特殊的所指"共同交织在一起，这既造成了表现主义运动内部的分歧，也造成了后来阐释者定义的难度。

但是表现主义文艺思潮的命运正如某些学者所指出的那样："它不像象征主义那样经历过一个长期的历史发展，而是在一个极为短促的时间里突如其来地产生和爆发，迅速耗尽自己的光和热，然后又像它的产生一样倏忽之间顿时消失。"②20年代中期以后，表现主义运动开始走向衰落，特别是1933年希特勒上台后所施行的纳粹统治，将表现主义文学和艺术作为颓废艺术加以全面禁绝，表现主义运动从此走向终结。这样看来，表现主义虽然是作为一种艺术理想而产生，但它的消亡却与特定历史时期的社会环境、政治因素紧密结合在一起。更有意思的是，表现主义在西方的这种发展轨迹，实际也大体反映了它在中国的传播过程，唯不同的是它在中国艰难地保持住了自己的延续性，并且在历经艰苦岁月之后又重新焕发出新的活力。

新文化运动以来，五光十色的西方现代文艺思潮大量涌入中国，表现主义作为其中一支由于蕴含了鲜明的"反传统""重精神""彰个性"等性质而格外受到早期知识分子的青睐。从1921年开始，《小说月报》《文学旬刊》《东方杂志》《晨报副刊》等都相继刊出译介表现主义的文章；在文学社团当中，创造社对表现主义的宣扬更是倾注了极大的热情，如郭沫若、郁达夫等，不仅从理论上给予表现主义极大地肯定，而且直接用文艺作品予以创作实践上的支持。一时间表现主义的热度急剧升温，几乎成了现代派的同义语，而事实也确实如此，许多中国现代作家的作品都不同程度地打上了表现主义的烙印。德国表现主义理论家朗慈白曷教授（Prof.

① ［匈牙利］卢卡契：《问题在于现实主义》，《表现主义论争》（张黎编选），上海：华东师范大学出版社，1992年，第151页。

② 罗钢：《历史汇流中的抉择》，北京：中国社会科学出版社，2000年，第163页。

Landsberger）的名言"艺术是现，不是再现"①通过郭沫若高唱出来，成了当时中国广大文艺工作者耳熟能详的口头禅。但是好景不长，表现主义经历过短暂辉煌，很快在20年代中期以后走向衰落，或许1928年刘大杰编著的《表现主义的文学》正是这一趋势真实体现的显著标志之一。而另一方面，时代环境的风云突变也加剧了表现主义的式微和转型。毕竟，已经沦为半殖民地半封建社会的近代中国除了要思考思想启蒙和文化改造的问题，民族的生死存亡同样摆在眼前而且显得更加急迫。因此，"文艺与现实"的关系问题，就从一个古老的话题被赋予了新的时代要义：现实的紧迫性除了要求它本身的行动之外，文艺也不得不又一次扮演了受压迫和受排挤的角色。这就是实用理性思想主导之下的启蒙与救亡的真实博弈。诚如李泽厚所言："在近代中国，文化和思想总与政治结下不解之缘，也由于这种不解之缘，在以后的历史进程中，终于使'救亡'压倒了'启蒙'，政治取代了文化；战争和革命使传统与现代化的思想论争和理论探讨被搁置起来和掩盖下去。"②

那么，表现主义是否就此沉沦，从此在中国一蹶不振抑或销声匿迹呢？显然不是。在美学领域，一位学贯中西的饱学之士正循着表现主义的意象世界含芳吐蕊，孜孜以求。他正是散发着纯正隽永的白马湖散文精神的朱光潜。在20世纪30—40年代，朱光潜是译介和传播克罗齐表现主义美学的最重要代表。当一条"经由日文转译而侧重介绍以德国为发祥地的现代表现主义文艺思潮"③的线索行将崩殂之时，而另一条通过朱光潜侧重译介克罗齐表现主义美学和文艺理论的线索却在时间上完成了交接，在批判和声讨中艰难地发出自己的声音。朱光潜兢兢业业地著书立说，不仅让表现主义更加生动鲜活地呈现出来，弥补了中国现代文艺思潮史在特定时期一家独大的缺失；更为重要的是，通过朱光潜的个人努力，也使得表现主义美学思想有效地参与到中国现代诗学体系的建构中来，如《诗论》，在中国传统诗论的现代转换中做出了极为重要而有益的尝试和贡献，这是

---

① 郭沫若著：《文艺上的节产》，黄淳浩校，《〈文艺论集〉汇校本》，长沙：湖南人民出版社，1984年，第131页。

② 李泽厚：《关于中国传统与现代化的讨论》，《杂著集》，北京：生活·读书·新知三联书店，2008年，第208页。

③ 程金城：《中国现代表现主义文学的兴起和高涨》，《文学评论》，1994年第6期，第70页。

难能可贵的。

二

实际上，在朱光潜之前，克罗齐的美学思想已经为一些早期知识分子所注意。作为当时理论前沿的《东方杂志》于1921年在它的第18卷第8号上发表了滕若渠的《柯洛斯美学上的新学说》，文中就克罗齐美学思想中"直观与表现"的关系做了简要的介绍，从根底上把握住了"表现说"的思想特征。[1]1926年《小说月报》第17卷第10号发表了胡梦华的论文《表现的鉴赏论》，从鉴赏的角度较为系统地介绍了克罗齐表现论文艺思想。朱光潜首次谈到克罗齐是1927年在《一般》上面发表的《谈多元宇宙》，文中朱光潜称克罗齐为意大利美学泰斗，很简略地介绍了他将美与善做严格区分的美学观：艺术品是直觉的而不是意志的产物；艺术的使命在于创造意境、超越道德。[2]同年8月，朱光潜再次谈到克罗齐，即《欧洲近代三大批评学者（三）——克罗齐（Benedetto Croce）》。[3]这一次朱光潜对克罗齐美学思想作了相当详细的客观论述，从总体上认为他是第一流哲学家从事文艺批评的"首屈一指"者，其美学见解具有"革命性""最能刺激思想"，但也有值得怀疑的地方，朱光潜没有详论。从朱光潜前期美学思想的理论特征看，这篇文章基本奠定了他译介和传播克罗齐美学思想的基调：即无论是30年代的《文艺心理学》《谈美》，还是40年代的《诗论》《克罗齐哲学述评》，该文对克罗齐美学思想所形成的总体认识几乎没有发生变化，唯不同之处在于如何结合中国传统美学的基础实现西方美学的挪移、中西美学的融通，以及中国现代诗学的体系构筑等，这是理论和现实双重作用下的必然结果。而令人遗憾的是，研究朱光潜美学思想的诸多论者对该文至今仍缺乏必要的关注和重视；鉴于此，笔者认为有对它进行详加论析的必要。

《欧洲近代三大批评学者（三）——克罗齐（Benedetto Croce）》这篇文

<hr>

[1] 滕固著，沈宁编：《柯洛斯美学上的新学说》，《滕固艺术文集》，上海：上海人民美术出版社，2003年，第24—27页。

[2] 朱光潜：《朱光潜全集·给青年的十二封信》（第1卷），合肥：安徽教育出版社，1987年，第28页。

[3] 朱光潜：《朱光潜全集·欧洲近代三大批评学者（三）——克罗齐（Benedetto Croce）》（第8卷），合肥：安徽教育出版社，1993年，第229—246页。

章主要是从三个层次来阐释了克罗齐的表现主义美学思想：第一个层次是立论。文章注意到，克罗齐定义全部美学的出发点是"艺术即直觉"（Art is intuition），因此艺术只是精神的活动而非物理的事实，这即是对"可传达性"的否定；艺术也与功利作用无关；与道德（善）作用无涉；与真也不相涉。"艺术即直觉"的定义，实际是将美学上具有悠久历史的四种传统：唯物观（materialism）、享乐观（hedonism）、道德观（moralism）、概念观（conceptualism）全都打倒，从而将艺术生成的内在动力，即情感，深刻地揭示出来。这就是创造，即表现。第二个层次是辩诬。同样是根据"艺术即直觉"（或其引申定义"艺术即抒情的直觉"）作为出发点，认为浪漫派与古典派不可分割，艺术是意象和情感溶成一气；形式与内容也不可分，艺术是内容和形式所发生的关系；直觉与表现没有分别，直觉即表现；只有诗与非诗的分别，没有诗与散文的分别；艺术不可以分类，而纯是心灵活动。第三个层次是对批评家的分析。克罗齐认为，艺术家创作全凭直觉，批评家不可能成为艺术创造的指导者；艺术家和民众对于艺术品的美丑自有判断，批评家若再来裁判就是多余；批评家不仅仅作为阐释者而存在，而且要设身处地地去领会艺术品生成过程所表现的情趣和意象。总之，艺术是凭借直觉，评论是凭借知觉（perception）。

通过这篇文章可以看到，朱光潜以克罗齐最重要的美学著作《美学原理》为蓝本，并辅以相关研究成果，已经将克罗齐"直觉即表现"论的思想梗概大体呈现出来了。但是这是否就意味着朱光潜从此就接受了克罗齐的表现主义美学思想呢？显然不能。我们知道，对一种理论从介绍、传播到最终接受，并且将它作为自己日后文艺批评和体系建构的支撑点和理论基础，这种巨大跨越的实现不仅有内在的因素，还有外在的因素；不仅是理论问题，而且也是现实问题，需要多种因素共同作用之下完成。而这种复杂性我们是不能也不应该回避的。我们从事学术研究不应该过后方知地臆断：因为后来已经怎样，所以就异想天开地认为前面就应该是怎样，似乎一切都已经必定为后来做好了铺垫一般；因为未必尽然的情况是经常发生的。因此我们对事实做出判定的依据，仍旧必须建立在事实本身的基础之上。朱光潜对克罗齐表现主义美学的接受，一个不应忽略的背景是：该篇是作为他的系列文章之一而发表的。1927年《东方杂志》第24卷第13、14、15号上连续刊出朱光潜介绍圣伯夫、阿诺德、克罗齐的三篇文章，将他们作为欧洲近代三大批评学者介绍到中国，为此朱光潜还在文章开篇专程写了《孟实附识》，对克罗齐作了特别推荐，①这实际已经表明了朱光潜的倾向性。从内容上看，朱光潜对圣伯夫、阿诺德的生平经历的介绍占去了大量篇幅，传记色彩超过理论本身，但是对克罗齐的介绍则着重从美学思想入手。这是否就是朱光潜的有意为之呢，笔者认为朱光潜是有所考虑的：朱光潜之所以要选择介绍这样的三个人物，其实无论从朱光潜的论述还是现有的研究成果都可以发现，他们在艺术批评方面都有较为一致的意见，即都主张艺术是内在的、情感的表现；而更为深刻的原因是，朱光潜已经通过研究发现，阿诺德私淑圣伯夫、他的批评主张是从圣伯夫的著作中推衍出来的；②但是阿诺德的美学思想在体系上又不及克罗齐的系统化和逻辑化，这种暗示在两篇文章的对比中很容易就会发现。虽然朱光潜在当时并未言明，但是从后来的理论实践看，"体系化"问题确实已经成为朱光潜自觉关注和思考的重心，特别是在《诗论》"抗战版序"中得到了深刻地印证。③因此，朱光潜将目光最终聚焦到克罗齐身上，在30—40年代成为克罗齐表现主义美学在中国最重要的代言人，这不是偶然的。

如果说《谈美》是《文艺心理学》的"缩写本"的话，④那么在某种意义上《文艺心理学》和《谈美》就是《欧洲近代三大批评学者（三）——克罗齐（Benedetto Croce）》一文的扩展本。原因在于：一是对"美感经验"的探讨，朱光潜很准确地抓住了其理论核心即"直觉"，并通过优化进一步呈现出来；二是这篇文章对克罗齐美学思想的勾勒奠定了朱光潜三四十年代对表现主义美学宣扬和传播的基本轮廓。

《文艺心理学》前面四章主要也是立论。朱光潜由于受心理学的影响，很敏感地意识到近代美学的心理学转向，即美学研究的重心由过去关

① 朱光潜：《朱光潜全集·欧洲近代三大批评学者（一）——圣伯夫（Sainte Beuve）》（第8卷），合肥：安徽教育出版社，1993年，第201—202页。

② 朱光潜：《朱光潜全集·欧洲近代三大批评学者（二）——阿诺德（Matthew Arnold）》（第8卷），合肥：安徽教育出版社，1993年，第218页。

③ 朱光潜：《朱光潜全集·诗论》（第3卷），合肥：安徽教育出版社，1987年，第3页。抗战版序认为："中国向来只有诗话而无诗学，刘彦和的《文心雕龙》条理虽绝密，所谈的不限于诗。诗话大半是偶感随笔，信手拈来，片言中肯，简练亲切，是其所长；但是它的短处在零乱琐碎，不成系统，有时偏重主观，有时过信传统，缺乏科学的精神和方法。"因此《诗论》是将中国传统诗话体系化的一次有益尝试。详情可参阅本章第二节。

④ 朱光潜：《朱光潜全集·作者自传》（第1卷），合肥：安徽教育出版社，1987年，第5页。

注"什么样的事物才能算是美"转移到"在美感经验中我们的心理活动是什么样"。①这种提问方式的变化，实质反映的是西方近代人本主义思潮影响下哲学思维方式的重大转变：以前关注的是本体论，现在强调的是认识论；以前注重的是"人"之外的研究，现在强调的是关于"人"的研究。这种思潮发展到20世纪，在西方美学当中呈现出极为明显的特征，这就是所谓的"非理性转向"。②朱光潜1925年到英国求学，由于对近代心理学的学术兴趣，所以这种感受特别强烈。因此，如何对"美感经验"（即审美经验）进行定义，就成了《文艺心理学》的立论之基。第一，朱光潜从近代哲学出发，把"知"的方式分为三种："直觉"（intuition）、"知觉"（perception）、"概念"（conception），其中"直觉"即是最原始最简单的"知"，只见形象不见意义。从康德开始，将研究直觉的部分划为美学。第二，朱光潜从词源学进行论证，"美学"的西文词是aesthetic，指心知物的一种最单纯最原始的活动，其意义与intuitive极相近，因而认为用"直觉学"来称谓"美学"似更加恰当。③因为克罗齐在其著作《美学原理》中开章明义就说："知识有两种形式：不是直觉的，就是逻辑的；不是从想象得来的，就是从理智得来的；不是关于个体的，就是关于共相的；不是关于诸个别事物的，就是关于它们中间关系的；总之，知识所产生的不是意象，就是概念。"④这样，朱光潜就将"美感"和"直觉"连接了起来，提出了"美感经验就是形象的直觉"⑤这一理论主张。

同时，"美感经验"的提出又不仅仅是继承的，而且是丰富的、发展的。朱光潜除了直接继承克罗齐的"直觉论"并以它作为理论基础，还结合了立普斯的"移情说"、布洛的"距离说"、谷鲁斯的"内模仿说"等

---

① 朱光潜：《朱光潜全集·文艺心理学》（第1卷），合肥：安徽教育出版社，1987年，第205页。

② 朱立元主编：《当代西方文艺理论》，上海：华东师范大学出版社，2002年，第5—6页。

③ 或许与黑格尔由于相同的原因，即"'伊斯特惕卡'……这个名称既已为一般语言所采用，就无妨保留"。参见［德］黑格尔著：《美学》（第1卷），朱光潜译，北京：商务印书馆，2008年，第3—4页。也就是说，在黑格尔那里，美学即是"艺术哲学"的代名词；在朱光潜那里，美学即是"直觉学"的代名词。用"美学"作他们的理论指称只是由于习语使然的权宜。

④ ［意］克罗齐著：《美学原理》，朱光潜译，《朱光潜全集》（第11卷），合肥：安徽教育出版社，1989年，第131页。

⑤ 朱光潜：《朱光潜全集·文艺心理学》（第1卷），合肥：安徽教育出版社，1987年，第214页。

思想加以丰富和完善，使得"美感经验"更加丰满、更具理论的张力。那么，它们是如何融合在一起的呢？朱光潜成功地将近代心理学的发展成果运用到美学理论的探讨中，深刻地认识到主观情趣和情感在艺术创造和欣赏中的主导作用，从而将四者内在地贯通了起来。这样，朱光潜以克罗齐的"直觉论"为理论出发点，用"移情说""距离说"和"内模仿说"加以辅佐，在分析艺术问题的时候肯定什么、否定什么就有了相当充分的依据，即形成了一套依循康德、克罗齐一线下来的审美独立体系。但朱光潜并不是循规蹈矩地、毫无批判精神地完全接受，在《文艺心理学》和《谈美》中朱光潜除了自觉的体系性思考、对克罗齐美学的传达和价值问题的批判，朱光潜还对"美的本质"问题有了自己的回答和阐发，即"美不仅在物，亦不仅在心，它在心与物的关系上面……美就是情趣意象化或意象情趣化时心中所觉到的'恰好'的快感"。①朱光潜在接受理论的过程中也形成了自己的独立见解。他从美感经验出发对"美的本质"的探讨，正是他后来影响深远的"美是主客观的统一"观点的萌芽，但也正是由于他对心灵、情趣和主观方面的强调，从而成为当时以及后来不少学者所诟病的主要原因。

　　1943年，《诗论》经过一再修改后终于由国民图书出版社出版。按照朱光潜的说法，它是应用《文艺心理学》的基本原理去讨论诗的问题，同时也是对中国诗作一种学理性的研究。②1947年，朱光潜译完《美学原理》之后，又撰写了《克罗齐哲学述评》（正中书局，1948）。这些现象都无疑指向了一点：在30—40年代，朱光潜是克罗齐表现主义美学在中国的最大译介者和传播者；朱光潜对许多艺术问题、诗学问题的理解和阐发，都是由表现主义美学及其推论变化、生发出来的；也正是由于朱光潜受到克罗齐的深刻影响，甚至恨不得将克罗齐的表现论完全呈现出来，所以在他的前期思想中就走过了对克罗齐美学的"介绍—批判—翻译—再批判"的漫漫征途，这种希冀在理论上不断突破的内在渴望，似乎又注定了朱光潜在实践中对表现主义美学的另一次涅槃。

---

　　① 朱光潜：《朱光潜全集·文艺心理学》（第1卷），合肥：安徽教育出版社，1987年，第346—347页。

　　② 朱光潜：《朱光潜全集·文艺心理学》（第1卷），合肥：安徽教育出版社，1987年，第200页。

三

正如有的学者所注意到的，朱光潜"对克罗齐所代表的表现论的译介是卓有成效的"，从长远看甚至是不可替代的，但是在当时条件下"由于没有相应的社会思潮和文艺思潮的呼应，所以没有产生很大的影响，甚至长期受到批判"。①为什么呢？朱光潜自20年代后期开始呕心沥血地将表现主义美学译介、传播到中国，对活跃在中国大地上的文艺思想是一种丰富，对中国传统诗学理论的体系建设，以及对朱光潜本人在中国现代美学史上地位的奠定都起到了至关重要的作用，但为什么又说在30—40年代竟没有产生大的影响，甚至还承受着过多的批判呢？或者说，朱光潜不遗余力地将表现主义美学译介进中国，虽然在学术上贡献斐然，但为什么偏偏又与时代格格不入、背道而驰呢？要弄清这个问题，我们就必须从中国现代文艺思潮史出发。一切历史都是人的历史，但同时人也必然成为历史当中的人；人处在时间的流里，历史的一页正活生生地呈现在人们面前，不能随意被翻过，也不能随意被忽略。既然如此，如果我们能够据此想象或体会到在波澜壮阔的历史潮流中，朱光潜是如何独自撑起一叶宣扬表现主义美学的扁舟逆流而上、无怨无尤；我们不仅以当时的眼光，而且以当代的眼光来看待这样一幅壮丽景象的时候，那么我们的内心一定会被震慑和折服，不仅为朱光潜所宣扬的思想，而且也为他的学术品格。

那么，从20年代后期开始，朱光潜接续上表现主义文艺思潮的颓败之势，深入细致地宣扬表现主义美学，他所遇到的困难是多方面的，也是前所未有的，而最大的挑战就在于与历史语境对理论的要求隔了一层，即对现实的影响不是立竿见影的，而是间接的。朱光潜由于受康德、克罗齐美学的影响，讲究审美的非功利性、"为艺术而艺术"、纯正的审美趣味，认为艺术不应该与政治的、哲学的、道德的、宗教的内容粘连起来。但在当时，国家的、民族的最大现实是帝国主义的侵略在一步步加深，封建军阀成为帝国主义的帮凶，人民所受的剥削日益深重，生活日益贫困。特别是在大革命之后，这种形势就更加突显出来。面对眼前的惨状，是寻找内心

---

① 吴中杰、吴立昌主编：《1900—1949中国现代主义寻踪》，上海：学林出版社，1995年，第260页；以及徐行言、程金城著：《表现主义与20世纪中国文学》，合肥：安徽教育出版社，2000年，第332页。

的安宁、注重内心修养和自省，以及生活的艺术化和精神的美化，还是要揭露、要表现倾向性、要抗争、用"武器的批判"来代替"批判的武器"？人们显然更容易选择后者。历史的创造，有时并不只需要理性，更需要血性和激情。生活毕竟太苦，人们已经没有耐心来等待生活的艺术化，而是首先要改变现状来求得生存的权利，"保种"的现实成了整个民族的第一要务。因此必须打破以往在思想上的依赖和对未来的幻想，用血与火来浇铸历史前进的道路。在这方面，现实主义美学的崛起无疑顺应了历史的潮流，在历史的呼唤声中逐渐占领了理论的、现实的和政治的高地，取得了话语权。特别是1930年中国左翼作家联盟的成立及其"三条战线"的开辟，社会主义的现实主义文艺理论呈现出一边倒的趋势，几乎主宰了当时整个文艺理论界。1942年毛泽东在《在延安文艺座谈会上的讲话》这篇纲领性文献中也郑重指出："我们是主张社会主义的现实主义的。"[①]可见，朱光潜要想在时代大潮之下走非现实主义美学的道路，其所受到的挤压、困难和阻碍就可想而知。但是也应该看到，现实主义美学在中国的发展也不是一帆风顺的。由于理论来源的间接性，当时国内不少理论家在接受和传播马克思列宁主义的时候不可避免地也受到了苏俄"拉普"、日本"拉普"的影响，因此在开展无产阶级革命文学运动的过程中也不可避免地犯了"左"倾教条主义、宗派主义和脱离实际的主观主义的错误，其理论武器也不可避免地带上了机械决定论和庸俗社会学的性质。[②]这种病灶即使到解放后很长一段时期内都还存在并发生着作用，这在某种程度上也影响了前期朱光潜对马克思主义的判断。

其次，进入20年代中期以后，新文化运动开始落潮，新文化阵营内部逐渐发生了分化；人们对文艺的社会作用和价值有了新的认识，其重要标志就是创造社的转向。1921到1924年，前期创造社的成员在理论和创作实践中都体现出了相当鲜明的表现主义倾向：他们既崇拜歌德、海涅、拜伦、惠特曼、泰戈尔的浪漫诗风，也倾心于尼采、柏格森主观哲学的天才和激情。他们在文艺思想上强调艺术的"内在的意义"、反对"功利主

---

① 毛泽东:《毛泽东选集·在延安文艺座谈会上的讲话》(第3卷)，北京：人民出版社，1991年，第867页。

② 王福湘:《悲壮的历程：中国革命现实主义文学思潮史》，广州：广东人民出版社，2002年，第70页。

义"；①强调"为艺术而艺术"、反对艺术上的不自由；②认为艺术起源于游戏，表现内心智慧；③艺术家不能"忠于自然"，只能"忠于自我"，"艺术是自我的表现，是艺术家的一种内在冲动的不得不尔的表现"；④艺术追求"形式和精神上的美"，"美的追求是艺术的核心"⑤等观念，对"五四"以来新文学的发展起到了巨大的促进作用。但是在1925年五卅运动之后，社会政治各方面发生了深刻的变化，革命的倾向在创造社成员中蔓延，郭沫若、成仿吾等先后投入到革命实际工作中。在这种情况下，创造社的文艺主张风向急转。他们自发掀起了对具有表现主义性质的"浪漫主义"和"唯美主义"的批判，同时提出了"革命与文学"的关系问题（郭沫若），随后又发表了主张"革命文学"（成仿吾）和"无产阶级文学"（李初梨）的文章。这就是后期创造社和太阳社对无产阶级革命文学的倡导，以及由此引发的革命文学阵营内部的论争。

这场运动在当时的中国文坛引起了轩然大波（甚至当时的鲁迅和茅盾都受到了不公正的批判）：一方面，它引进和介绍了苏俄文艺理论和日本的无产阶级写实主义，有力地传播了马列主义在中国的影响；另一方面，运动倡导者与生俱来的"左倾"幼稚病，以及在论争中所表现出来的小集团主义、宗派主义，也成为中国新文学发展进程中的危害巨大的顽症。⑥但是通过冷静分析我们也可以发现，创造社前后两期的巨大转变，恰恰也是表现主义本身所具有的双重性决定的：激情既可以对准个人，也可以作用群体；既可以塑造精神世界，也可以推动社会变革；既向往内心真实，也渴望外在勃发；因此，它有时候幽怨感伤，有时候又变得"斗"志昂扬。但令人惊讶的是，创造社已经随着现实的变迁不失时机地及时改变了自己的文艺策略，朱光潜恰在此时介入进来孜孜不倦地宣扬表现主义

---

① 成仿吾：《新文学之使命》，《成仿吾文集》，济南：山东大学出版社，1985年，第94页。
② 成仿吾：《艺术之社会的意义》，《成仿吾文集》，济南：山东大学出版社，1985年，第168—169页。
③ 郭沫若著：《艺术之社会的使命》，黄淳浩校，《〈文艺论集〉汇校本》，长沙：湖南人民出版社，1984年，第114页。
④ 郭沫若：《印象与表现》，《郭沫若论创作》，上海：上海文艺出版社，1983年，第612页。
⑤ 郁达夫：《艺术与国家》，《郁达夫全集》（第10卷），杭州：浙江大学出版社，2008年，第60页。
⑥ 王福湘：《悲壮的历程：中国革命现实主义文学思潮史》，广州：广东人民出版社，2002年，第86—89页。

美学，是逆时而为还是迎难而上？是旨在宣扬反动、落后的资产阶级"趣味"还是一心只想要在中西文化的跨越中"建设自己的理论"？这种正反两方面的落差，不仅给当时，也给后来如何评断朱光潜的美学之路形成了一种巨大张力，这种张力要求研究者在对待这些事实的时候，既要有历史的眼光，也要有发展的眼光，更要有当代的眼光，同时还要结合朱光潜的整个美学体系来全盘考虑这些问题，才不会偏执于一隅、武断地做出孰是孰非的论断。

应该说，朱光潜在30—40年代所受到的批判，其原因主要有三：一是1933年回国之后受聘于北大任西语系教授，同时又参与筹办并担任《文学杂志》主编，为杂志写发刊词；虽然朱光潜心头的派别观念并不泾渭分明，但是在左派文人看来他自然应该是"京派"分子之一。二是1942年武汉大学校内的湘皖两派内斗，在僵持之下将相对中立的朱光潜推到了教务长的位置，但"长字号"人物都必须参加国民党；这样，朱光潜为逃避派系斗争的"小火坑"而又不慎掉进了另一个更大的火坑，被扣上了蒋介石"御用文人"的帽子。[1]三是朱光潜宣扬克罗齐一派的表现主义美学及其由此生发而来的文艺观念，如直觉论、静穆说、文艺独立自由论、艺术的非功利性等，与当时的文艺主潮即"现实主义"是有一定距离的。

那么，最早对朱光潜提出直接批评的是鲁迅。1935年他是在《"题未定"草（七）》中对朱光潜《说"曲终人不见江上数青峰"——答夏丏尊先生》[2]一文所提出的艺术的最高境界在于表现一种"静穆"（serenity）的情趣而提出批评的。鲁迅认为，朱光潜的最大问题就是犯了"摘句"式的错误，"以割裂为美"，比如现存的古希腊诗歌、荷马史诗"雄大而活泼"，沙孚的恋歌是"明白而热烈"，即使是陶渊明也不是浑身"静穆"。鲁迅对朱光潜的批评，表面上是谈文章的部分与整体的割裂问题，实际上既暗示了朱光潜所倡导的"静穆"情趣与战斗的时代相脱节、与现实斗争的背离，[3]这是两种"不同文化思想取向之争"；[4]也否定了朱光潜、周作人等

① 朱光潜：《朱光潜全集·作者自传》（第1卷），合肥：安徽教育出版社，1987年，第5—6页。

② 朱光潜：《朱光潜全集》（第8卷），合肥：安徽教育出版社，1993年，第393—397页。

③ 童庆炳：《心理学美学："京派"与"海派"》，《文艺研究》，1999年第1期，第33页。

④ 胡晓明：《真诗的现代性：七十年前朱光潜与鲁迅关于"曲终人不见"的争论及其余响》，《江海学刊》，2006年第3期，第189页。

"京派"文人的文学观和人生态度，"具有超出文章内容之外的更为深广的意义"。①本来，朱光潜只是应夏丏尊之请谈谈个人对"曲终人不见，江上数青峰"的纯学术性见解，在观点表述上自然摆脱不了与康德、克罗齐美学的关联；鲁迅则接受了普列汉诺夫、别林斯基、卢那察尔斯基等人的俄苏马克思主义文论，在驳论过程中巧妙地宕开一笔，从"就事论事"提升到"知人论世"的高度，将文艺与现实的关系紧密结合起来，显示了鲁迅自觉肩负起的社会责任。鲁迅的批判拉开了对朱光潜早期批判的序幕。40年代后接着鲁迅对朱光潜进行批评的重要代表是七月派诗人兼理论家阿垅。②

1937年朱光潜与巴金就曹禺新作《日出》在文学的批评标准问题上展开了争论。在《舍不得分手》一文中，虽然朱光潜对《日出》提出了一些批评意见，但总体而论是持肯定态度的；但是朱光潜对巴金所认为的《日出》令他"流过四次眼泪"因而就是好作品的艺术见解却颇不赞同。③朱光潜难免有将巴金只是针对《日出》这一剧的赞赏（即有很强的情感感染力）的主题扩大化了，但是巴金接下来的对朱光潜的回击则显得更加不理性。在《向朱光潜先生进一个忠告》一文中，巴金不仅一概否定了朱光潜的"象牙塔"之学于"内忧外患""民族的命运"无益，还极尽讽刺揶揄之能事，将朱光潜说成是一个从智力、才学到人品都有问题的欺世盗名之徒。④紧接着，一大批文人相继以左翼文学刊物《中流》为阵地对朱光潜进行猛烈攻击，如张天翼《一个青年上某导师书——关于美学的几个问题》《某教授致青年导师书——谈"应用上的多元论"》、王任叔《现实主义的路》、巴金《给朱光潜先生》、佳冰《〈最后的晚餐〉与油画》、唐弢《美学家的两面——文苑闲话之六》等，其中很重要的一点是从文艺与现实的关系来批判朱光潜的文艺独立论问题；但是也应该看到，他们大多

① 高恒文：《鲁迅对朱光潜"静穆"说批评的意义及其反响》，《鲁迅研究学刊》，1996年第11期，第43页。

② 参阅亦门：《诗是什么》，上海：新文艺出版社，1954年。附注：亦门（1907—1967）即阿垅，原名陈守梅，又名陈亦门，七月派的重要诗人，也是中国新诗理论的系统研究者，代表作有《人和诗》《诗与现实》《作家的性格和人物的创造》等。

③ 朱光潜：《朱光潜全集》（第8卷），合肥：安徽教育出版社，1993年，第488—491页，第497—500页。

④ 巴金：《巴金全集·集外编（上）》（第18卷），北京：人民文学出版社，1993年，第403—411页。

用尖酸的讽刺盖过了学理的分析，如果再联系到新中国成立后"美学大讨论"的阵势，就不难明白那种激烈程度其实并不偶然，而是既有历史的积郁，又有向来的思维习惯使然。但是，此时的朱光潜毕竟尚有可回旋的余地，因此对朱光潜的批判也必将继续。

应该说，在30年代所有对朱光潜的批判中，周扬的批判无疑是最具代表性、最有分量，也是最深刻的，而且对马克思主义经典文献的引用在当时也是最具旗帜性的。1937年6月，周扬就朱光潜与梁实秋关于文学中美的问题所引发的争论①在《认识月刊》创刊号上发表了《我们需要新的美学》一文，该文站在马克思主义美学的理论高度对梁实秋和朱光潜二人的理论主张进行了深刻的辨析和纠正。周扬认为："新美学的建立，只有在新的现实和旧美学的彻底批判的基础之上才有可能。"②梁实秋的可取之处在于看到了旧美学的唯心主义色彩，从而主张文学的现实性和功利性；其缺陷也在于不能从根本上对唯心主义进行批判，又弄巧成拙地将"艺术的形象和观念割截开来"，从而在文艺的本质问题上理解错误。朱光潜在美的本质问题上虽然照顾到了主观与客观、形式与内容两方面的联系，但也只是具有表面的合理性，在根系上却是将观念论美学的缺点"掩盖了，粉饰了"。周扬着重从两个方面对朱光潜进行了批判：一是其思想以"直觉"为基础，是一种主观的观念论的美学，而不是具体的历史的产物；二是在文艺与人生的关系上主张"无所为而为的观赏"（Disinterested Contemplation），而没有与现实的、生活的、主体的社会本质结合起来。艺术应该"为大众""为革命""为阶级意识""为国防"。实际上，周扬对朱光潜继承康德、克罗齐的观念论美学的批判，实际正是就"美感经验即是形象的直觉"的这样一种表现主义美学的批判，以及与之紧密相连的对"资产者社会及其文化全体的没落和颓废"的批判。因此，周扬倡导一种"新的美学"，即不是要从抽象的美的学问出发，而是"要从客观的现实的作品出发，来具体研究艺术的发生和发展的社会的根源，它的本质和特

---

① 参阅梁实秋：《梁实秋自选集·文学的美》，台北：黎明文化事业有限公司，1975年，第121—138页；朱光潜：《朱光潜全集·与梁实秋先生论"文学的美"》（第8卷），合肥：安徽教育出版社，1993年，第506—512页。

② 周扬：《周扬文集·我们需要新的美学》（第1卷），北京：人民文学出版社，1984年，第212—213页。

性，它和其他意识形态的关系"。①尽管周扬与朱光潜在理论趣好和偏向上不一致，但是就倡导一种"踏踏实实的美学"精神来看，他们无疑是殊途同归的：即要摆脱含泪的谩骂、恶毒的人身攻击，以及煞费苦心的罪名罗织，而代之以纯正、透辟的学理性分析。朱光潜慧眼识珠，自然是了然于心，因为真正的学术探讨和理论争鸣在朱光潜那里是很受欢迎的，这也许就是1939年在周扬的"招邀"之下差点去了延安②的原因。同样的胸怀大度还继续发生在美学大讨论中。后来李泽厚在香港接受访谈时回忆说，当时朱光潜看了他的《论美感、美和艺术》后写信给贺麟，认为"在批判他的文章中，这一篇是写得最好的"。③可见朱光潜对于学术理性的坚持是非常率真的，这种"率真"犹如他对表现主义美学的宣扬一样纯粹剔透。

到了40年代，对朱光潜进行批判的最重要代表是蔡仪。蔡仪是中国现代美学史上较早自觉运用马克思主义的基本观点构筑大型文艺理论体系的美学家，在马克思主义美学向中国传播的过程中具有重大的学术意义，比如1942年出版的《新艺术论》。林默涵就这样评价说：他"在我国的美学、文艺理论领域中是著书立说较早的一位马克思主义学者，是这个领域的一位开创者和二十世纪的重要代表"，其独特的阐发和深入系统的探讨给我们留下了丰富的理论宝库。④蔡仪对朱光潜的批判主要集中在1948年出版的《新美学》第二章"美论"，就"美的本质"问题进行了系统性探讨。文章认为，旧美学的主要病症在于混淆了美和美感的区别，以美感为美，因而很自然地陷入了"主观的美"论。"主观的美"论之所以要否定美是客观的，其根源在于它的哲学基础是观念论。接下来，蔡仪着重考察了三组主观论美学家的矛盾：费希纳立普斯的矛盾、康德克罗齐的矛盾、朱光潜的矛盾，既将朱光潜的表现主义美学的理论来源作了一个大要的梳理，同时也对朱光潜作了更为侧重的批判，突出其现实性和针对性。⑤但是客观上，蔡仪将朱光潜与费希纳、

① 周扬：《周扬文集·我们需要新的美学》（第1卷），北京：人民文学出版社，1984年，第225页。

② 朱光潜：《朱光潜全集》（第9卷），合肥：安徽教育出版社，1993年，第19—20页。

③ 李泽厚、戴阿宝：《美的历程——李泽厚访谈录》，《文艺争鸣》，2003年第3期，第44页。

④ 林默涵：《〈蔡仪文集〉序》，《文艺理论研究》，1999年第4期，第138页。

⑤ 参阅蔡仪：《蔡仪文集·新美学》（第1卷），北京：中国文联出版社，2002年，第212—253页。

立普斯、康德、克罗齐等放在一起加以讨论，足以见出朱光潜在当时中国美学界的显要地位；在蔡仪眼中，朱光潜宣扬的表现主义美学俨然已经成为他们在中国的思想代言。因此，对朱光潜的彻底批判，实际也代表了对西方整个观念论美学的彻底批判，从而希冀建立起以马克思主义为理论指导的新美学。这也是蔡仪心目中新旧美学的分殊之所在。而且从新中国成立后美学大讨论的事实看，本书所涉及的许多美学论题，如美的本质、美与美感、自然美与社会美及艺术美的区分等，后来都成为各方争论的焦点。因此，美学大讨论虽然在理论上并无多少新贡献，甚至是老调重提，但毕竟有其客观的效果，其中很重要的一点似乎众多论者都没有涉及，即蔡仪《新美学》的理论前瞻性是不能被抹煞的。实际上，蔡仪本人对其理论的坚守（如"美的事物就是典型的事物"等）同朱光潜一样，都达到了令人钦佩的程度。这些老一辈美学家的学术作风和理论品质，必定应该成为给我们"接着讲"的宝贵财富。

朱光潜在30—40年代宣扬表现主义美学方面一直饱受诟病和批判，除了国内的现实环境及其影响下的理论转向之外，最后还不得不谈一下这种形势的造成在一定程度上还与国际环境有关，其导火索就是戈特弗利特·贝恩（Gottfried Benn，1886—1956）事件。贝恩是德国魏玛共和国时期最伟大的表现主义文学家，1932年入选普鲁士艺术科学院，1933年由于各种原因却连续发文表达了对德国纳粹的支持。这个震惊文坛的事件不仅使贝恩个人的名誉严重受损，而且其引发的争论很快就牵连到表现主义本身的合法性上。1934年卢卡契首先发难，发表了《表现主义的兴衰》一文对表现主义进行了严厉的指责，随后众多学者纷纷跟进。齐格勒认为，表现主义最终只能导向法西斯主义，其目标和倾向都是反动的。莱施尼策则分析道："贝恩、布罗依、海尼克、尤斯特他们不是背弃，而是由于接受表现主义而堕落为神秘主义者和法西斯分子；与此相反，贝歇尔、布莱希特、沃尔夫、蔡希他们不是由于接受、而是因为背弃表现主义才成为现实主义者和反法西斯主义者。"到1938年卢卡契不但继续同意先前的论断，还指出，表现主义里面充满了反动偏见，阻碍了表现主义者朝着革命的方向前进；表现主义坚持直觉的立场，具有强烈的反现实主义倾向，必将成为培育危险的温床。^①"表现主义论争"号称是"济金根论争"以来发生在德国马克思主义文艺理论界的又一场影响广泛而深刻的论争。^②通过论争，表现主义的负面效应迅速扩散，再加上各种因素的重叠促合，其客观后果是一方面表现主义思潮在苏联和中国遭到严重打压，甚至濒临绝迹，另一方面是"社会主义的现实主义"思潮的主导地位得到空前的巩固。在这种背景之下，日本法西斯正加紧侵略中国，国民政府治下的中国劳苦大众民不聊生，朱光潜虽然辛苦经营、苦心孤诣地宣扬表现主义美学，试图通过深刻的启蒙来达到改革社会的目的，^③但是正所谓历史不喜欢深刻，深刻总是与潮流绕道而行，各种压力的交织恐怕远远超出了他的预想。作为一位纯粹的知识分子，要逆潮流而坚守自己的学术理想，确实表现了朱光潜非凡的勇气、决心和品格。

四

既然国际的和国内的、理论的和现实的各种处境都对表现主义造成了严重的挤压，为什么朱光潜在当时的中国还要继续坚持宣扬表现主义美学呢？应该说，除了朱光潜本身对于理论的向往、中国诗学亟待建设的紧迫性之外，表现主义美学也有现实的存在基础和根源，即现实的磨难给内心造成的悲苦，以及青年的感伤失落比比皆是。以当时的眼光看，现实主义对他的批判是有积极意义的，"救亡"孕育下的战斗是必需的；但是国破家亡的伤痛同样需要抚慰和寄托，表现主义美学无疑在某种意义上为此提供了一种途径。无论从朱光潜的本意还是后来的社会进程看，战火的硝烟弥漫必定会过去的，和平的生活必然迟早会到来，崇尚战斗的激情固然值

---

① 张黎编选：《表现主义论争》，上海：华东师范大学出版社，1992年，《"现在这份遗产终结了……"》（贝恩哈德•齐格勒）第12页，《论三位表现主义者》（弗兰茨•莱施尼策）第25页，《问题在于现实主义》（格奥尔格•卢卡契）第173—174页。

② 张黎编选：《表现主义论争•前言》，上海：华东师范大学出版社，1992年，第3页。

③ 朱光潜从来都不是一个纯粹的书斋先生，也不是不了解人间疾苦，国家正处于危急存亡的关头。在《谈美》的"开场话"中，朱光潜深刻地明白国家所经历的不幸事变，他的一些朋友就已经惨死其中，每天的新闻令他刺耳痛心！这其中既有天灾，也有人祸。面对纷纷扰扰的此情此景，朱光潜是痛定思痛地指出："我坚信中国社会闹得如此之糟，不完全是制度的问题，是大半由于人心太坏。"有一点历史常识的人都不会认为朱光潜此言纯属妄言，而是有相当事实依据做基础的。作为一个知识分子，朱光潜提出了自己的意见，是否具有建设性，其关键问题仍旧在于每个人是否都有勇气去面对。笔者以为，所谓制度问题，颁布得越多，规定得越细，其实对制度条文本身的限制也就越大。朱光潜从根本问题入手，虽然看起来很理想，其实也是很现实的。

得尊敬，但问题是当给人提供战斗的环境和条件已经不再具备或者远去，人们又该以一种如何的心态和情绪去面对呢？所以，朱光潜从解放前至解放后一直尽可能地避免卷入论战，其原因并非他不战斗或没有勇气，而是说他一直在尽量逃避非学理性的论战：含泪的批评不是批评，挖苦讽刺也不是批评，深文周纳更不是批评。但是，当包含着这些因素的批判一齐向朱光潜发起进攻的时候，我们都不得不承认这样一个事实：真正的文人都有一种坚持，这种坚持不仅散发着知识的魅力，而且继承了文人的骨气；刻薄无知的批评丝毫没有改变他们的意见，反而激起他们对自己的观点深信不移。具有讽刺意味的是，朱光潜的美学转向并非证实了批判者的深刻或尖锐所取得的成果，而是因为历史的巨大转折；但是无疑，这种转折却加深了批判者对朱光潜的批判，以及旧有淤积的情绪的发泄。杜威在《哲学的改造》中就间接地指出："当不能靠习惯和社会的权威使人信受，更不能靠经验的证明谕人，要想令人悦服地把教义奉为真理时，除了扩张思索和证明的严肃的外观，没有别的方法。"①所以，我们可以说历史是包含理性的，不理性的其实是里面的人；朱光潜之所以能够理性地面对历史的汪洋，能够将讨论引领到学理上来，能够率先探讨"形象思维"，能够将马克思主义推向新高度，就在于朱光潜并没有完全丢掉自己原先所持有的一些见解，以及由此而来所形成的可贵品质。

　　社会总是发展变化的，时间总是不断向前。面对历史中的人物，考察他们宣扬的理论，站在今天的我们是很难用一句简单的"孰是孰非"来加以评判的，因为所有的现象都不是单纯力量作用的结果，而是蕴藏着内在的逻辑和现实的需要得以共同完成。他们站在历史的舞台，说着只有历史人物才能够表达的语言，只要他们是真诚相信的、信仰的，而不是出于纯粹的叛逆或者不可告人的目的，即使他们所坚守的东西多么显得不合时宜，作为今天的我们都有理由、都有必要来认真加以研究，从而为我们今天所承载的历史使命提供借鉴和方向。

　　朱光潜出生于国势衰颓的晚清，自小饱受传统文化的熏染；港大受学朱光潜眼界始大；白马湖文人培养了朱光潜的清远和高致；欧陆留学对康德、克罗齐的发现使朱光潜找到了精神的皈依。朱光潜从20

---

① ［美］杜威著：《哲学的改造》，许崇清译，北京：商务印书馆，2009年，第12页。

年代后期逐步译介和传播以康德、克罗齐为代表的表现主义美学思想，在饱受质疑和攻击声中对自己的学术之路矢志不移，这绝不是固执，其本身已是一种难能可贵的精神品质。那么，这种精神品质到底能够支持朱光潜走多远呢？在新中国成立之后的美学大讨论，以及"文革"之后的新时期，我们依然能够强烈地感受到。通过朱光潜的著作，通过我们最新的研究成果，许多发人深省的疑问仍旧不绝于耳：作为一个表现主义美学的宣扬者，为什么朱光潜能够更为准确地理解马克思主义的深刻内涵？为什么朱光潜能够提出一系列卓有成效的理论命题并深化马克思主义的理论成果？为什么朱光潜能够将讨论一次次引向深入？为什么朱光潜能够敏锐地开启实践派美学的大门？等等。

所有证据都表明，朱光潜不是一个不食人间烟火的象牙塔式的学者，在现实、理论和话语方式都面临困境的情况下，朱光潜同样在具体的历史的过程中发生了重大的理论转向。但是，"转向"不是全盘否定和抛弃，不是和自己的过去一刀两断，更不是突然的头脑革命；相反，朱光潜在新中国成立之后取得卓越成就的先决条件，恰恰是他先前所养成、保留下来的一些东西，是这些东西（知识的、品质的）支持着朱光潜继续前行。朱光潜所倡导的、宣扬的、向往的、切身实践的，从来都不只是为了求得一个暂时的安身立命之所，而是着眼于一个更加长远的、民族的、社会的、根本性的美好未来。当我们的时代不再是激流勇进、当我们的时代不再是战火纷飞、当我们的时代重新又回归到关注人本真的、生命的、内在的存在的时候，表现主义的幽灵才会真正成为人们追求精神富足和幸福生活的内在尺度。①

---

① 自80年代开始，表现主义美学在中国又重新兴起，直到现在仍旧呈现出一派欣欣向荣的态势；它从30到70年代在尴尬的历史境遇中与时代错过，现在终于迎来了它的辉煌。劳承万在《朱光潜美学论纲》中认为：80年代的朱光潜已经不再追赶西方思潮、方法论的时髦，因为他在30年代就已经追赶过了，甚至赶过了头。（劳承万：《朱光潜美学论纲》，合肥：安徽教育出版社，1998年，第338页。）劳先生说对了一半。就表现主义美学而论，朱光潜不追赶的原因，其实是因为他从来都没有放弃过。表现主义美学理论的纯正性，已经内化成了朱光潜的一种可贵品质，伴随着朱光潜学术道路的一生。因此，就倡导革命性、文艺与现实的紧密联系、战斗的艺术而言，朱光潜确实是与他的那个时代脱节了，甚至被看作是象牙塔里的书斋先生；可一旦我们放眼当代的美景，"直觉"又不仅成为一种认识方式，还是一种人生态度。朱光潜倾其一生、兢兢业业对表现主义美学的宣扬，实在是当下最好的馈赠。或许我们可以这么结论说，所谓的"逆时而为"是需要我们自己去发现；而在朱光潜学术道路上的插曲，其实更加显得朱光潜的伟大。

因此，我们说朱光潜是"逆时而为的表现主义美学宣扬者"，这种"逆时而为"只是朱光潜美学思想现实化的部分，其强健而深刻的生命力正孕育在当下。

第二节　朱光潜与黑格尔：论"悲剧的衰亡"

前面主要谈了贯穿朱光潜整个学术生涯的思想源泉、理论主张及表现方式等，这一节则主要讨论朱光潜在前期思想中影响重大，但到了解放后则基本不去讨论的理论观点，并且将其和中国当下学术热点相结合，借此来展示朱光潜美学思想的当代性。无疑，《悲剧心理学》是我们不可能忽略的一部代表作。

《悲剧心理学》是朱光潜留学欧陆时用英文写成的一部美学博士论文，1933年由斯特拉斯堡大学出版社出版，中译本在1983年由人民文学出版社出版，张隆溪翻译，朱光潜亲自阅读了译本并做了相关修改工作。在这部论著中，朱光潜从审美经验和布洛的"心理距离说"出发，分别探讨了从亚里士多德、博克、康德、黑格尔、叔本华、尼采到克罗齐等各家各派的悲剧理论思想，并且结合中西之间主要的戏剧作品进行展开分析，提出了自己的独到见解。据朱光潜自己讲，《悲剧心理学》不仅是他文艺思想的起点，也是《文艺心理学》和《诗论》的萌芽。[1]而从中国戏剧理论史来看，朱光潜是第一个真正从现代心理学美学的崭新视角来探讨悲剧艺术的内在奥秘与审美特性的，从而扩大了表现主义美学在中国的影响，丰富了我国"五四"以来的"纯艺术"论美学思潮，为中国现代戏剧理论的建设和发展做出了重要贡献。也正是从《悲剧心理学》开始，中国人对戏剧的认识才真正步入审美的层面，中国现代戏剧美学思想开始被纳入科学的轨道。因此可以毫不夸张地说，朱光潜的《悲剧心理学》是"中国现代戏剧美学思想史上的一座丰碑"。[2]

但实际上，朱光潜《悲剧心理学》的这种开拓性还不仅仅是指用审美

---

① 朱光潜：《朱光潜全集》（第2卷），合肥：安徽教育出版社，1987年，第209页。

② 焦尚志：《中国现代戏剧美学史上的一座丰碑》，《戏剧文学》，1995年第7期，第47—53页。

心理学的研究方法来研究悲剧，更为重要的是，朱光潜通过对悲剧理论本身的研究与中西戏剧作品的结合，提出了新的问题，并且前瞻性地指出了某种艺术形式的发展走向，这才是朱光潜的远见和智慧。这就是朱光潜在《悲剧心理学》中所探讨的"论悲剧的消亡"，而朱光潜所依据的理论基础正是黑格尔名著《美学》中的"艺术终结论"。很遗憾的是，朱光潜对黑格尔"艺术终结论"的发现及其延伸性解读和阐释，至今在中国学术界尚未得到发掘和重视，[1]黑格尔"艺术终结论"的重新发现也是通过美国分析美学的代表人物丹托的代表作《艺术终结之后》[2]的大肆渲染之后才逐渐引起了国内学界的关注，众多国内学人因为追慕丹托，同时也将其所讨论的"艺术终结论"与现代艺术和美学的转向并联起来一时成为国内学界的热门话题。鉴于这种情况，本人觉得有必要将隐秘于热潮背后的朱光潜的光辉揭示出来，重新来审视《悲剧心理学》的当代价值。

一

《悲剧心理学》是一部饱受争议的著作。其原因之一就在于：朱光潜在《悲剧心理学》中多次提到的中国"没有产生过一部严格意义的悲剧"。[3]中国自古地大物博，怎么可能没有悲剧？中国的戏曲艺术在元代就已经成熟，中国古典文学中这么多悲情故事，怎么可能会没有悲剧？更有甚者，满含着民族情怀对朱光潜提出了质问。当然，也有不少学者静下心来做详细考察和研究的。但是似乎很少人注意，朱光潜在提出"中国

---

① 北京大学彭锋教授在2009年也谈到相似的现象：朱光潜在20世纪70年代末就翻译出版了黑格尔的《美学》，但"艺术终结论"问题并没有引人注意。（彭锋：《"艺术终结论"批判》，《思想战线》，2009年第4期，第85页。）但是更加严重的情况他还没有注意到：朱光潜的博士论文《悲剧心理学》在30年代就从黑格尔的"艺术终结论"深入展开论析了"悲剧的衰亡"，这样的学术创举则淹没在更深的历史尘封中。虽说朱光潜博士的这部著作最初是用英文出版的，国内学人并不容易见到，但是1983年时已经出版中译本，为什么还是一直被冷落至今呢？这里并不是要翻出"古已有之"的老话题，也不是要批评"外国的月亮就是要比中国圆"，因为这种影响的事实客观存在；而是要谨慎地指出：我们的学术生态是否能够在追逐中获得长足发展？这样一来，朱光潜美学思想的当代性也就不言自明了。

② 《艺术的终结》写于1984年，1997年推出专著《艺术终结之后》，中译本在2007年由江苏人民出版社出版，王春辰翻译。

③ 朱光潜：《朱光潜全集》（第2卷），合肥：安徽教育出版社，1987年，第420页；与之相类似的表述还参见《朱光潜全集·悲剧心理学》（第2卷）第224页、第425页、第428页、第469页等。

没有悲剧"的时候是加了限定词的，即"严格意义的""几乎没有"等字样。实际上，朱光潜也尽可能地希望自己的话语方式更加周延，至少他是承认中国有"悲剧性故事"①的。因此，从这个意义出发，朱光潜的表达方式实际上是没有任何问题的，这种争议其实存在于问题之外，而不是问题本身；况且，许多愿意发出议论的人们其实也只是凭借一种主观印象，并不作详细而深入的研究，因而他们也并不觉得他们的论断实际并不可靠。朱光潜的论断（或者结论）是从西方悲剧理论，以及其所依托的西方文化推导出来的，许多争论者对此并未意识到。况且，这是朱光潜在20世纪30年代初写作的书，朱光潜所针对的文本当然最多只能延伸到他的那个年代，一些不明事理的论者也将后来某些作家按照西方悲剧理论来创作的剧本作为例证来反驳朱光潜，这种面红耳赤的滑稽场面实际上也常常发生。

其实，"中国没有悲剧"这个观点并不是朱光潜的首创，延续到朱光潜这里似乎更像是一种共识。黑格尔就多次表示，中国没有悲剧，是因为中国人缺乏个性自由。蒋观云1904年在《中国之演剧界》中也同样引述说："中国之演剧界也，有喜剧，无悲剧。"②其目的试图通过肯定和提倡悲剧挽救社会颓势，为强国富民服务。朱光潜之所以认定中国没有悲剧，其思想来源当然是来自以黑格尔为代表的悲剧理论，并且将其作为检验标准来清理中国自古而来的戏曲及文学。客观地说，朱光潜的结论是具有科学性的：中国当然存在悲剧性故事，却未必需要一定争得个"悲剧在中国自古有之"的虚名。毕竟，作为后来者除了要客观理性地来看待这个论断之外，踏踏实实地研究工作才是摆在我们面前最为紧迫的任务。

而朱光潜更为有趣的地方在于，他一方面论断中国没有一部真正意义上的悲剧，另一方面又已经在宣称"悲剧的衰亡"了。这种话语方式的背后，是不是将"中国有或是没有悲剧"的论争提前摆在了一个更加滑稽可笑的境地呢？中国人自1840年以来所形成的羸弱而贫困的内心是否会更加难以承受如此沉重的双重打击呢？朱光潜没有直言此解，况且这也不是《悲剧心理学》的研究重点所在。朱光潜的理论来源是黑格尔的"艺术终

---

① 朱光潜：《朱光潜全集·悲剧心理学》（第2卷），合肥：安徽教育出版社，1987年，第260页。

② 蒋观云：《中国之演剧界》，参见阿英编：《晚清文学丛钞：小说戏曲研究卷》，北京：中华书局，1960年，第50页。

结论"，与他的文本相对应的是尼采的《悲剧的诞生》，他所针对的理论现实是古典艺术在现代性转型过程中所面临的大众艺术、流行文化所带来的冲击和挑战。令人吊诡的是，朱光潜在20世纪30年代就已经探讨过的理论命题直到今天仍旧毫不过时，而且一度成为学界的争论焦点；但令人遗憾的是，这种争论并非"接着"朱光潜讲，而是在美国哥伦比亚大学哲学教授兼艺术评论家阿瑟·丹托的触发下进行的。这倒也算是一件好事，至少说明了我们的学人在开眼看世界，紧紧跟着时代的步伐。那么笔者现在将朱光潜"论悲剧的衰亡"重新发掘出来，所希冀的并不在于本篇论文能够吸引到多少眼球或目光，而在于提请对朱光潜《悲剧心理学》这样一部经典著作本身的关注和聚焦。

二

1828年，黑格尔在柏林的一次美学讲演中首次提出了"艺术终结"这一话题。黑格尔认为：艺术发展到"浪漫型艺术就到了它的发展的终点，外在方面和内在方面一般都变成偶然的，而这两方面又是彼此割裂的。由于这种情况，艺术就否定了它自己，就显示出意识有必要找出比艺术更高的形式去掌握真实"。① 这意味着，艺术要从此让位于宗教，作为掌握真实的更高的形式。在黑格尔那里，美是理念的感性显现，理念是起决定性作用的，艺术为了摆脱对感性材料的依赖和外在的束缚，就必然要求超越自身向着更高形式的宗教或哲学过渡，而另一方面也就预示着艺术终结论的产生。

黑格尔的《美学讲演录》是他19世纪二三十年代在海德堡大学和柏林大学授课的讲义；他死后，他的门徒霍托根据他亲笔写的提纲和几个听课者的笔记剪辑成书于1835—1838年间整理出版。1955年重印时改名为《美学》。② 《美学》的副标题为"关于美的艺术的讲演"，可见黑格尔关注的焦点已经不再是审美趣味或美感经验，而是艺术；黑格尔已经同休谟和康德在研究对象上发生了很大的改变。③ 黑格尔在《美学》开篇就宣布：他"所

---

① ［德］黑格尔著：《美学》（第2卷），朱光潜译，北京：商务印书馆，1997年，第288页。

② 冯蕙、朱贻庭等：《简明哲学辞典》，上海：上海辞书出版社，2005年，第524页。

③ Daniel Herwitz, *Aesthetics: Key Concepts in philosophy*, London and New York: Continuum International Publishing Croup, 2008: 80.

讨论的并非一般的美，而只是艺术的美"，①"美学"的正当名称应该是"艺术哲学"，它的研究对象也应该是艺术或者美的艺术。

黑格尔是很讲究体系的。他说："哲学若没有体系，就不能成为科学。没有体系的哲学理论，只能表示个人主观的特殊心情，它的内容必定是带偶然性的。哲学的内容，只有作为全体中的有机环节，才能得到正确的证明，否则便只能是无根据的假设或个人主观的确信而已。"②因此，从体系出发，黑格尔非常深刻地指出："异在并不是定在之外的一种不相干的东西，而是定在的固有成分。某物由于它自己的质：第一是有限的，第二是变化的，因此有限性与变化性即属于某物的存在"；"有限事物作为某物，并不是与别物毫不相干地对峙着的，而是潜在地就是它自己的别物，因而引起自身的变化。在变化中即表现出定在固有的内在矛盾。内在矛盾驱迫着定在不断地超出自己"。③那么，黑格尔的《美学》作为一个理论体系，将《小逻辑》的哲学根基即"绝对理念"运用于"美的艺术"的分析，作一个简单的推论我们就可以发现，所谓理想发展为艺术美的三个阶段所体现的三种类型，即东方原始阶段的象征型艺术、希腊成熟时期的古典艺术，以及中世纪开始解体阶段的浪漫型艺术，这三种类型的艺术其实都是绝对理念显现自身的三个不同阶段，是定在；定在自身所固有的内在矛盾不断驱迫着自己超出自身，由此来显现理念、心灵、理想和绝对精神。

在象征型艺术里面，由于"理念还没有在它本身找到所要的形式"，那么二者的关系（内容与形式）就不是"妥帖的统一体"，因而就还不够成理想型的艺术。在这个阶段，理念是抽象的，不具体的；而具体形象被夸大歪曲，出于被理念胁迫压制的地位；由于理念的抽象性难以在具体形象之间形成完美的对应关系，因而表现为一种"挣扎和希求"。古典型艺术克服了象征型艺术的抽象性，从而使理念与形象自由而完满地协调起来，即人的形体表现人的心灵，这就是古希腊的人体雕刻艺术。但缺陷亦在于，对于绝对的永恒的心灵，古典艺术同样是无能为力的，这种过渡就催生了中世纪的基督教艺术，即浪漫型艺术。浪漫型艺术已经关注到了人的内在心灵，因而不仅自在，而且自为。意识的参与过程导致了浪漫型

① ［德］黑格尔著：《美学》（第1卷），朱光潜译，北京：商务印书馆，2008年，第3页。
② ［德］黑格尔著：《小逻辑》，贺麟译，北京：商务印书馆，2007年，第56页。
③ ［德］黑格尔著：《小逻辑》，贺麟译，北京：商务印书馆，2007年，第204页、第206页。

艺术自觉表现绝对的永恒的心灵，因而较之古典型艺术仅仅感性直观（自在地）地表现获得了更多的主动性和优越性。^①那么，在浪漫型艺术之后呢？按照黑格尔的设想，到了近代浪漫型艺术，以绘画、诗歌、音乐为代表，对于内心生活的侧重又引起了理念和形象的不一致，形象不足以表现理念，理念溢出了形象；由此发展下去，宗教和哲学就要代替艺术。理念的不断实现自身的过程，不断要求回到自身的过程，实际构成了艺术发展过程所呈现的三种类型的根本依据。黑格尔的"艺术终结论"，其实终结的不是艺术的具体样式，而是终结的艺术类型，艺术终结于理念；黑格尔的"艺术终结论"，实质表达了他对艺术内在生命，即理念的深刻沉思和拷问，以及对现代性诉求过程中所出现的畸变保持着某种审慎的警惕等。正如德国艺术史家格罗塞在研究原始艺术过程中的一席话，同样令人富有启示作用："饰品的发展，固然已经增进了饰品材料的范围，改进了制造饰品的技巧，但人们还从来没有能够在原始的诸形式之外，增加一种新形式。"^②当我们用这样的观点来重新检视黑格尔的"艺术终结论"的时候，许多围绕此话题的争论都会自动消失，取而代之的是对于我们的传统艺术，以及时髦艺术所处的形势和前途的关注与追问，以便借此进一步寻思我们精神生活的内在需求和向往。

三

朱光潜是领会了黑格尔"艺术终结论"的深意的。在《悲剧心理学》中，朱光潜不仅详细检查了自亚里士多德以来的悲剧理论，用近代心理学的研究成果加以统摄起来，而且更为重要的是，朱光潜并没有像哲学家的黑格尔一样从理念出发来抽象地检查艺术发展的内在规律，而是确实地观照活生生的艺术作品，从而使黑格尔的"艺术终结论"有了支撑的基点和更加可靠的证据。恰如马克思、恩格斯在批判黑格尔时所谈到的："德国哲学从天上降到地上；和它完全相反，这里我们是从地上升到天上。"^③朱光潜在《文艺心理学》中也曾多次强调，哲学家的缺点在于太看重理智，爱

---

①　［德］黑格尔著：《美学》（第1卷），朱光潜译，北京：商务印书馆，2008年，第92—103页。

②　［德］格罗塞著：《艺术的起源》，蔡慕晖译，北京：商务印书馆，2008年，第79页。

③　中共中央马克思恩格斯列宁斯大林著作编译局编译：《马克思恩格斯选集·德意志意识形态》（第1卷），北京：人民出版社，1995年，第73页。

将自己的"一点心得当作全部真理";将一个简单的公式去概括繁难复杂的世界和现象,就会显得很勉强。①而悲剧恰恰是一个具体的事物,不是一个抽象的概念,因此讨论悲剧问题的首要前提应该而且必定是以世界上的一些悲剧杰作作为基础的。朱光潜认为:"黑格尔为我们提供了这种恶性循环论证的一个典型例子。他从一般的绝对哲学观念出发,假定整个世界都服从于理性,世界上的一切,包括邪恶和痛苦,都可以从伦理的角度去加以说明和证明其合理性。"②这样一来,活生生的悲剧作品就只能沦为证明抽象乏味的永恒正义的胜利的一个例子而已。后来的叔本华、托尔斯泰同样也牺牲了悲剧来保全他们的哲学,柏格森和斯宾塞则为了保全他们的哲学而牺牲了喜剧。哲学家们从天上走下来,他们只会去关注某个预设前提的实现,至于个别的具体问题,他们虽然力不从心,却也无心也无暇去顾及。

那么,这位来自东方的学者——朱光潜敏锐地将置身于现代性转型过程中的悲剧所遭遇到的生存困境确诊出来,其客观的效果就在于:不仅把黑格尔的"艺术终结论"现实化了,而且也充实化了。悲剧,作为最重要的艺术形式之一,其地位自古希腊以来就在西方得到确立。但是到了近代以后,心理科学的发展已经将它的探索光芒几乎照到了人类活动的一切领域,悲剧研究却与人们渐行渐远了。朱光潜惊讶地发现:康德的《纯粹理性批判》对悲剧一言不发;里波(Ribot)的《情感心理学》论审美情感的一章、德拉库瓦(Delacroix)的近作《艺术心理学》对悲剧语焉不详;悲剧论著日渐稀少,论述喜剧的浪潮(如柏格森的《论笑》)却汹涌而来。就在人们欢呼现代性,沉浸在工业文明的欢乐海洋里的时候,悲剧的衰微正悄无声息地、在其自身内部渐渐形成了某种趋势,并因为外部力量的冲击而急剧地凸显出来。因此,《悲剧心理学》的一条线索除了是用心理科学的发展成果去考察悲剧快感之外,另一条线索正是借助黑格尔的"艺术终结论"去审视悲剧从兴盛到衰亡的历史命运,从而为活在当下之人们的审美形态和生存方式提供某种富有启示意义的深思。

---

① 朱光潜:《朱光潜全集·文艺心理学》(第1卷),合肥:安徽教育出版社,1987,第446—464页。

② 朱光潜:《朱光潜全集·悲剧心理学》(第2卷),合肥:安徽教育出版社,1987,第218页。

我们已经知道，黑格尔的《美学》是从他的哲学体系出发，认为"美是理念的感性显现"，艺术终结于理念，必将让位于宗教和哲学；但是朱光潜的研究方法却不是先天演绎的，而是从分析具体的悲剧作品入手。在朱光潜眼里，悲剧和宗教与哲学所要解决的终极问题是密切相关的，但还必须承认的一个前提是，悲剧既不是宗教信条，也不是哲学体系；研究悲剧必须建立在具体事实的基础上，用批判的和综合的方法展开论述。那么，悲剧的衰亡缘何而起呢？

从总体上说，"悲剧的衰落总是恰恰与诗的衰落同时发生"。①悲剧是从抒情诗和舞蹈中产生出来的；悲剧的语言通常是用诗歌体写成的，而不是使用日常的语言。我们读索福克勒斯、埃斯库罗斯、莎士比亚的悲剧，那种诗体化的庄重华美的辞藻、和谐悦耳的节奏和韵律、富饶的意象及瑰丽的色彩，使得悲剧所展现在眼前的时空、人物、情景、情节及情操等都大大地高于我们平凡的世界和平凡的人生。悲剧表现的是理想化的生活。欣赏悲剧不是简单地了解一个叙说的故事梗概，而是要从诗体化的语言中感受它的节奏变化和饱满的情感，从而得到美的享受。哈姆雷特诀别仆人兼密友霍拉旭时的音调，麦克白得知其夫人死讯后的那段"虚无主义者的告白"，奥赛罗自杀前的那些怅恨和追悔的言语，都是一些非常典型的例子。生离死别的情境固然使人可怖，但是浓烈的情感映照却使人得到抒情的宽慰和生命力的释放。后来的高乃依、拉辛的悲剧始终都是用亚历山大格式的诗体写成，但是近代歌剧的精神风貌已经大为改观了：戏剧语言越来越趋近于写实，抒情的成分正在退场。虽然易卜生、梅特林克、邓南遮这样一流的大师也是靠写实而闻名，但谁能否认他们的作品，无论言辞或节奏都保持着一种独特的风韵和诗意呢？伊丽莎白时代之后的英国，卢梭、伏尔泰、狄德罗时代的法国，我们便大概知道了悲剧衰亡的原因：启蒙的代价之一就是将经典的东西通俗化，为了照顾一般的大多数而不得不将某种趣味降格档次来迎合观众的审美需要；悲剧和喜剧巧妙地混搭，使人们"于歌笑中见哭泣""寓哭于笑""苦乐相错"，②由此营造出某种不伦不类的滑稽氛围；市民剧表面上越来越贴近人们的生活，但是却越来越远

① 朱光潜：《朱光潜全集·悲剧心理学》（第2卷），合肥：安徽教育出版社，1987年，第247页。

② 转引自王朝闻：《美学概论》，北京：人民出版社，2008年，第67页。

离人们的心灵。启蒙主义者原想通过在品位上先降低再拔高的方式提升一般层面的精神生活品质，没想到一般的力量一旦汇聚就远远超越了他们的控制范围，庸俗的高雅成为个性，丑恶名正言顺。当悲剧也为了争取观众而发愁的时候，这种对自身判断力和价值尺度的丧失无疑给它自身造成了某种致命的打击；悲剧与喜剧的混合无疑加速了悲剧的衰亡。"斯德哥尔摩效应"无处不在。因此我们不妨这样结论：要迁就就没有启蒙，要启蒙就没有迁就。

其次，按照朱光潜的理解，悲剧在古希腊的繁盛时期已经展示出衰落的苗头。悲剧终结论的始作俑者似乎可以追溯到柏拉图。在柏拉图看来，文艺是属于情欲的，而不是理智的；荷马和悲剧诗人的作品最严重的毛病就是说谎，歪曲神和英雄的性格；悲剧"培养发育人性中低劣的部分，摧残理性的部分"，使观众在得到快感的同时也培养了他们的"感伤癖"或"哀怜癖"。[①]因此，诗人亵渎神明、伤风败俗，应该把他们从城邦驱逐出去。到了亚里士多德时代，"希腊已经脱离幽暗的神话世界而进入一个学术开明的世界，诡辩学派以因果关系去解释世间万物，在这种情形下，亚里士多德自然很难得到早期希腊悲剧诗人们的精神"。[②]亚里士多德是一个缺少诗人气质的唯理主义者，虽然他对悲剧的系统总结一直到17世纪法国古典主义时期仍被奉为圭臬，如他的思想经钦提奥、卡斯特尔维屈罗、布瓦洛等人发展提炼而来的"三一律"就是一例；但是正如黑格尔后来对亚里士多德《诗学》、贺拉斯《诗学》和朗吉努斯《论崇高》等论著所作的结论那样："这些著作中所作出的一些一般性的公式是作为门径和规则，来指导艺术创作的，特别是在诗和艺术到了衰颓的时代，它们就被人们奉为准绳。"[③]照此看来，亚里士多德的时代悲剧的确已经在渐趋衰落了，这不禁让人始料未及。王国维在《人间词话（五四）》中同样提到："四言敝而有楚辞，楚辞敝而有五言，五言敝而有七言，古诗敝而有律绝，律绝敝而有词。盖文体通行既久，染指遂多，自成习套。……一切文体所以始盛终

---

① ［古希腊］柏拉图著：《文艺对话集》，朱光潜译，北京：人民文学出版社，1963年，第84—86页。

② 朱光潜：《朱光潜全集·悲剧心理学》（第2卷），合肥：安徽教育出版社，1987年，第313页。

③ ［德］黑格尔著：《美学》（第1卷），朱光潜译，北京：商务印书馆，2008年，第19—20页。

衰者，皆由于此。故文学后不如前，余未敢信。但就一体论，则此说固无以易也。"①历史唯物主义也认为，在历史上产生的事物，都必然在历史中消亡。朱光潜在《谈美》中就"创造与格律"问题同样提出了非常深刻的见解："最初的诗人都无意于规律而自合于规律，后人研究他们的作品，才把潜在的规律寻绎出来。……这样一来，自然律就变成规范律了。……从历史看，艺术的前规大半是由自然律变而为规范律，再由规范律变而为死板的形式……流弊渐深，反动遂随起，于是文艺上有所谓'革命运动'。"②所以，艺术发展的黄金时期孕育了该艺术形式的鼎盛，而一旦走向鼎盛之后，也就逐渐开始衰落下去了。这也就是我们一提到悲剧言必称古希腊的原因；虽然后来者中也有莎士比亚这样的大家，但是总给人一种夕阳唱晚之感，火红之后就渐渐进入漫漫暮色之中了。

所以我们会看到，悲剧诞生在希腊，"是在希腊思想还没有固定化为一种严格的宗教信条或一个严密的哲学体系时诞生的"；③埃斯库罗斯和索福克勒斯的作品人物，并不为一套确定而系统的宗教信仰或是伦理学说所规范，渎神或伦理背叛有时在现代读者看来也觉得是必需的。未知世界超出了悲剧作家的理解范围，但是这种敏感的神经和强大的求知欲又推动着他们探求，这种痛苦和困惑是双重的：除了作者自身面临考验，作品人物仍旧在继续抗争，而不会因为上帝或理念的介入，似乎已经可以解释某种现象，找到一种心灵的慰安就偃旗息鼓、默不作声了。康德在《判断力批判》中讲："鉴赏是通过不带任何利害的愉悦或不悦而对一个对象或一个表象方式作评判的能力。"④不仅在于第一契机，还有第三契机的"没有一个目的的表象而在对象上被觉知到"。⑤因而我们可以这样认为，希腊悲剧的繁盛在于悲剧作者对未知的一种自觉探索，悲剧的存在基础是它的自身，而不在于既定的规则或是程式，更不是为了虔诚的宗教信仰或为了证明哲

---

① 朱良志编著：《中国美学名著导读》，北京：北京大学出版社，2006年，第347页。

② 朱光潜：《朱光潜全集·谈美》（第2卷），合肥：安徽教育出版社，1987年，第74页。

③ 朱光潜：《朱光潜全集·悲剧心理学》（第2卷），合肥：安徽教育出版社，1987年，第469页。

④ ［德］康德著：《判断力批判》，邓晓芒译、杨祖陶校，北京：人民出版社，2004年，第45页。

⑤ ［德］康德著：《判断力批判》，邓晓芒译、杨祖陶校，北京：人民出版社，2004年，第72页。

学体系的合理，至于城邦的稳定与否或是道德的健全与否，埃斯库罗斯和索福克勒斯至少首先没有去考虑这些事情；欧里彼得斯则是一个怀疑论者，过度的思考削弱了他的内在生命力向未知世界的扩张，希腊悲剧就从他开始走向衰亡了。后来的拉辛皈依了冉森教，便将写作悲剧抛诸脑后；伏尔泰因为才气太盛，因而也成不了伟大的悲剧作家。这样看来，黑格尔从理念出发认定艺术终结于宗教和哲学，这是非常合理的。康德之后，形式主义美学讲究"为艺术而艺术"的艺术独立论经克罗齐、卡里特等人得到了极大的弘扬，只可惜天才的种子常有而土壤不常有，因而悲剧不断式微的命运看来是一去不复回了。

四

黑格尔从他的哲学原理出发论证了"艺术终结论"的道理。我们虽然不相信艺术会真正终结，因为艺术就在我们身边；但是作为个别的具体艺术样式，我们却真正相信它会衰亡，甚至死亡、消失。朱光潜在《悲剧心理学》中利用近代心理科学的最新成果来考察和研究悲剧快感，但是却额外地开掘出了"悲剧的衰亡"这个崭新的论题，这其实与朱光潜对西方悲剧作品的大量阅读和观照是分不开的。黑格尔讲："生命本身即具有死亡的种子。凡有限之物都是自相矛盾的，并且由于自相矛盾而自己扬弃自己。"[1]凡是在历史上产生的事物都是有限之物，有限之物在历史上产生也就必然在历史上消亡，那么它的自我扬弃乃至衰亡就是历史的必然了。

朱光潜在希腊三大悲剧家之一的欧里彼得斯那里找到了悲剧衰亡的萌芽，在拉辛那里敲响了悲剧的丧钟，悲剧延续了上千年之后，它作为艺术样式虽然还在，但是已经离伟大的悲剧家及其悲剧作品渐行渐远了。艺术家再难创作出伟大的悲剧，理论家也渐渐淡出了对悲剧的关注，看样子悲剧的生老病死是在所难免了。特别是启蒙主义以来，以喜剧为代表的市民剧却空前发达起来并很快成为大众的宠儿。或许是人们对悲剧已经审美疲劳，追逐新鲜事物的好奇心再难对一个古老的剧种抛出橄榄枝，也或许是启蒙现代性的煽动、工业化进程的加剧，田园牧歌式的静穆状态已经被

---

① ［德］黑格尔著：《小逻辑》，贺麟译，北京：商务印书馆，2007年，第177页。

打破，开发欲望已经使得个性和性情贪婪而躁动。从看戏到演戏，从再现到表现，从优美到崇高，人们追求艺术的强烈生命力还在，但是主观化的倾向却越来越浓。弗洛伊德讲，性力的转移、转化或升华，正好酝酿了文明；文明就是不断对性的压抑中发展起来的。那么，一个新的时代一种新的文明形式就要决堤而出了。悲剧式微，群雄逐鹿，万马奔腾。

究竟什么样的艺术形式才能够走到历史的前台呢？朱光潜在《悲剧心理学》中不止一次地向我们勾勒出了他所觉察到的社会流变和习尚。朱光潜讲："自文艺复兴以来，异教精神重新得到发扬，而基督教逐渐失去了控制人们思想的力量。但是，基督教的衰落并没有同时出现悲剧的复兴。命运和天意都退缩了，而科学则代之而起，占领了统治的地位。"[1]随着科学主义的兴起，因果关系成了解释一切的万能药，变态心理学家们将人的昏暗的隐意识部分暴露于光天化日之下，实验美学用科学方法做美学的实验首先在德国闪亮登场。人们似乎头一次如此真切地感受到人类支配自然的强大力量：贴近残酷的现实深可走进人们的心底，麻醉心灵近可顾自地陷入自己制造的梦幻，高度理想化的悲剧如何还要来霸占人们的兴趣呢？因此，科学的孪生子——现实主义，将长度有限、情趣集中、人物理想化的悲剧彻底击垮，艺术殿堂的宝座就让位于小说家了。这样看来，诗性写作确实与大众产生了太多的隔膜，平淡无奇的意识流才显得更加自然奔放；当大多数人忽然意识到平凡人物也有太多需要拿出来炫耀的时候，宇宙的未知和英雄的命运也就不那么崇高了，悲剧远不及实际遭受的苦难更能引起人们的关注和同情。拉辛对心理戏剧（小说）的奠定（如《费德尔》）就是一个例子，巴尔扎克对欧洲批判现实主义的奠定（如《人间喜剧》）也是一个例子。

与科学的精密紧密相关的一个产品就是电影。在《悲剧心理学》中，朱光潜不止一次地谈到电影对悲剧的替代和冲击。[2]这个西方近代科学发展到19世纪末才出现的产物，为什么在短短几十年间就爆发出如此巨大的能量？从表面上就可以明显判断，电影至少有三大优势不容回

---

[1]　朱光潜:《朱光潜全集·悲剧心理学》（第2卷），合肥：安徽教育出版社，1987年，第449页。

[2]　朱光潜:《朱光潜全集·悲剧心理学》（第2卷），合肥：安徽教育出版社，1987年，第299页、第450页。

避：（一）它是融合文学、戏剧、摄影、绘画、音乐、舞蹈等多种形式的综合艺术；（二）它可以运用"蒙太奇"这种艺术性极强的电影组接技巧；（三）它可以大量复制放映。这三大优势注定了电影艺术在内容呈现上的直观性、通俗性、可修正性，而电影制作一旦完毕，它的放映就非常方便、廉价。这些都是作为悲剧剧本及其舞台艺术所不能比拟的。林赛·沃特斯说："电影的出现标志着大规模的符号形式革新。"①但是更深层次的在于，电影艺术的流行是与大众文化的倡导相互交织在一起的。正确地欣赏悲剧需要一定程度的鉴赏力和审美修养，而将斗鸡或角斗士表演的场面搬上银幕却是人人都不怎么费脑筋就可以观看的画面和事实。即便是21世纪的今天，艺术电影尚且基本是个亏本的买卖，我们由此便大概可知作为严肃艺术形式的悲剧的生存境遇该有多么艰难了。在这种情势之下，一方面悲剧的地盘被市场空前地挤压，另一方面悲剧作为奢侈品的本色却不是被削弱，反而是增强。当然，朱光潜只是站在悲剧的角度针对电影所带来的冲击这一现象并把它指明出来，其实对电影本身并无直接的微词；毕竟，电影在他那个年代并不像今天这样发展充分。但是，朱光潜对狄德罗、莱辛所大力宣扬的"市民剧"主张的批评却是显而易见的；但是朱光潜似乎也没有意识到，启蒙运动首先是一场发生在思想领域的社会运动，艺术品位也需要提升的责任加诸之上纯属是委曲求全。好在本雅明在《机械复制时代的艺术作品》中辨明了这方面的问题，使我们不至于操持着法兰克福学派的精英意识对大众文化进行彻底的否定和批判。本雅明认为："复制技术把所复制的东西从传统领域中解脱了出来。"②电影不仅提供了集体共享的机会，而且推动了政治民主化的进程。虽然本雅明的观点并不为坚持纯文艺观的学者所赞同，但唯其如此，才极有见地地为我们揭示了某些真理：传统的审美方式已经发生改变，现代艺术的"灵韵"同古典时期的意象显然不一样了，"一件艺术作品的独一无二性是与它置身于那种传统的联系相一致的"，③新生时代的艺术鉴赏水平，以及心

---

① ［美］林赛·沃特斯著：《美学权威主义批判》，昂智慧译，北京：北京大学出版社，2000年，第272页。

② ［德］沃尔特·本雅明著：《机械复制时代的艺术作品》，王才勇译，北京：中国城市出版社，2002年，第10页。

③ ［德］沃尔特·本雅明著：《机械复制时代的艺术作品》，王才勇译，北京：中国城市出版社，2002年，第91页。

胸、视角都要适应新的要求。"挽歌"唱罢，该来的还是要来的。

五

黑格尔《美学》讨论艺术发展的三个阶段：象征型、古典型、浪漫型，实际反映的是内容、理念、心灵要不断超出有限形式和物质性从而回到自身的过程。在象征型艺术的时代，人类对理念的认识是模糊的、朦胧的，他们无法找到与精神内容相吻合的物质形式，因而只能采取暗示、象征的手法来表现某些观念，如金字塔的神秘、狐狸的狡猾，前者怪诞，后者牵强，显出"形象和意义之间部分的不协调"。①古典型艺术的雕刻，"内容和完全适合内容的形式达到独立完整的统一，因而形成了一种自由的整体"；②既然理念找到了正确的表现形式，理念和形象自然也就静穆了、和悦了。正像温克尔曼先前在《论古代艺术》中所总结的那样："希腊杰作有一种普遍和主要的特点，这便是高贵的单纯和静穆的伟大。正如海水表面波涛汹涌，但深处总是静止一样，希腊艺术家所塑造的艺术形象，在一切剧烈情感中都表现出一种伟大和平衡的心灵。"③尽管古典型艺术将内容和形式统一了、平衡了，但理念依赖外在感性形式的事实毕竟对理念的彰显仍旧是一个束缚，理念要超出有限定在的本质不能也不会改变。这就是浪漫型艺术的到来。"在浪漫型艺术的表现里，一切东西都有地位，一切生活领域和现象，无论是最伟大的还是最渺小的，是最高尚的还是最卑微的，是道德的还是不道德和丑恶的，都有它的地位"，④在这样的情况下，艺术愈加"世俗化"就不可避免了。

那么，艺术的"世俗化"是否将导致艺术的终结呢？"世俗化"的一个直接后果就是大众艺术的快速繁荣，这得益于现实包容力的增强和更多人对娱乐化的需要。但是对于严肃艺术形式的悲剧却不是一个好消息，它只有改变自己的出场面貌而换上哗众取宠的包装才能继续赢得生存的能量，但是在这过程中所染上的不良习气，改变它远要比沾上它需要花费更

① ［德］黑格尔著：《美学》（第2卷），朱光潜译，北京：商务印书馆，1997年，第11页。
② ［德］黑格尔著：《美学》（第2卷），朱光潜译，北京：商务印书馆，1997年，第157页。
③ ［德］温克尔曼著：《论古代艺术》，邵大箴译，北京：中国人民大学出版社，1989年，第41页。
④ ［德］黑格尔著：《美学》（第2卷），朱光潜译，北京：商务印书馆，1997年，第365页。

多的精力。悲剧似乎又重新火热起来，但是却不是我们熟悉的悲剧了，悲剧在重新获得生命之后带上了卑微和苦涩的味道；悲剧的内在生命力不是在强化，而是在大众的欣赏和喧嚣中被一步步弱化了。

也许有人会认为，黑格尔所讨论的艺术类型的时间轴受限于他及其之前的时代，或许在我们这个时代已经过时了。完全有这个可能。因为每个时代都会有每个时代的局限，这种时代的局限是历史的必然，比如黑格尔时代电影还没有出现，杜尚也还没有出生。但实际上，黑格尔的"艺术终结论"不仅从体系上对艺术发展史有一个高瞻远瞩的总体把握，更为重要的是，黑格尔从艺术的内在生命——理念——的不断自我提升中观察到了现代性的具体内容，即艺术观念、艺术功能的转变。因此，黑格尔的"艺术终结论"是令人警醒的，现代性的忧虑从卢梭到黑格尔并且继续发展着。直到20世纪五六十年代，现代艺术终于向后现代艺术过渡。阿多诺、丹托、波德里亚等人深感消费社会语境下的艺术作品危机重重，于是将黑格尔的艺术哲学引向了文化社会学的领域，社会意义和意识形态再次成为文化研究的关键词。这样看来，"艺术终结论"更可能蕴藏着一个现代性的启示录：悲剧的崇高和神圣性在科学技术和物质生产力的催化下逐渐被某种现实性的东西打破或取代，仪式和禁忌被不屑一顾地抛弃了，人与自然的合一被分离之后又重新产生了向心力；悲剧仍然可以给我们审美享受，就某方面而言还可以是一种规范或者高不可及的范本，但是悲剧产生的时代及其辉煌已经一去不复返了。这是悲剧的历史命运，也是理念实现自身的必然结果。

那么，作为悲剧读者的朱光潜是悲观的吗？不。朱光潜认为：悲剧虽然"带有悲观和忧郁的色彩，然而它又以深刻的真理、壮丽的诗情和英雄的格调使我们深受鼓舞。它从荆棘之中为我们摘取美丽的玫瑰"。[①]悲剧虽然渗透着深刻的命运感，但是人的那种艰辛的努力和英勇的抵抗，恰恰是在他们最无力和最渺小的时候表现出别样的伟大和崇高。因此，悲剧的历史命运应该如同它所塑造的人物那样，躯干可以毁灭，精神得以永恒。

① 朱光潜：《朱光潜全集·悲剧心理学》（第2卷），合肥：安徽教育出版社，1987年，第470页。

第三节　论自然：从"不美"到作为"美的条件"

就目前而言，国内有关自然美的学术研究已经成为一个热点，以陈望衡为代表的环境美学研究和以曾繁仁为代表的生态美学研究都将自然美作为研究重点就是一个最好的证明。但实际上，自然美学的兴起除了丰富的理论资源的积累和宽松的社会环境之外，其实还有两点很重要的现实因素：一是经济高速增长所带来的环境破坏要求我们对生态、环境做出系统总结和理论阐发；二是经过近百年的绿色和平运动的倡导，生态主义的观念已经深入人心，于是催生和加速了对于人类中心主义的自我反思。曾经，自然在人类社会的很长历史时期只能作为观照对象而存在，"人定胜天""人是万物之主"的观念曾满含着人类认识自然和改造自然的自信和豪气；但是当自然越来越难以承受人类不断任意攫取和破坏的时候，自然也在不断向人类发出警示并展示其强大的伟力。因此，进入后工业社会的人们比历史上任何一个时期都更加强烈地感受到保护自然和尊重自然规律的紧迫性。人与自然的关系其实是共生共存、息息相关的；没有人之外的自然，也没有自然之外的人；保护自然环境其实也就是保护我们人类自己。可见，开展自然美学的研究首先是具有现实意义的。

自然美作为一个审美范畴，自20世纪初由西方传入中国，大体经历了四个阶段：20世纪前半叶的起步阶段、50—60年代的本质论阶段、70年代后期到90年代的实践论阶段和新世纪以来的生态论阶段。[①]这样看来，自然美的问题实际伴随着美学在中国的发展进程，我们研究自然美，实际在某种程度上也揭示了中国现当代美学的发展历程，从而为中国美学的未来发展提供某种有意义的借鉴。而另一方面我们还可以发现，自然美问题的前三个阶段都与中国现代美学史上的一位巨擘息息相关，他就是朱光潜。朱光潜站在西方哲学美学的高度，是最早将自然美和艺术美的关系进行系统而深入探讨的学者之一，他的这种用艺术美的观点来看待自然美的理论主张在中国现当代美学史上影响至深。我们现在将他有关自然美的讨论单独提取出来，或可对我们的当前的自然美研究提供一些有益的启示。

---

① 杜学敏：《20世纪以来的自然美问题研究》，《学术研究》，2008年第10期，第141页。

一

中国传统美学中虽然有崇尚"自然"的审美理念，但是真正出现"自然美"的这样一种美学范畴则是到20世纪在西方美学思想的影响之下才出现的。王国维1904年在他的《红楼梦评论》中谈道："故美术之为物，欲者不观，观者不欲；而艺术之美所以优于自然之美者，全存于使人易忘物我之关系也。"①王国维由于受康德、叔本华的影响，接受了西方这套审美非功利性的思想体系，因而强调了艺术美的去欲望化、去功利性，而自然美就因为很难免去与现实利害的纠缠因而比艺术美地位要低。中国古人虽然喜好谈天论地，讲究"天人合一"，但往往是从伦理上去追求一种"君子比德"说，与西方的自然美观念还是相去甚远的：前者是一种道德之美，自然山水体现的是人格；后者则是心灵化、情趣化，体现了人在审美过程中的自由情怀。这样看来，老庄哲学所讲求的"自然而然"发展到魏晋玄学的乐山乐水，这群谦谦君子对于自然的观照似乎已经同自然美接近了，但不应忘记的是，其骨子里仍旧怀有儒家入世传统的内在使命，忘情山水似乎更像是一种姿态，其中的苦乐心知肚明。所以，中国美学史上真正成为审美范畴的自然美只能开始于20世纪，王国维是第一人，而最重要的理论奠基者正是朱光潜，他在《文艺心理学》和《谈美》中大量涉及自然美的问题。

我们现在已经知道，朱光潜的理论基础是建立在康德、克罗齐以来的形式主义美学思想之上的，美感经验是朱光潜美学思想的核心，并通过克罗齐的直觉说、立普斯的移情说、布洛的距离说和谷鲁斯的内模仿说加以阐发，形成了一套具有鲜明特色的纯文艺美学体系。这套系统的建立，也就直接决定了朱光潜去如何阐释"美"。他在《什么叫做美》篇中这样谈道："美不仅在物，亦不仅在心，它在心与物的关系上面。"并进一步指出，心物之间的关系并非"在物为刺激，在心为感受，它是心借物的形象来表现情趣"。②这样，朱光潜在阐述美的本质问题时就既照顾到了主观的因素，也照顾到了客观的因素。但还不够，朱光潜继续强调说，心物之间的关系

① 周锡山编校：《王国维文学美学论著集》，太原：北岳文艺出版社，1987年，第4页。
② 朱光潜：《朱光潜全集·文艺心理学》（第1卷），合肥：安徽教育出版社，1987年，第346—347页。

并不是机械、被动的应激反应，而是要展示出人的性格、情趣、情感，即"它是心借物的形象来表现情趣"。在这里，朱光潜已经隐隐表达出了"美是主客观的统一"的观点，但是他的理论指向偏向于主观面却是显而易见的。因为他的理论资源主要就是来自于康德、克罗齐，所以在当时及后来批判朱光潜的思想是唯心主义的，这本来也无话可说。但事实也恰好在于，美感的产生除了客观的物质基础（意象的提供者）之外，还必须要借助主观的情感赋予，于是才会有意象的产生；如果没有这种"情趣"的参与，就不可能有意象，而只能有物象，人与动物之间也很难有殊异之分，无非是刺激—反应的机械作用而已。现实世界没有俯拾即是的美，只有物象的提供者；意象的产生及如何产生决定于"心灵的创造"，即情趣之表现。为什么同样的一枝花，高兴的时候你见它在笑，悲伤的时候你见它也在哭？花自是花，花就是它本来的那个样子，但是它如何呈现出意象却为人的情感、情趣、性格所左右。正因为如此，朱光潜才自信地宣称："美是创造出来的，它是艺术的特质。"①从这个定义出发，朱光潜实际已经宣布了他如何去看待"自然美"的问题。

第一，朱光潜认为："其实'自然美'三个字，从美学观点看，是自相矛盾的，是'美'就不'自然'，只是'自然'就还没有成为'美'。……如果你觉得自然美，自然就已经过艺术化，成为你的作品，不复是生糙的自然了。"②比如，当你欣赏一棵古松、一座高山或一湾清水的时候，你所见到的松、山、水已经不是它们的本色了，古松、高山、清水已经在你的啧啧赞美声中被人情化了，每个人的情趣不一样，在内心中所形成的意象也不一致。朱光潜认为，俗语"情人眼里出西施"也是经过艺术化的结果，因为在恋爱中那寻常血肉的女子如今却变成了你的仙子，你理想中的女子的优点她应有尽有。她如此尽善尽美的原因其实就在于你对她的无所为而为的美的欣赏，在她身上寄托了你的精灵和情感，而不是作为单纯的欲望化的对象。因此，情人眼中的那个"她"实际已经过理想化的变形了。朱光潜说："艺术化，就是情感化和理想化"，恋爱中的对象就是经艺术化过的自然。③自然就像生铁，要把它打造成为钟鼎，就必须有熔铸的

① 朱光潜：《朱光潜全集·文艺心理学》（第1卷），合肥：安徽教育出版社，1987年，第347页。
② 朱光潜：《朱光潜全集·谈美》（第2卷），合肥：安徽教育出版社，1987年，第46页。
③ 朱光潜：《朱光潜全集·谈美》（第2卷），合肥：安徽教育出版社，1987年，第47页。

烘炉和锤炼的铁斧；只有在熔铸和锤炼之后才有形式、才有美。所以，所谓的自然美，其实已经是经过熔铸和锤炼后的艺术美，已经成为艺术家的心灵的艺术作品，而不是自然本身。朱光潜曾多次引用法国画家德拉库瓦的一句话："自然只是一部字典而不是一部书。"[①]这其实既通俗又很有意味：自然只是提供成为美的材料和可能性，只有人的情趣和才学融入其中，自然之字典才能铸就《红楼梦》《陶渊明集》等这样的大书。"美是创造的"，而不是现成的；自然中无所谓美，当我们宣布自然为美的时候，自然就已经成为"表现情趣的意象"；在那个时候，自然已经不再是纯粹的自然，而已经成为"艺术品"，已经被情趣化、理想化了。

第二，退一步讲，如果存在自然的美丑问题，朱光潜认为也不外乎两类：一是能否使人发生快感；一是是否具有常态。实际上，前期朱光潜在其美学著作中如果不加区分地强调"自然美"的话，都是在这两类情形下使用的。对于第一类，主要是和人的"快适"与否连接起来的，朱光潜认为这种类型的美要么缺乏艺术价值，要么根本就不能同艺术等同起来；对于第二类，主要是和"实用"连接在一起，大有生物学上"适者生存"的味道，朱光潜也是不赞成的。在通常情形下，人们在论述自然美丑的时候，是并不排斥生理作用的：使人发生快感的就是美的，使人发生不快感的就是丑的，这显然是将快感和美感等同了起来，与康德、克罗齐对审美鉴赏的规定是相违背的。康德、克罗齐以来的审美鉴赏正是要建立审美的纯粹性，提倡一种非感官享乐的审美愉悦。因此我们很容易就可以发现，朱光潜将自然美和艺术美严格区分开来，即是认为自然美更多的是适应于生理快感的需要，体现的是物质性，而艺术美是精神性的，是具有更高层次的美。其次，"是否具有常态"是从心理学意义上来说的。人们通常说到自然美丑时往往是这个意思：自然美是指事物的常态，自然丑是指事物的变态；合式则美，不合式则丑。可见，这里的所谓自然美丑实在不是一个审美意义上的问题，而是一个中性含义，无论正反两方面都仅指事物所呈现的状态是否具有普遍性而言。普遍性的东西往往就代表了实用性的特征，这也是大体符合自然规律的。但是反过来我们却可以说，往往在发生审美愉悦的时候同时也伴有生理快感的；常态的未必专指美，但是美却具

① 朱光潜：《朱光潜全集·谈美》（第2卷），合肥：安徽教育出版社，1987年，第53页。

第三章　对接与融通：中国艺术精神的当代转换

有常态性，美的理想状态就是"恰到好处"，"愈离'恰到好处'的标准点愈远就愈近于丑"。①这样，朱光潜实际就化解了克罗齐美丑不分的逻辑困境。

第三，朱光潜探讨"自然美丑"的问题其实除了运用形式主义美学的理论观点划清自然与艺术的界限之外，另一目的还在于解决写实主义与理想主义的误区。写实主义是自然主义的后裔。自然主义起源于法国的卢梭，他的经典名言是：自然的东西都是美的，一旦到了人的手里就变坏了。但是朱光潜却认为，自然主义的"自然尽美"是很难令人信服的：首先，"自然尽美"抹杀了美丑之分别，从而导致"美"的淡化和渐失；其次，自然尽美的结果必然是将"妙肖自然"作为艺术的最高标准，而现实的艺术实践却表明，表现个性显然优越于模仿或妙肖自然。②写实主义由于脱胎于自然主义，因而在艺术上也讲究完全照实在描写，愈像愈妙，在小说方面尤其以左拉为公认的代表。但是写实主义的弊端也是明显的：其一，自然既然已经尽善尽美，艺术倘若只是模仿，所需做的只是尽可能地妙肖自然，那么艺术存在的合理性也就值得商榷；其二，艺术既然是为了妙肖自然，那么照相师的作用显然高于艺术家，但事实是相片并不能取代绘画；其三，美丑是相对应而存在的：既然自然已经全美，人们一说到"自然"就会想到"美"，那么"自然美"这个词就显得重复矛盾，纯属多余了。

那么理想主义又怎么样呢？理想主义吸取了写实主义的教训，承认自然之中有美丑之分；但艺术只模仿美的东西，丑的东西丢开，在美的东西里面，艺术家又只模仿重要的，丢开琐屑的；由于以上因素，理想主义与古典主义携手，都很重视"类型"。朱光潜认为，"类型化"的一个突出弱点就是导致艺术的平庸化和水平化、缺乏"个性"，因而在近代受到广泛批评；况且，"类型化"的风格不过是对亚里士多德"共相"（universe）的误解而已。在《诗学》中，亚里士多德认为："历史学家和诗人的区别不在于是否用格律文写作，而在于前者记述已经发生的事，后者描述可能发生的事。所以，诗是一种比历史更富哲学性、更严肃的艺术，因为诗

---

① 朱光潜：《朱光潜全集·文艺心理学》（第1卷），合肥：安徽教育出版社，1987年，第352页。
② 朱光潜：《朱光潜全集·文艺心理学》（第1卷），合肥：安徽教育出版社，1987年，第329—330页。

倾向于表现带普遍性的事。"①这说明，亚里士多德的"共相"除了类型化的简单理解之外，更加趋近于哲学的、严肃的、普遍的、真实的。在古典主义时期，艺术的类型化相当严重，它虽然在一定程度上对于艺术规律的总结有促进作用，但是封闭教条却导致了艺术形象的平面化，比如布瓦罗（Boileau）、蒲柏（Pope）、雷诺兹（Reynolds）、安格尔（Ingres）、温克尔曼（Winckelmann）等，都是重类型而轻个性。直到近代心理学兴起之后，理想主义的类型化才逐渐被否弃了，阿德勒、弗洛伊德等人都强调情感和想象，强调张扬个性，认为艺术是对现实的弥补。所以，针对写实主义和理想主义的分歧，朱光潜并不简单苟同于任何一派，而是将二者都称之为"依样画葫芦主义"：写实主义认为自然全体皆美，所以不加选择，只要是葫芦，照画不误；理想主义则认为美在类型，因而需要选择一个具有代表性的葫芦，在根本上，理想主义仍不过是一种精练的写实主义而已。②朱光潜通过辨析写实主义和理想主义，其寓意就在于表明：第一，艺术的美丑和自然的美丑是两回事；第二，艺术的美不是从模仿自然美得来的。自然美可以化为艺术丑，自然丑也可以化为艺术美，如伦勃朗、波德莱尔、罗丹③等就是著名的例子。总之，由于朱光潜的美感经验是建立在康德、克罗齐的形式主义美学思想之上的，所依据的是康德的审美判断即是情感判断、④克罗齐的"直觉即表现即艺术"，以及立普斯的"移情说"等学说，因此不承认"自然美"是理所当然的。毕竟，自五四以来的人文主义的复兴，启蒙仍是未完成的事业，"人"作为主体还需要继续得到张扬。从探讨的方法上看，朱光潜更加注重一种形而上的分析，强调美的生成机制而不是常识判断，因而在理解上与中国传统的思维模式是很不一样的。再加上当时特定的历史环境，救亡压倒了启蒙，因此朱光潜在20世纪30—40年代受到来自左翼理论家的猛烈批判，其最大代表正是宣扬"典型说"的蔡仪。至于二者关于"自然美"的正面交锋，还要留待于美学大讨论之中。

---

① ［古希腊］亚里士多德著：《诗学》，陈中梅译注，北京：商务印书馆，2008年，第81页。

② 朱光潜：《朱光潜全集·谈美》（第2卷），合肥：安徽教育出版社，1987年，第52页。

③ 如伦勃朗对老朽形象的刻画、波德莱尔的《恶之花》、罗丹对丑的人物的刻画等所展示的强大艺术魅力就是证明。

④ ［德］康德著：《判断力批判》，邓晓芒译、杨祖陶校，北京：人民出版社，2002年，第64页。

二

1949年新中国成立，朱光潜的美学思想发生了巨大的转变，其显著标志就是其哲学基础由先前的康德、克罗齐的唯心论哲学逐步转变到马克思主义唯物论上来。从1956年到1962年所发生的美学大讨论，被学界俗称为20世纪中国美学史上的第一次"美学热"，争论各方都围绕着美的本质问题进行了深入探讨，最终形成了四大派：即以蔡仪为代表的客观派，以高尔泰、吕荧为代表的主观派，以朱光潜为代表的主客观统一派和以李泽厚为代表的客观社会派。其中，有关"自然美"的问题也是各派争论的焦点之一。那么，朱光潜此时又是如何讨论"自然美"的呢？

首先，朱光潜提出了"物甲""物乙"说。"物甲物乙"说是朱光潜针对蔡仪的美学观点提出来的。朱光潜认为：蔡仪"没有认清美感的对象，没有在'物'与'物的形象'之中见出分别，没有认出美感的对象是'物的形象'而不是'物'本身。'物的形象'是'物'在人的既定主观条件（如意识形态、情趣等）的影响下反映于人的意识的结果，所以只是一种知识形式。在这个反映的关系上，物是第一性的，物的形象是第二性的"。①这样，朱光潜就提出了他著名的"物甲""物乙"说。"物甲"是产生形象的那个"物"，即自然物；它是自然存在的、纯粹客观的；它具有某些条件就可以产生美的形象，即"物乙"。"物乙"是物的形象，是自然物的客观条件加上人的主观条件的影响而产生的，它已经不纯是自然物了，因为夹杂着人的主观成分，因而是社会的物、是主客观的统一。所以"美感的对象不是自然物而是作为物的形象的社会的物"。这里我们稍加分析就可以发现，朱光潜提出"物甲""物乙"说的用意主要在两个方面：一是强调物的第一性，即"物甲"的基础地位不可动摇，就是坚持了唯物论；二是强调物的形象是第二性，即"物乙"所夹杂的主观成分，这就意味着美感对象的生成。和前期朱光潜比较起来，这种变化是微妙的，但是由于处在哲学根基上，所以需要特别重视。比如在《什么叫做美》一文中，虽然朱光潜也强调美是心与物之间的关系，是情趣意象化、意象情趣化，但其中所涉及的"物"只是"心"所主导下的"物"，是"心借物

---

① 朱光潜：《朱光潜全集·美学批判论文集》（第5卷），合肥：安徽教育出版社，1989年，第43页。

的形象来表现情感"，美也不是天生自在、俯拾即是，而是"心的创造"；所谓的"意象"，它也是情趣的表现或象征而已，全然找不到自己存在的位置。①朱光潜在解放前很长时期作为宣扬表现主义美学的最大代表，其重视审美经验过程中的情感、情趣和性格是显而易见的，他对于心灵、情趣的倾向性也是非常明显的，所以左翼文艺理论家批判朱光潜美学思想是唯心论美学也是确诊无疑的，但那只是代表一种政治立场，而并不代表文艺思想的合理性与否。但解放后不一样了，朱光潜接受了"存在决定意识"的唯物论思想，承认了"物的第一性"，也就在讨论美的时候首先强调了"物甲"的基础性地位不可逾越；相反，蔡仪美学思想却是因为自始至终都恪守"物的第一性"，没有意识到审美经验的历史变迁性，因而不免陷入了机械唯物论的窠臼；即便是到了新千年，李泽厚在一次访谈中还谈到蔡仪"美即典型"理论主张的缺陷。②所以，解放后的朱光潜虽然仍旧强调审美经验中的主观因素，但首先是在承认"物甲"的前提之下进行的，"存在决定意识"；只有同时注意到了存在对于意识的决定作用，又不忽略意识对存在也有影响，这种思想才既是唯物的，又是辩证的。因此可以讲，美感是发展的，美是发展的，美的标准也是发展的。

其次，朱光潜从马克思主义关于文艺的基本原则"文艺是一种意识形态或上层建筑"出发区分了作为自然形态的"物"和作为社会意识形态的"物的形象"，其实也就是区分了"美的条件"和"美"的关系问题。③朱光潜说："为着科学所必须有的概念明晰性，我把通常所谓物本身的'美'叫做'美的条件'，这是原料。原料对于成品起着决定性的作用，但是还不就是成品。艺术成品的美才真正是美学意义的美。'物'与'物的形象'的区分和'美的条件'与'美'的区分是一致的：'物'只能有'美的条件'，'物的形象'（即艺术形象）才能有'美'。"④无论是创造还是欣赏，感觉素材要成为艺术都必须经过加工才能作为美感活动所观照的对象，这就是形象思维。朱光潜意识到，他过去的美学思想都是将事物的形象及其所产生的美追究到直觉，美纯粹是主观的，既没有自然性，也没有社会性。如今，朱光潜站在马克思主义辩证唯物主义的高度提出"美是主客观的统一"，认识到"美既有客观性，也有主观性；既有自然性，也有社会性；不过这里客观性与主观性是统一的，自然性与社会性也是统一的"。①而主观唯心主义的错误就在于单单承认美是主观的，或者机械唯物主义则单单承认美是客观的，都不能解决"美是什么"的问题。至于李泽厚，朱光潜分析后认为，就美的纯粹客观性上面，蔡仪、李泽厚是一致的；就赞同美的社会性方面，李泽厚与自己是一致的，李泽厚的意思主要还在于修正自己（朱光潜）和蔡仪二家的观点。李泽厚说："自然本身并不是美，美的自然是社会化的结果，也就是人的本质对象化（异化）的结果。自然的社会性是美的根源。……美的社会性是客观地存在着的，它是依存于人类社会，而并不依存于人的主观意识、情趣，它是属于社会存在的范畴，而不是属于社会意识的范畴。属于后一范畴的是美感不是美。所以，不但不能把美的社会性与美感的社会性混同起来，而且应该看到，美感的社会性是以美的社会性为其必然的本质、存在根据和客观的现实基础。"②李泽厚很有创见地拎出了"美"和"美感"的分别，也拎出了"美的社会性"和"美感的社会性"的分别，实际是整合了朱光潜与蔡仪两家的思想并加以修正得来；李泽厚的理论主张虽然自成一家、别具一格，但显然从参与争论的一开始就跳出了美在主观与客观之间的胶着状态，从而为自己的论析带向了更加广阔的理论空间。但无论怎样，朱光潜在这场大讨论中率先把握住了美的辩证唯物性这一点上却是毋庸置疑的，蔡仪、李泽厚、侯敏泽的错误就在于没有认识清楚马克思主义关于文艺的基本原则，即艺术是一种意识形态和艺术是生产劳动，忽略了意识形态和创造性的劳动在美感活动阶段的作用。无疑，这方面的理论贡献是朱光潜解放后转向马克思主义的新收获。

最后，朱光潜还就"自然美"问题进行了专门的论述。他认为，现

---

① 朱光潜：《朱光潜全集·美学批判论文集》（第5卷），合肥：安徽教育出版社，1989年，第54—55页。

② 李泽厚：《门外集》，武汉：长江文艺出版社，1957年，第26—27页。

实当中对于"自然"的意义往往是混乱的，但是自然的本义却是明确的，即"天生自在""不假人为"的东西；那么进入美学领域，"自然"是作为人的认识和实践的"对象"而存在的，因而它是全体现实世界，既有一般意义上的自然和社会，也包括作为欣赏对象的艺术作品，这就是"物甲"。朱光潜说："任何自然状态的东西，包括未经认识和体会的艺术品在内，都还没有美学意义的美。""凡是未经意识形态起作用的东西都还不是美，都还只是美的条件。""美是客观方面某些事物、性质和形状适合主观方面意识形态，可以交融在一起而成为一个完整形象的那种特质。"①在前期思想中，朱光潜主要强调美所形成的主观、心、情趣的一面；解放后，朱光潜借助马克思主义哲学的基本原理来重新梳理自己的美学观，认为"美的条件有客观的和主观的两类"，朱光潜既强调了"物质第一性"的内容，又不忽略主观在美感活动中的能动作用，因而很自信地宣称自己的美学思想既坚持了唯物论又坚持了辩证法。朱光潜说："就美学意义的美来说，自然美不只是引起生理快感的，而主要的是引起意识形态共鸣的。我们觉得某个自然物美时，那个客观方面对象必定有某些属性投合了主观方面的意识形态总和。"意思是说，当自然契合了主观方面的意识形态，于是快感就成为美感了。因此，朱光潜总结说："自然美就是一种雏形的起始阶段的艺术美，也还是自然性和社会性的统一、客观与主观的统一。艺术美就是在这个基础上继续酝酿发展的结果。从客观方面看，这是反映；从主观方面看，这是表现。辩证地看，这是一个对象的两方面。"②值得注意的是，朱光潜在前期思想中认为自然没有美，美是心的创造，是情趣外射到自然物之上所形成的美感体验；如果说到自然美，不外乎两种情况：一是心理学上的常态，一是作为艺术美。如今，朱光潜首先明确"美的条件"所涵盖的内容包括客观和主观两方面，"物"是第一性的，具有决定作用，但是还不够，还必须考虑到主观的能动性，要考虑到意识形态的作用。因此，朱光潜同时提出了"反映"和"表现"，实在具有深刻的含义。不难看出，朱光潜一方面承认客观的决定作用，另一方面也是将客观作为"美的条

---

① 朱光潜：《朱光潜全集·美学批判论文集》(第5卷)，合肥：安徽教育出版社，1989年，第82页。

② 朱光潜：《朱光潜全集·美学批判论文集》(第5卷)，合肥：安徽教育出版社，1989年，第83页。

件"而存在的；至于主观方面和意识形态方面，虽然决定于客观存在，但是这种能动性和创造性的发挥也是非常明显的，意识形态的总和同样对美的产生具有非常重要的影响。美的产生，缺少了主观的参与同样是不行的。客观派（蔡仪）忽略审美活动中主观的能动性，主观派（高尔泰）太过重视主观性而忽略了客观存在的事实，朱光潜认为他们最终都不可避免地走向了唯心主义的道路。朱光潜由前期注重情趣、性格、情感等在美感经验中的决定作用转向意识形态、主观能动性和生活经验等的强调，这是前后两期有共通性的地方，但是最重要的区别就在于：以前是康德、克罗齐的直觉说，如今是马克思主义的意识形态论和生产劳动理论。

这样看来，朱光潜自己的美学思想以1949年为界分为前后两期是确切的，前期是宣扬的形式主义美学思想，后期转移到马克思主义美学上来；但是单就"自然美"主题而论，朱光潜前后期思想的转变也不是完全断裂的，而是有转变的部分，也有坚守的部分。至于"文革"之后的《谈美书简》，朱光潜虽然在书中仍旧涉及"自然美"问题，在论述方式和内容上已经基本没有什么新的东西，主要是将大讨论中的余论做一些补充而已；因为自大讨论之后至80年代中期，朱光潜除了写作《西方美学史》这样一本具有里程碑式的著作之外，他基本将所有的精力投入到了翻译当中，比如黑格尔《美学》和维柯《新科学》等。无论是"余悸"还是"余恨"，朱光潜作为中国现代美学史上的美学家，他是一代宗师；作为翻译家，他也是一座高山，是他在见证和引领着中国现当代美学行进在向前发展的道路上。因此，当新时期的曙光一旦照耀，"自然美"的论题又重新散发出了新的光芒。

三

蔡仪和朱光潜的美学争论从20世纪30年代一直延续到80年代，虽然其中包含着意识形态的因素，但从根本上讲，他们对"自然美"的探讨是属于形而上的：无论是朱光潜前期讲的"自然美从美学观点上看是自相矛盾的"还是后期的"自然美是一种起始阶段的艺术美"，仅就美的本质探讨而论，他和蔡仪的探讨方式也是一致的。至于蔡仪对于"美的本质"的探讨，则始终基本坚持了"美即典型"的观点，在中国现当代美学史上令人印象尤其深刻。蔡仪在《新美学》中说："美的事物就是典型的事物，就是种类的普遍性、必然性的显现者。在典型的事物中更显著地表现着客观现实的本质、真理，因此我们说美是客观事物的本质、真理的一种形态，对原理、原则那样抽象的东西来说，它是具体的。"①但是随着80年代以来"文化热"的兴起，以及中国经济的快速腾飞，本质主义的热潮就逐渐偃旗息鼓了，人们更加愿意将本质悬搁起来，从而将精力投入到现实问题的研究中去，这就是生态美学和环境美学的兴起。虽然生态美学和环境美学是否具有实质性差异的问题还存在争议，但是至少有一点是可以肯定的，就是"自然美"问题是他们共同关注的一个焦点，而且其理论资源都首先是来自西方。

有学者认为，西方自然美观念经历了四次转型：即古希腊原始本体论的自然审美观、中世纪神学本体论的自然审美观、近代理性主义的自然审美观和现代生态论的自然审美观四大发展阶段。②这种划分如果仅就西方社会历史变迁中人对自然的认识态度而论是大体不错的，但是就"自然美"作为审美理念或者将"自然"作为审美对象而言则显得不妥。"自然"在艺术中的最直接表现无疑是绘画领域。自然风景画在15世纪才零星出现于德国，到17世纪的尼德兰风景画才发展成熟；西方人崇拜自然的风气最盛时期出现于18世纪末到19世纪初，法国的自然主义文艺思潮就受到这种描写自然的审美态度的影响。这说明："自然美"观念在历史上的发生是比较迟的；最先出现的是"艺术美"，"自然美"观念是受着"艺术美"观念的影响。③因此，"自然美"观念的历史只能上溯到15世纪以后的历史，而且这也恰恰在印证了人类是在开启了近代化的过程中，首先想到了回归于"自然"的审美需求。"美学"的诞生也发生在1750年的鲍姆嘉通那里，这实在也不是一个偶然。那么中国为什么不能发生"自然美"的观念呢？其首先的社会背景是，中国上千年的封建文明都是农耕文明，工业文明所带来的技术进步对人的压迫和"异化"是中国古人所不能够体会的。所以，在中国开启近代化的步伐之前，中国人从来都不曾真正脱离过自然，"自然"的观念也从来没有独立出来过；中国古代的士大夫阶层从来都是将宇宙二分，要么是"居庙堂之高"，要么是"处江湖之远"，"忧君忧民"

① 蔡仪：《蔡仪文集·新美学》（第1卷），北京：中国文联出版社，2002年，第244页。
② 谷鹏飞：《西方自然美观念的四次转型》，《晋阳学刊》，2011年第4期，第65—68页。
③ 朱光潜：《朱光潜全集·美学批判论文集》（第5卷），合肥：安徽教育出版社，1989年，第84页。

所透露出来的是"言志""载道"的传统，"香草美人"寓意的是人高尚的品格，至于自然如何表现美并不是文人骚客所要去考虑的问题。所以，尽管东晋以来所开创的山水诗、山水画表现出对自然的极大爱好，但是后来人在鉴赏这些诗画的时候也并不叹息这些诗画所展示的自然是如何美，而是说艺术家所表现的境界、情趣、意境是如何高远、高雅、高致。中国水墨画的突出特点就在于写意，而不在于写实；自然只是诗家画家抒写胸中意气的寄托对象，"自然美"的观念从未萌生，所以顾恺之讲"迁想妙得""传神写照"，宗炳讲"含道映物""澄怀味像"，谢赫讲"气韵生动""应物象形"。如果自然有美，那么自然已经作为艺术而存在了，"自然美"的观念是受"艺术美"的观念影响的，人们将欣赏艺术的眼光用来看待自然，于是自然就开始拥有了艺术的"灵晕"。所以，朱光潜关于"自然美"的探讨，无论是前期还是后期，其理论和现实依据都是具有相当基础的。

但是中国的学术界到了80年代之后的面貌呈现就显然不一样了：首先是"文化热"的兴起使得各种论争更加频繁和激烈，其次是对本质论的悬搁使理论的目光转移到现实中来，其三是学术环境更加开放，中西交流更加直接。中国虽然属于后发展国家，但是曾经发达国家工业化进程中所出现环境问题、资源问题等在中国同样也突出地存在。因此，新时期以后对于西方发展过程中的经验、教训的借鉴都显得尤为必要。占据英美学界主流的分析哲学在大肆宣扬反本质主义，环境美学也在反本质主义的声浪中侧重于文化生态的研究。柏林特讲："环境作为一个物质—文化（physical-cultural）领域，它吸收了全部行为及其反应，由此才汇聚成人类生活的汪洋巨流，其中跳跃着历史、社会的浪花。如果承认环境中的美学因素，那么环境体验的直接性，以及强烈的当下性和在场性等特征，也就不言自明。"①在康德、克罗齐以来的形式主义美学体系中，他们将审美感知的能力称为直觉，直觉就意味着单纯性、纯粹性；后来朱光潜更加形象地称为"对于一棵古松的三种态度"，即实用的、科学的、审美的，其中审美的部分就代表了非功利性和孤立绝缘。形式主义美学家在审美过程中是谨慎使用联想和文化因素掺杂其中的，但是柏林特则公开声称文化因素在审美感

---

① ［美］阿诺德•柏林特著：《环境美学》，张敏、周雨译，长沙：湖南科学技术出版社，2006年，第20—21页。

知中的作用。实际上，人即是一个活生生的文化有机体。正是这方面的原因，朱光潜后来也承认纯粹审美的困难，于是用人的有机整体观去弥补克罗齐的机械论。这似乎说明了某种趋势，即德国古典美学所建立的审美范畴仍旧持续发挥着影响，但就探讨问题的方式而言已经发生改变了，那种不断条分缕析追逐事物最后本体的研究正在为存在论所取代，这种看似更加包容和系统的研究方式，其实也在不自觉地为人类树立起了更多的幻象需要去解读。

或许，这正是人类不断向前发展的动力之所在。在原始社会，艺术的母题主要体现为动物；到了农业社会；艺术的母题主要体现为花草树木；进入工业社会之后，我们看到了高耸的烟囱和连排工厂的围墙；到了后工业社会，对自然的追求和向往又重新萦绕在城市人的眉梢。如此看来，在人类社会历史的发展进程中，人对于自然的美感是随着生产方式的进步而不断发生着改变的，作为自然的物能够进入艺术家的眼帘也是在不断发生着变化的。正如格罗塞在《艺术的起源》中深刻指出的那样："生产方式是最基本的文化现象，和它比较起来，一切其他文化现象都只是派生性的，次要的。"①那么，当"自然美"问题已经不再需要作形而上的区分，而是把它看作与艺术美同等位置的时候，在审美领域中长期为艺术美所独占的地位不就很自然地被打破了吗？既然如此，我们今天重谈朱光潜有关如何论述"自然美"的问题及其态度，其意义何在呢？我认为至少可以提示我们以下几点：

第一，从自然不美到自然美，这种转向首先不是一种思辨哲学的视角变换，而是一场社会运动的助推而成。浪漫主义者话倡导回归自然，当代保守主义者提倡保护环境，社会运动和文艺思潮往往密不可分；但是传播到中国往往就流于对问题本身的考察而忽略了现实基础，因而总是在研究过程中显出"隔"膜。我们只要看看"绿色前沿译丛"的《硬绿》②一书，

① ［德］格罗塞著：《艺术的起源》，蔡慕晖译，北京：商务印书馆，2008年，第29页。
② ［美］彼得·休伯著：《硬绿》，戴星翼、徐立青译，上海：上海译文出版社，2002年。《硬绿》一书集中代表了美国政治保守派的环境保护观念，美国总统西奥多·罗斯福是他们的精神领袖；这位总统对待自然的态度，正是保守派环境伦理观的体现。因此，如果讨论环境保护只是单纯议论出现原因及解决方案，没有上升到政治运动高度，流于形而上的玄谈也就在所难免。对该书的述评还可以参阅艾群：《哪个更环保，尿布还是纸尿布？——《硬绿》：美国保守主义环境观评述》（《中华读书报》，2003年6月11日）。

就可以大体明了中国当前有关"自然美"的许多研究者除了"本土化的臆断"之外，学术范畴的内涵是与西方严重脱节的，更难谈得上文化影响力问题；只有少数兼通中西文化的前沿学者能够将触角伸向这个领域。

第二，由于中国现代史上长期受"左"或"右"的干扰，因而对某一问题的研究出现过"冷"或者过"热"的情况都是常有的事情。这种极端化的例子在中国古代同样稀松平常。那么，"自然美"问题如今已然成为热点了，但是透过朱光潜我们也不妨试试研究对方的观点。因为我们往往笃定自己已经掌握了绝对真理的时候，真理此时往往已经走到了我们的对立面。老子讲"道者反之动"。时间和空间的变换深刻地寄寓了部分真理和部分错误的转化可能性，因此在走火入魔之前多认真地参看别人的东西往往也价值极大。

第三，对自然美问题眼光的放大所带来的直接后果是缺乏逻辑性和严密性。古典时期的美学理论虽然古板但纯粹，体系毕竟丰满；如今的自然美问题虽然指向了更加广义的自然，但在范畴上却因为缺乏足够的有效界定而显得模棱两可、似是而非。因此"自然美"问题还是一个有待继续深化的课题。

第四章　垦拓与彰显：朱光潜的审美特性

第一节　从创作到翻译：现代美学史上的"朱光潜现象"

朱光潜在中国现代美学史上是一位饱受批判和争议的美学宗师。饱受批判主要是来自于一种美学理念上的冲突，因为朱光潜在民族危亡时刻仍旧顾自地宣扬他的表现主义美学思想、玄谈修养和趣味、鼓吹精英意识、倡导审美的非功利主义和纯文学的观念，这种思想自然要受到来自左翼文艺理论家的批判。饱受争议主要是针对朱光潜前后期美学思想的表达及著述而言，因为朱光潜在1949年之前无论是《给青年的十二封信》还是《文艺心理学》《谈美》，甚至后来的《诗论》等，不仅在当时赢得了一大批读者和追随者、在美学史上影响深远，而且也奠定了朱光潜在中国现代美学史上的权威地位；但是到了1949年之后，朱光潜除了《西方美学史》这样一个大部头著作之外，《美学批判论文集》和《谈美书简》不仅在中国当代美学史上影响甚微，而且就其重要程度和体系化而言，完全不能和前期的《文艺心理学》《谈美》《悲剧心理学》和《诗论》相提并论，就连朱光潜自己也坦言："我几乎所有较重要的著作都是当学生时候写的"，"建国后，我唯一重要的著作就是《西方美学史》"。[1]这说明，朱光潜的前后期美学思想不仅在哲学基础上发生了根本变化，而且单就创作成果而论其前后期差异也是极为明显的，这种巨大反差甚至不禁令人联想到中国现代文

---

[1]　朱光潜：《朱光潜全集·朱光潜教授谈美学》（第10卷），合肥：安徽教育出版社，1993年，第530—532页。

学史上的另一位戏剧大师曹禺。他们二人均由于社会历史的巨大变迁而呈现出创作上截然不同的前后期差异，于是在文学史上锻造出了富有意味的"曹禺现象"，那么朱光潜的遭遇何尝不可以假之为中国现当代美学史上的"曹禺现象"呢？本节拟从"曹禺现象"谈起，探析"朱光潜现象"的生成及其独特性。

一

曹禺是中国现代最杰出的戏剧家之一。他于1934年创作的处女作《雷雨》一问世，就在当时引起巨大反响：《雷雨》不仅成为曹禺的成名作和代表作，而且在中国现代话剧史上也具有极为重要的地位，它被公认为是中国现代话剧真正走向成熟的标志。[①]之后，曹禺继续保持了文思泉涌的创作状态，新作不断涌现，其中同《雷雨》并称为"四大名剧"的《日出》（1936）、《原野》（1937）、《北京人》（1941）都是在短短几年间完成，而且其思想上和艺术上所达到的高度和境界直到今天仍鲜有人能望其项背。但是从1949年到1996年一段非常长的时期内，曹禺为什么却仅仅只有《明朗的天》（1954）、《胆剑篇》（1961）和《王昭君》（1978）等三部剧作问世呢？而且仅有的这三部作品，不仅从数量上不能与前期作品相比，而且从质量上也无法与前期相提并论。另外，曹禺在1951年自编《曹禺选集》的时候也对《雷雨》《日出》《北京人》等著作进行了大量修改，特别是对于《雷雨》的修改至少就有5次之多，但是修改的结果却被认为是"彻底失败"，不仅损害了原作人物的丰满形象，艺术性大大降低，外界评论也不高，甚至连曹禺自己也认为很不妥。

戏剧大师曹禺先生前后两期截然不同的创作历程，在中国现代文艺思潮史上一直是一个饱受争议的话题，而最容易引起人们深思的仍旧是"曹禺现象"的生成问题。商昌宝认为曹禺在1949年之后就被纳入体制之内，奉行一种主题先行的写作模式，再加之"极左"政治运动的残酷性，使

---

① 梁巧娜：《从误读到误解：理论与创作的互动——以曹禺现象为例》，《文学评论》，2003年第4期，第132页。

得曹禺再难创作出优秀的作品。①廖奔也认为，政治文化的急功近利给曹禺的后期创作带来了极大的危害。②李铁秀认为曹禺后期创作的失败是他将"阶级观点"和高度政治化的思想价值作为艺术作品的理想追求而导致的。③李扬则认为1949年后文坛作家由缤纷的文学世界走向非文学的世界，他们的世界观发生转变之后，"又以呆板、单一、缺乏个性的标语口号化的功利主义文学结局，从而失却了自己独立思考的权力，而代之以政治的附庸"，因此曹禺后期创作的失败在于"他从一个使现代中国话剧走向成熟的作家变成了一个听命于别人吩咐的'官场文学家'"。④鲁雪莉也委婉地指出"政治理性导致了曹禺后期创作的艺术魅力消退"。⑤实际上，有关"曹禺现象"的问题解析还有很多，但是通过上述观点我们基本可以达成以下共识：一是曹禺一生的创作历程以1949年为界分为前后两期，后期作品大不如前、艺术魅力衰颓厉害；二是曹禺艺术创造力的衰退是与"政治"紧密关联的：历史语境的变化给艺术家的内心带来了巨大冲击，再加上残酷的政治运动，使艺术家再难有创作的自由和先前的灵感，于是曹禺的那种"精神个体性"和富于灵性的思想感悟就在残酷的现实面前被逐渐冲刷和挤压掉了。

艺术创造自古希腊以来就讲究"灵感"，在中国先秦讲"感兴"、魏晋讲"神思"、唐宋重"妙悟"、明清重"兴会"，但实际上终其古今中西于一点：艺术家在艺术创作时需要自主和自由。如果艺术家不能陷入"迷狂"，不能如叔本华所讲的"自失其中"，不能如别林斯基所讲的"用形象进行思考"，⑥而是心里面装满了条条框框，总是有所顾忌，怕这怕那，那是不会产生伟大作品的。西谚讲"艺术家死在批评家的笔下"就是这个意

---

① 商昌宝：《"摄魂者"的舞台人生——曹禺1949年后的另类文字》，《名作欣赏》，2011年第7期，第101—106页。

② 廖奔：《曹禺的苦闷——曹禺百年文化反思》，《文学评论》，2011年第2期，第15页。

③ 李铁秀：《"文化语境"与"艺术命运"——论当代文学思潮中的"曹禺现象"》，《福建师范大学》（哲学社会科学版），2005年第2期，第34页。

④ 李扬：《论作为一种文人生存模式的"曹禺现象"》，《文艺理论研究》，1995年第6期，第40页。

⑤ 鲁雪莉：《意识形态化的理性言说——论曹禺后期创作的政治理性》，《中共福建省委党校学报》，2010年第3期，第92—96页。

⑥ ［俄］别林斯基：《艺术的观念》，见《外国理论家作家论形象思维》，北京：中国社会科学出版社，1979年，第59页。

思。黑格尔论述浪漫型艺术的时候有一段关于爱情的论述，我们实际也可为此与艺术家的创作过程做一个类比。黑格尔讲：

> "爱情在女子身上特别显得最美，因为女子把全部精神生活和现实生活都集中在爱情里和推广成为爱情，她只有在爱情里才找到生命的支持力；如果她在爱情方面遭遇不幸，她就会像个一道光焰被第一阵狂风吹熄掉。"①

曹禺艺术天才的成功，就在于他的前期能够找到和追寻他的"爱情"，他的艺术天才的陨落也正在于他的"爱情方面遭遇不幸"，所有创作的精力和源泉都被政治运动损耗殆尽了。虽然后期的曹禺也曾发愤重新拾起笔头，也曾为心中的设想留下了大量的提纲和草稿，也曾一个小时一个小时地趴在客厅的方桌上写着什么，但是正如曹禺稿纸上留下的那样："为什么一个字也写不出……譬如我总像在等待什么，其实我什么也不等待。"②或许，晚年的曹禺荣誉加身，似乎对他过去的遭难是一种精神的补偿，但是曹禺内心的痛苦和苦闷却是不能够弥补的，他的那种悲天悯人的情怀积郁于内心却不能够表达，于是只能苦苦挣扎于方桌旁而扼腕叹息的神情，实际深刻表现了一个时代的无尽之痛。遗憾的是，人们只有从这个层面来检讨他们喜爱的艺术家的时候，才会蓦然理解"为艺术而艺术"的真正内涵，认为"审美非功利性""纯文艺"观也是具有一定价值的，至于其他的大多时候他们宁肯不加思考地选择"历史的车轮滚滚向前"、凭借不可遏止的勇力以摧枯拉朽之势将一切腐朽和落后碾压得粉身碎骨，而不肯静下心来分析其背后所隐藏的具体问题。亚里士多德在《诗学》中讲："诗人的职责不在于描述已经发生的事，而在于描述可能发生的事，即根据可然或必然的原则可能发生的事……（历史学家）记述已经发生的事，后者（诗人）描述可能发生的事。"因而诗是比历史更富哲学性、更严肃，也更真实的艺术。③历史学的科学性，并不是要笼而统之地去忽略和否定具体

---

① ［德］黑格尔著：《美学》（第2卷），朱光潜译，北京：商务印书馆，1997年，第327页。
② 转引自田志凌：《曹禺现象：39岁后47年写不出满意的作品》，《南方都市报》，2010年9月19日。
③ ［古希腊］亚里士多德著：《诗学》，陈中梅译注，北京：商务印书馆，2008年，第81页。

历史事件、历史人物的合理性而以此来达到建立自身的合法性，而是要通过对具体历史事件、历史人物的分析来达到对一般人类情感的关注，从而向哲学的普遍性映射。因为只有这样，我们才不会武断地认为曹禺、郭沫若、巴金、茅盾、老舍、沈从文、张天翼等一大批中国现代文学史上鼎鼎大名的文学家后期不能创作出优秀的艺术作品是因为他们"江郎才尽"，更不能简单地认为他们不能适应"时代发展的需要"。如果抱定相反的研究态度，肯定是不负责任的，也是一种偷懒的表现，因为我们明显可以发现许多在当时"适应了时代要求的"作家或者文艺理论家，他们的作品也不过是过眼云烟、早就淹没于历史的尘封中了。

所以我们今天常常追忆这段文学的历史，不可回避的一个问题就是"曹禺现象"。之所以成为一个"现象"，就是因为曹禺的遭遇不是一个特殊的个案，而是带有一种普遍性，而且这种"普遍性"是最需要我们去反思的。这种反思也应该是开放性的，就像当年卢梭参加第戎学院的征文那样，当大多数人都认为科学和艺术的进步有助于淳化风俗的时候，也能够允许卢梭提出科学与艺术的发展"败坏了"人类的风俗，并且因为观点新颖、论证充分而获奖。"百家争鸣，百花齐放"就是要意味着多元发展、相互砥砺、齐头并进，而不是一家独大；艺术的繁荣不仅需要艺术找到自身所应该扮演的角色，而且也应该建立适宜艺术发展的环境，有艺术发展所需要的阳光、空气、水分、土壤，以及允许它成长的胸怀。因此，朱光潜1948年在《周论》上发表的一篇《自由主义与文艺》直到今天仍旧具有现实意义：

"自由是文艺的本性，所有问题并不在文艺应该或不应该自由，而在我们是否真正要文艺。是文艺就必有它的创造性，这就无异于说它的自由性；没有创造性或自由性的文艺根本不成其为文艺。文艺的自由就是自主，就创造的活动说，就是自主自发。我们不能凭文艺以外的某一种力量（无论是哲学的、宗教的、道德的或政治的）奴使文艺，强迫它走这个方向不走那个方向；因为如果创造所必需的灵感缺乏，我们纵然用尽思考和意志力，也绝对创造不出文艺作品，而奴使文艺是要凭思考和意志力来炮制文艺。"[1]

---

[1] 朱光潜：《朱光潜全集》（第9卷），合肥：安徽教育出版社，1993年，第481—482页。

只可惜的是朱光潜当年的豪言壮语和对文艺的多元价值观与敏感仍旧不能够抵挡政治风暴的"黑云压城"，毕竟个人在滚滚历史洪流中只是沧海一粟；当勒庞笔下的"乌合之众"形成了某种语境、场、氛围和潮流等席卷而来的时候，管你是凡夫俗子还是文人墨客，管你是智者还是庸才，全都被裹挟成为一团污浊顺溜而去了。只有当这股大潮风平浪静之后，无尽的追悔和反思才又重新开始，历史才又重新向前。因此，我们现在接着思考与曹禺有大致相同遭遇的朱光潜，其重要意义也正在于此。

二

之所以提出"朱光潜现象"，是因为美学大师朱光潜与戏剧大师曹禺有近乎相同的命运遭际：他们都是青年才俊，年轻时就享誉中国文坛，并且佳作不断、迅速成为该领域的权威；他们都跨越了新旧两个社会，经历过思想改造运动和极"左"思潮的侵蚀，这给他们的创作路线和价值取向都带来了极大的影响；他们的主要作品都主要在前期完成，后期著作不仅在数量上不能与前期相比，质量上也被普遍认为是艺术价值和思想内涵的大面积滑坡。既然如此，学术上已经存在"曹禺现象"来涵盖和揭示上述内涵及成因，我们在此还要接着提出"朱光潜现象"，其用意究竟在哪儿呢？笔者认为，美学家朱光潜在中国现当代美学史上的转型之路，以及所形成的"朱光潜现象"，还有其特殊性在里面，这就是说：1949年之前朱光潜主要是作为创作型的美学家而存在的，1949年之后主要是作为翻译型的美学家而存在的；朱光潜从创作到翻译的转变，不仅反映了时代在个人乃至一代人身上留下的深刻烙印，而且也反映了朱光潜在非常时期的另类创作和另类表现。朱光潜从来都不是无声的，也不是静默的，朱光潜一直坚持着"以出世的精神做入世的事业"，朱光潜也从来没有离开过他辛勤耕耘着的美学：因为翻译的存在，使得朱光潜的理论生命在他最困窘的时候得到了延续。

那么，朱光潜为什么要进行"翻译转向"呢？上文谈到曹禺先生截然不同的前后两期艺术创作，原因似乎已经不言自明；但是为了结合朱光潜的个体研究，以及文章结构本身的完整性而言，因而也有必要对其必然性做一个简略地论述。况且一般人以为"美学大讨论"的导火线只是从朱光潜的自我批判开始，殊不知新中国成立后的思想改造的基调其实早在1942

年就已经被奠定了。

抗日战争爆发后，延安成为中共领导和支援战争的最重要根据地之一，在文化建设方面也得到迅速开展。海内外许多知识分子和作家等纷纷来到延安，[①]在根据地的民主气氛之下陆续成立了各类文艺团体，出版多种文艺刊物，文艺运动空前活跃起来，但是另一方面也暴露出一些自由主义的文艺倾向、审美趣味与工农兵群众脱节等。对于如何克服这些弱点，当时的延安文艺界还存在着一些意见分歧。为了提高全党的马列主义水平，纠正党内的各种非无产阶级革命思想，毛泽东在1941年到1942年间分别作了《改造我们的学习》《整顿党的作风》和《反对党八股》等报告，发起了一场整顿学风、党风和文风的"整风运动"。1942年5月，毛泽东又作了《在延安文艺座谈会上的讲话》的报告；这篇纲领性文献所涉及的文艺为谁服务、如何服务、文艺批评标准、文艺统一战线，以及文艺斗争方法等重大问题，不仅统一了解放区的文艺思想，也为新中国成立初期的文艺思想奠定了理论基础。后来的事实也恰如周扬当时所预言的那样："今天我们在根据地实行的，基本上就是明天要在全国实行的。为今天的根据地，就正是为明天的全国。"[②]因此，像朱光潜这样在解放前一直作为表现主义美学宣扬者的权威专家，进入到社会于主义新中国之后首先成为批判和改造的对象自然也就不足为怪了。

但是，这场政治运动的残酷性仍旧远远超出了朱光潜的想象，以至于在相互的批判和斗争中迫使朱光潜也不得不失去应有的理性，用一种非常血淋淋的方式回应着批判或者批判着别人。这的确非常罕见！比如对胡风的批判，如果不明真相，绝难使人想到这会是出自温文尔雅的美学大家朱光潜之手；再比如朱光潜对自己前期思想的过度否定，也绝难让人想到一个人否定自己竟会达到如此彻底，不留一点余地！[③]翻阅这个时期的文本，我们忽然才意识到权力对于思想的干涉、控制和笼络，竟可以扼杀一颗自由的灵魂、使人将学术的良心和基本的正义弃之不

---

① 在1938—1939年之交，朱光潜也差点就去了延安，而且是在周扬来信相邀之下的，可惜的是因为事情耽误使得朱光潜未能成行。详见朱光潜：《朱光潜全集·致周扬》（第9卷），合肥：安徽教育出版社，1993年，第19—20页。

② 周扬：《周扬文集·艺术教育的改造问题》（第1卷），人民文学出版社，1984年，第411页。

③ 详见《剥去胡风的伪装看他的主观唯心论的真相》和《我的文艺思想的反动性》，参见朱光潜：《朱光潜全集》（第5卷），合肥：安徽教育出版社，1989年，第3—39页。

顾，甚至和从前的信仰截然对立！但是反过来我们也同样要问，如果朱光潜不这样做可以吗？答案是很显然的。朱光潜和曹禺正遭遇着相同的社会历史的炼狱和折磨，唯心的话语使他们感受到前所未有的困苦、彷徨和挣扎，到底是随波逐流还是守住自己真诚的内心生活？到底是开门见山直面惨淡的人生还是从此讳莫如深、自我放逐？曹禺准备在二者之间寻求到一种平衡，要么改写原有著作，要么写作"遵命文学"，可惜都失败了；朱光潜新中国成立后除了《西方美学史》这部最重要著作之外（虽然也难免带上历史的印迹），基本放弃了创作，而是全身心投身到翻译事业当中，以译代言，结果将中国当代美学的研究引向了新领域和新高度。

三

1949年之后，由于政治形势发生了翻天覆地的变化，朱光潜宣扬他的直觉论、表现主义美学的语境和发展空间已经彻底丧失，不仅如此，形象思维、人道主义、人情味等问题也都成了讨论的禁区；取而代之的是，学术领域也成了阶级斗争的战场，扣帽子、打棍子成了众人口中的家常便饭，不是称对方是唯心主义的，就是称对方是机械唯物主义的，总之为了夺得自己的生存权和生存空间不惜埋没良心去构陷对方，将对方置于死地。在一派极为浓烈的"左"的思潮的笼罩之下，朱光潜经过短暂的迷途之后很快清醒过来，顶着身心交瘁的折磨将自己的研究重心调整到翻译事业上来。

就目前而言，主要从翻译方面对朱光潜进行研究的论述并不多。就笔者眼界之内，山东建筑大学外国语学院高金岭是对此论题给予了较多关注的学者之一，他在山东大学的博士论文是《论朱光潜对西方美学的翻译与引进》，2008年5月由山东大学出版社出版，书名变更为《朱光潜西方美学翻译思想研究》；其次他还有相关论文如《朱光潜独特的治学方法浅析——翻译与科研相结合》（《理论学刊》2005年第2期）、《翻译与政治——1949年后朱光潜西方美学的翻译与政治关系初探》（《上海翻译》2008年第2期）等。高金岭的立足点主要是从翻译学的角度对朱光潜如何引进西方美学思想进行研究的，其内容因此涉及变译与全译、翻译的标准和基本方法等，而本文的立足点主要是从朱光潜选择翻译对象的内容入手，从而揭示朱光潜的翻译活动实际是与他的美学思想紧密相随的，即朱光潜后期将学术重心转向翻译并非要躲进书斋消极避世，而是借用所翻译的书稿继续传达自己的美学思想。当然，还需说明一点的是，朱光潜在后期将学术重心转移到翻译上来，这并非就是否定了他前期的翻译成果，因为最显著的就是翻译克罗齐的《美学原理》，更不必说论著当中所涉及的大量一手外文资料；但是就前后期的比较而言，朱光潜的前期偏重于创作，后期偏重于翻译，这是确定无疑的。

总体来看，后期朱光潜从事学术翻译主要传达了什么思想呢？

第一，纯正的翻译是为了纠偏的需要。纠偏主要来自于两个方面：一是要淘汰坏的译品，一是要纠正人们长期积习下来的对于马克思主义的错误理解和认识。1951年朱光潜在"'五四'翻译座谈会"上指出，打击坏译品的主要措施在于预防，要预防就要改造产生坏译品的情境，要将翻译看作是一件严肃的事情，要扭转冒昧苟且的风气。[1]文章虽然笼统指涉"五四"以来的翻译界，但是由于当时特殊的历史环境，作为其重要组成部分的左联的大量翻译作品自然也被囊括其中；但不得不承认的一个事实是，这些译品不仅从选材方面，甚至就翻译本身而言也是参差不齐，一个直接的影响就是苏俄"拉普"和日本"拉普"也被硬生生地挪移到了中国，这种印象甚至直接影响到前期朱光潜对于马克思主义的态度问题。晚年时候的朱光潜还多次谈到，他年近六旬才开始自学俄文，而学习的动力就来自于要"弄清楚马克思主义究竟是怎样的"，而认真研读的结果是"发现译文有严重的错误，歪曲了马克思主义"。[2]这样的情况我们现在看来当然觉得颇为滑稽，但在那个紧要的关头却可能伤害到一个人的身家性命。试想，一个理论者一面操着半生不熟的译文反而要以正统的马克思主义者自居，一面又要借此去构陷对方"不懂马克思主义"、声讨对方是唯心论者，这种场面很难不使人想到狄更斯小说《双城记》中突然掌权的农民当上了宣判他人生死的法官；而朱光潜当时所面临的处境就正好是这样一个历史的节点。因此，朱光潜对翻译倾注了心血，不仅在于揭示真理、

<hr>

① 朱光潜：《朱光潜全集·在"五四"翻译座谈会上的发言》（第10卷），合肥：安徽教育出版社，1993年，第17—18页。

② 朱光潜：《朱光潜全集》（第10卷），合肥：安徽教育出版社，1993年，第648—649页、第653—654页。

戳穿谬误，而且他也是在拯救像他一样饱受摧残的人。朱光潜非常诚恳地表示："这三十年来我学的主要是马克思主义。译文读不懂的必对照德文、俄文、法文和英文的原文，并且对译文错误或欠妥处都做了笔记，提出了校改意见。"[①]这种求真务实的作风和治学精神，思想改造运动非但没有把它改掉，反而使它得到更大程度的彰显，这不得不说是对历史现实的一个反讽。

第二，《西方美学史》对形式主义美学的接续。我们已经知道，前期朱光潜主要是宣扬康德、克罗齐的表现主义美学思想的，但是到新中国成立后，由于意识形态的规训和极"左"思潮的干预，朱光潜进行了一系列的自我检讨、自我批判、思想改造和劳教之后，哲学基础转移到马克思主义上来。从《我的文艺思想的反动性》就可以看出，朱光潜的检讨力度之深可以说是"挖祖坟式的"。[②]这说明，新中国成立后的学术形态、话语方式显然已经发生变化了，如果朱光潜还要口口声声宣扬前期的那一套柏拉图主义、康德主义或者克罗齐主义，不仅不可能有学术市场，甚至随时可能危及到理论家的身家性命。因此，曹禺必须要反复地修改《雷雨》，将他的后期创作作为政治的传声筒；沈从文也必须要放弃他早前的田园牧歌的清新和闲逸，从而回到更加孤绝和寂静的与世无争当中去；朱光潜要想继续掌握理论话语权，也必须要投入到马克思主义的积极钻研和讨论当中来。大讨论的事实证明，新中国成立后的主流意识形态受俄苏马列主义的影响仍旧根深蒂固，虽然1942年的根据地整风运动就力图祛除受俄苏影响下的教条主义错误，但是由于历史条件的限制，列宁反映论仍旧主宰着当时的马克思主义理论界。这就使朱光潜更加深信片面地进行唯物唯心的划分只是为了确定政治立场，而真正的有关马克思主义的学术争论则不仅需要唯物论，而且需要辩证法，这就是朱光潜在美学大讨论中的名篇《美学怎样才能既是唯物的又是辩证的》的学术立场。这篇文章不仅提升了参与讨论各方的理论水平，而且也标志着这场讨论真正进入了学术化的阶段。[③]

那么，美学大讨论中如此众多的学者只懂得美的唯物性，照搬机械

---

① 朱光潜：《朱光潜全集·我学美学的经历和一点经验教训》（第10卷），合肥：安徽教育出版社，1993年，第571页。

② 王德胜：《转折与蜕变——朱光潜美学思想的转变》，《北京社会科学》，1996年第3期，第76页。

③ 相关论述还可参见周来祥、戴阿宝：《透过历史的迷雾——访周来祥》，《文艺争鸣》，2004年第1期；以及薛富兴：《"美学大讨论"时期朱光潜美学略论》，《思想战线》，2001年第5期。

唯物主义的教条来参与讨论，朱光潜将会如何来作出回应呢？朱光潜提出了著名的"美是主客观的统一"的观念；[1]而且更重要的是，大讨论之后朱光潜被钦定负责组织编写《西方美学史》，这实际也是对朱光潜在西方美学方面精湛造诣的另一种肯定方式。就目前而论，朱光潜版《西方美学史》仍旧是美学、文艺学专业最经典、最权威的版本之一，有关《西方美学史》的研究著述更是不计其数，而笔者这里只就《西方美学史》书中穿插的翻译内容所表现的作者倾向性作一个简要清理。其一，朱光潜在编写《西方美学史》的时候所引用的许多证据都是直接翻译过来的第一手资料。按照高金岭的话讲，这即是"翻译与研究的结合"。[2]事实也正是如此。前面已经说了，新中国成立后朱光潜再要宣扬表现主义美学的道路已经被堵死了，所有从国统区过来的学者都谨小慎微、如履薄冰，在被规定的框架下发言和接受改造，那么朱光潜获准编写《西方美学史》无疑是一个很好的机会。在朱光潜看来，《西方美学史》严格说来应该是一部"美学史论文集"，虽然介绍先于批判，但并不是不批判，这说明朱光潜在写作过程中虽然尽可能地做到忠实原作，但是倾向性同样是很浓厚的。比如对待柏拉图、康德、克罗齐等，虽然朱光潜一面宣称这些反面教员可以帮助理解正面性的东西，但另一面又认为"正面与反面的分别也只是相对的，没有人是完全正确的"，必须要"正确地对待他们"。[3]这说明，编写《西方美学史》不仅使朱光潜有机会系统梳理西方自古希腊到20世纪初以来的美学家及其思想，而且通过绪论所做的一系列铺垫之后，又一次能够将他前期所宣扬的西方美学思想如直觉论、形式主义美学、实验派美学、移情说等正大光明地呈现在人们面前；再加上朱光潜深厚的学术功底和外语水平，第一手翻译资料参与到各美学思想的论证过程中还可以夯实和加深其前期美学思想的理解基础。其二，朱光潜在《西方美学史》的绪论中还讲到"马克思主义的美学史理应另行编写"，但是整部书从上到下都打上了厚厚的时代的烙印，处处闪现着马克思主义的身影。这种现象是后来的许多研

---

[1] 此处可参阅前文《前期朱光潜与马克思主义的关系》一节的相关内容。

[2] 高金岭：《论朱光潜对西方美学的翻译与引进》，山东大学博士论文，2005年，第25—29页。

[3] 朱光潜：《西方美学史·初版编写凡例》（第6卷），合肥：安徽教育出版社，1990年，第4页。

究者所不喜欢见到的，认为朱光潜在政治的重压之下已经完全放弃了学者的应有的坚守和学术的底线，已然成为了"政治的附庸"；但是就笔者所理解的朱光潜看，这恰恰体现了朱光潜作为美学家和知识分子的智慧之所在。如《西方美学史》中根据德文版、法文版翻译过来的《马克思恩格斯选集》《马克思恩格斯论文艺》《资本论》《经济学—哲学手稿》中的部分章节，①正好说明了马克思主义不仅不排斥西方美学，而且在许多问题如形象思维、悲剧问题、人情味等问题上是可以相互映照、相互充实的。这样，朱光潜不仅将西方美学同马克思主义美学的联系内在地接续上，而且也将西方美学存在的可取之处借助马克思主义指导的外衣合法化了；这也是对大讨论以来那些庸俗化、教条化的马克思主义者对西方美学一竿子打死的一个有力反拨。

第三，新中国成立后最有分量、最能体现朱光潜翻译工作艰巨性的两部著作无疑是黑格尔的《美学》和维柯的《新科学》。我们常讲，判断一个人不在于听他说了什么，而在于看他具体做了什么。如果按照这个思路，从思想改造运动到"文革"，朱光潜已经被彻底改造了吗？朱光潜自写出《我的文艺思想的反动性》之后就彻底皈依了政治、成为政治宣传的传声筒了吗？显然没有。在大讨论中朱光潜一改解放前基本不介入论争旋涡的脾性，积极加入到大讨论中来就是朱光潜不屈服的一个直接表现。大讨论虽然被后来的许多研究者认为是学术成就并不高，但是有一点却是大家都公认的，即学术推进并不多的美学大讨论却为中国新时期美学的发展培养了大量的人才。笔者以为，美学大讨论的真正作用在于唤起了人们争辩的激情，使更多的人被卷入到大讨论当中，虽然论题的中心只是围绕着"美的本质"展开，也夹杂着某些政治的图谋，但毕竟是就某一个问题进行了前所未有的深入理解和辨析，这是功不可没的；至于说美学大讨论为中国后来的美学发展培养了人才，笔者以为这种影响是很有限的，而且也容易对事实本身产生误解：不是在争论之中培养了美学人才，而是大讨论之后王朝闻主编的《美学概论》和朱光潜编写的《西方美学史》为后来美学的发展培养了大量的读者，其中许多人由此走上了美学的道

① 朱光潜:《西方美学史》，南京：凤凰出版传媒集团、江苏文艺出版社，2008年，"序论"第8页，正文第106页、第157页、第248页、第368页、第464页、第530页、第548—549页等。

路。1959年之后，朱光潜还陆续翻译出了黑格尔的《美学》，到80年代朱光潜又翻译了意大利历史学派代表人物、克罗齐的老师维柯的名著《新科学》，这两本在中国当代美学翻译史上具有里程碑式的著作不仅有利于后来者理解西方美学的本来面貌，即使就理解和掌握马克思主义本身也是一个极为有益的补充。

《美学》一书是黑格尔在1830年左右于海德堡大学和柏林大学的讲义，黑格尔去世后由他学生霍托根据他的亲笔提纲及其他几个学生的笔记编辑成书。据朱光潜自叙，他译校黑格尔《美学》除参阅德文版以外，还参阅了英译本、俄译本和法译本。[①]朱光潜对《美学》所倾注的这种心血和热忱，恐怕在中国整个翻译史上都是罕见的，因为在翻译的过程里不仅包含了朱光潜整个创作的激情和以译代言，还满含着朱光潜对整个文艺思想界乃至社会生活的观察和探索。但是，朱光潜可以直言不讳地坦诚相告吗？不能。黑格尔早已被标签化了，朱光潜也深知自己处境的艰难，因此他并没有著书立言，而是通过选择翻译文本及"译后记"来隐隐表达着自己的理想。朱光潜借用恩格斯1891年11月1日致康·施密特的信说："建议您读一读《美学》，作为消遣。只要您稍微读进去，您就会赞叹不已。"[②]这说明，马克思主义的创始人是懂得黑格尔《美学》的重要价值的，不仅没有因为黑格尔是唯心论的重要代表就一概否定，反而认为《美学》是值得深入研究的。虽然马克思、恩格斯早年属于黑格尔派，后来逐渐与之决裂，但是他们之间的这种理论渊源关系却是众所周知的。马克思和恩格斯在批判黑格尔、费尔巴哈的基础上创立了辩证唯物主义和历史唯物主义，但新中国成立之后不少论者却由于长期以来受极"左"思潮的影响单从唯物、唯心的关系中只找到了阶级立场及其对立。没有比这种简单化的理解更显而易见的了；恩格斯早在1888年《路德维希·费尔巴哈和德国古典哲学的

---

① 朱光潜：《朱光潜全集·美学拾穗集》（第5卷），合肥：安徽教育出版社，1989年，第356页。
② 中共中央马克思恩格斯列宁斯大林著作编译局编译：《马克思恩格斯选集》（第4卷），北京：人民出版社，1995年，第713—714页。朱光潜在《黑格尔的〈美学〉译后记》文中的引用略有文字上的出入，也因朱光潜参阅原著进行翻译之故："为消遣计，我劝你读一读黑格尔的《美学》，如果你对这部书进行一点深入的研究，你就会感到惊讶。"参见朱光潜：《朱光潜全集·美学拾穗集》（第5卷），合肥：安徽教育出版社，1989年，第357页。

终结》中就曾告诫过，^①但是这种落后观念至今仍旧发生影响，一旦某位学者被指为"唯心论者"就不免上升了论辩的火药味，论者及其周围也不免心惊肉跳起来。我们说朱光潜是一位纯粹的学者，就在于他在大量阅读和深入钻研马克思主义经典著作之后发现了这重关系并谦逊地指了出来，希冀在学术上揭示真理和正义，而不是随极"左"思潮的大流；朱光潜翻译《美学》和写作"译后"的用意，用翻译代替创作，用马克思、恩格斯、列宁、普列汉诺夫、毛泽东等对黑格尔哲学的经典阐释作旁证，不仅还原了黑格尔美学的真实面貌和博大内涵，而且对于教条化、标签化、极端化的极"左"社会思潮也是一种隐晦的再启蒙。因此在这个意义上，朱光潜翻译黑格尔《美学》实际表达了比创作更为深远的意蕴和取向。

晚年的朱光潜还承担了另一项翻译重任，即维柯的《新科学》。朱光潜最早接触到维柯是20世纪20年代末，他当时留学欧洲，由于对克罗齐美学产生了浓厚的兴趣，因而一面追问到了其师维柯的《新科学》那里，并意识到了该著作的重要性，一面也将眼界扩展到了马克思身上。^②到60年代写作《西方美学史》的时候，朱光潜又特辟专章对维柯进行介绍，那个时候已经对《新科学》的部分段落进行了有选择性的翻译。70年代末朱光潜得到了康奈尔大学出版的新版英译本《新科学》，于是在年近八十的高龄仍旧下定决心要翻译维柯的《新科学》。在翻译过程中，朱光潜还写过多篇文章对维柯思想进行了介绍、研究和阐发。蒯大申认为："这些研究和阐发就像一面镜子，不仅反映出他晚年倾心关注的问题之所在，而且也反映出他晚年对这些中国当代美学建设中关键问题的态度和基本看法，从而使我们得以把握他晚年美学思想的基本面貌。"^③这个把握是非常正确的，而更重要的是，朱光潜顶着重重困难、倾注大量心血于《新科学》的翻译中，实际也代表了晚年朱光潜美学思想的另一种呈现方式和倾向性。

从《西方美学史》中的"意大利历史哲学派：维柯"部分、《维柯

---

① 参见中共中央马克思恩格斯列宁斯大林著作编译局编译：《马克思恩格斯选集》（第4卷），北京：人民出版社，1995年，第223—233页。

② 参见朱光潜：《朱光潜全集·中译者译后记》（第19卷），合肥：安徽教育出版社，1992年，第267页；以及朱光潜：《朱光潜全集》（第8卷），合肥：安徽教育出版社，1993年，第229—230页。

③ 蒯大申：《维柯研究：朱光潜晚年美学思想的一面镜子》，《学术界》，1995年第6期，第56页。

的〈新科学〉简介》《维柯》《略谈维柯对美学界的影响》《维柯的〈新科学〉及其对中西美学的影响》等主要著述中，我们大体可以梳理出朱光潜讨论《新科学》最为看重、最具代表性的几个方面内容：其一是对诗性智慧（形象思维）的分析，主要包括以己度物的隐喻方式和人凭形象思维去创造想象性的类概念或典型人物性格；其二是《新科学》首创了阶级斗争观点，从而表现出民主倾向、人性论和人道主义；其三是从"认识真理凭创造"中发现了后来的"实践观点"的萌芽。要知道，形象思维和人道主义问题长期以来都是文艺理论方面讨论的"禁区"，朱光潜在"文革"后重提这些重大理论问题的时候甚至甘冒巨大的风险，但是作为翻译来讲，朱光潜则可以光明正大地将深层次用意寄寓其中，这不得不说是一个比较妥帖可行的办法。在非常时期，表达思想、启蒙他人或进行斗争也是需要智慧的。更重要的是，朱光潜通过引证马克思、恩格斯、毛泽东、车尔尼雪夫斯基、别林斯基等人的观点，不仅论证了形象思维、人情味、人道主义的合法性，还打通了西方美学与马克思主义的沟通渠道，这对于新中国成立初期朱光潜所畅想的建立一种"新美学"也是一次有益的尝试，[①]同时也和朱光潜长期以来想要构筑一种自己的美学体系的愿望连接了起来。至于朱光潜在《新科学》中发现的"实践观点"，在当时来说无疑是一记重磅炸弹；事实大于争辩，因为这恰恰说明了马克思主义与维柯思想的渊源关系：马克思主义的创始人从来都不是在凭空发明出自己的思想，而是既有理论的继承关系，也有现实斗争的经验总结。艺术的存在，也正是人们在实践生活中认识世界和改造世界的一种方式。可见，朱光潜翻译的维柯《新科学》与其相关著述的用意不仅相得益彰，而且也是非常明显的了。

当然，新中国成立后朱光潜还译出有考德威尔《论美》、柏拉图《文艺对话集》、莱辛《拉奥孔》、爱克曼《歌德谈话录》等，也可如上方式分析朱光潜如何要选取这些文本来加以翻译，又是如何佐证朱光潜美学思想的，以及与朱光潜前期思想有何深刻关联等。只有通过这种分析之后我们才可以清楚地觉察到，尽管有社会历史的风云变化、尽管有世事的乌烟瘴气、尽管有朱光潜短暂的迷途与自我的毁伤，但是在骨子里朱光潜仍旧坚

---

① 朱光潜：《朱光潜全集·关于美感问题》（第10卷），合肥：安徽教育出版社，1993年，第2页。

守着某种一致的东西，并且学习和吸收了一些新鲜的东西为我所用。在这样的情况之下，朱光潜美学思想所展示出来的张力，不仅没有被弱化，反而继续增强了。翻译是朱光潜打开学术之门的另一把钥匙，虽然在他的前期学术生涯中从来没有中断过"翻译"这样一条务实求真的路径，但是后期的他更将这份效能发挥到了极致，甚至远远盖过了后期创作上的成就。因此我们在某种意义上甚至可以这样总结到：翻译的转向，是朱光潜在中国特定历史时期用另一种特有的方式推动着中国当代美学不断向前发展；翻译，也就是朱光潜美学思想的另一种创作和表现。贺麟曾真知灼见地这样谈道：翻译为创造之始，创造为翻译之成；翻译中有创造，创造中有翻译；我们须知有时译述他人之思想，即所以发挥或启发自己的思想。[①]贺麟不愧为大师，大师与大师之间就是这样心心相印、息息相通。

四

在中国现代史上，曹禺和朱光潜都是各自领域的翘楚：朱光潜是权威的美学家，曹禺是著名的戏剧作家。他们在各自领域都显露出过人的天赋和才情，年纪尚轻已声名远播：朱光潜写出《无言之美》一鸣惊人，那时他27岁；曹禺大学尚未毕业就创作出剧本《雷雨》而大获成功，那时他才23岁。在1949年之前，奠定他们各自辉煌的最重要著作都基本已经问世：朱光潜创作了《文艺心理学》《谈美》《悲剧心理学》《诗论》；曹禺的"四大名剧"《雷雨》《日出》《原野》《北京人》也已经出版。他们都经历了1949年中华人民共和国成立的伟大时刻，既亲身体验了新中国翻天覆地的变化，也经受过思想改造运动，因而在革命性等方面都有了"可喜的"转变；但另一方面他们在创作上却难差强人意，无论从数量还是质量上都远不能和前期相比。在中国现当代文学史上，曹禺这种前后期截然不同的创作经历和水平表现，被文论者称为"曹禺现象"。之所以成为一种"现象"，因为曹禺的遭遇并不是代表他一个人的，而是代表了一大批包括他这样的文学家、剧作家、文艺理论家等。曹禺的天才在历史的巨变当中被

---

① 中国翻译工作者协会、《翻译通讯》编辑部编：《翻译研究论文集·论翻译》（1894—1948），北京：外语教学与研究出版社，1984年，第131页。

扼杀和糟蹋掉了，痛苦和叹息的不仅仅是曹禺本人，还有后代的千千万万读者；郭沫若、巴金、茅盾、老舍、沈从文、张天翼同样也在时代的大潮里泯灭了自己的声音，他们的归宿要么是随波逐流、要么选择沉沦。

这种现象不禁使人想问：中国儒家传统讲究"诗言志""文载道"，为什么一旦波及具体的历史时期、具体的历史人物时，上演的往往都是一出出悲剧呢？道德的繁荣往往是需要提倡的，艺术的繁荣往往不需要提倡，所以艺术上讨论得最多的不是口号、标语，而是灵感、迷狂和天才。我们当然也知道"为道德而艺术"和"为艺术而艺术"都有不尽合理和需要完善之处，但我们更希望将"有道德目的"和"有道德影响"区分开来。人群中往往宣扬一种趋善避恶、惩恶扬善的价值观，但是有这样的"道德目的"却未必带来这样的"道德影响"，因为读善书的人未必就变成了谦谦君子；而"最可注意的是没有道德目的的作品往往可以发生最高的道德影响"，①荷马史诗、古希腊悲剧、莎士比亚悲剧，这些流传千古的名著又有几部纯粹沦为道德的讲堂了呢？没有道德目的而有道德影响，大凡第一流艺术作品几乎都具有这样的特征；艺术要净化、要升华人类的情感，就必须尊重艺术自身的规律。因此，我们除了要追问"曹禺现象"中个人与时代的双重博弈之外，我们更需要做的是能够在"朱光潜现象"中获得有益的启示，即知识分子在政治高压之下应该如何巧妙地谱写人生的续曲？

作为美学家的朱光潜，已经半生恪守"以出世的精神做入世的事业"的信条，他在极"左"思潮翻云覆雨的淫威之下还能够抽身事外吗？显然不能。后期朱光潜的创作明显少了，除了《美学批判论文集》《美学拾穗集》《谈美书简》几本辑成的论文集之外，无论从数量、质量和丰富性上讲都难和前期作品相媲美。朱光潜在美学创作上的遭遇，实在没有逃出"曹禺现象"的包围。但是，如果说"曹禺现象"所展示的是一种消极的批判的话，那么"朱光潜现象"的特殊性就在于它仍有相当积极性的一面，即朱光潜虽然失却了美学创作的雄风，但却在翻译的征途上为中国当代美学的发展奠定了坚实的基础，成为美学翻译史上另一座难以逾越的高山。古语

①　朱光潜：《朱光潜全集·文艺心理学》（第1卷），合肥：安徽教育出版社，1987年，第318页。

云："塞翁失马，焉知非福"①"失之东隅，收之桑榆"②，这或许就是"朱光潜现象"的魅力之所在吧！

第二节　追寻与抉择：论朱光潜的派别

朱光潜早年的生活正值中国急剧转型、社会发生着巨大动荡和大飘摇的年代，但是正在这污风秽雨之中，却蕴含着一种向前、向上的生命力，这种生命力正是中华民族的不屈精神和务实品格所酝酿而成的自强不息；从开眼看世界到洋务运动，从西学东渐到五四新文化，中国人探索国家的独立富强之路由军事到政治、由器物到文化，虽历经艰辛，却从来没有中断。可以说，一部中国近代化的历史，是古老中国遭受列强的坚船利炮欺辱的历史，也是中西文化急剧冲突和碰撞的历史，更是中国先进知识分子不断从各种途径求寻治国安邦大计的历史。那么，朱光潜在面对现代性问题、文艺思潮问题乃至政治问题等的时候，他主要是持一种怎样的立场和态度呢；或者简单地说，如何来看待朱光潜的派别？

首先是对待现代性问题。朱光潜出生于安徽桐城。桐城之于朱光潜，恰如北京之于老舍、天津之于曹禺、湘西之于沈从文，生活环境的积淀对他们的养育和熏陶是骨子里的，为他们后来的行事风格和成长方向打下了坚实的基础。朱光潜自小就受到了良好的私塾教育，国学功底深厚；进入中学之后对桐城派古文尤感兴趣，安徽桐城派对朱光潜的深刻影响，我们从朱光潜后来多次谈起并推崇姚惜抱及其《古文辞类纂》就是最好的证明。桐城古文讲究考据、义理、辞章，朱光潜认为其中蕴藏着一股勤勉、踏实的学术空气，但是朱光潜却并不因此就变得古板。在香港大学读书期间，"桐城谬种"也一度成为他思想上的包袱，文言文和白话文之间的争斗也曾在他的内心产生过激烈的动荡，但是不久之后朱光潜就"转过弯来"，从白话文里感受到了历史发展的潮流和趋势。那么，朱光潜是否从

①［汉］刘安等著：《淮南子译注·人间训》，陈广忠译注，长春：吉林文史出版社，1990年，第853页。

②［南朝］范晔：《后汉书·十七卷·冯岑贾列传第七》（上册），长沙：岳麓书社，1994年，第275页。

此就完全放弃了古文和文言文呢？没有。朱光潜后来深有体会地谈道："写白话文时，我发现文言的修养也还有些用处，就连桐城派古文所要求的纯正简洁也未可厚非。"①这说明，在开放和清醒的意识作用下，与过去一刀两断是盲目的，也是不现实的；传统在时间的历练过程中虽不乏沉渣败絮，但也应该注意到其合理的成分，其关键还在于我们如何去取其精华，去其糟粕。朱光潜从桐城古文转向白话文，其实丢弃的是文言文的那种思维方式和写作实践，但是对文字的敏感和修养却也有可取之处。朱光潜后来的《诗论》，如果不得益于传统的熏陶，以及对中国古代诗文信手拈来，光有西方的理论恐怕也断难"建设自己的理论"。所以，朱光潜的美学体系的建构，其实传统的力量同样扮演着重要的角色。

其次是与中西文艺思潮问题。通过细致梳理《文艺心理学》和《谈美》我们就可以发现，如果非要朱光潜从相互对立的这些文艺思潮中表达立场和态度，那么朱光潜往往采取的是"择其善者而从之，其不善者而改之"的态度；朱光潜并没有绝对地站到某一派的门下高唱凯歌，而是既看到其合理的一面，同时也指出其不足的一面。在《悲剧心理学》的"绪论"里，朱光潜认为最好的研究方法"是公平地检查从前的理论，取其精华"，消除偏见；"推动学术的发展可以通过发现过去未知的东西来实现，也可以通过把过去已经说过的话加以检验，重新评价和综合来实现"；因此他将自己的方法归结为"是批判和综合的，说坏一点，就是'折衷'的"。②而在《文艺心理学》的"作者自白"里他同样也感叹说："有意要调和折衷，和有意要偏，同样地是持成见。我本来不是有意要调和折衷，但是终于走到调和折衷的路上去，这也许是我过于谨慎，不敢轻言片面学说和片面事实的结果。"③朱光潜认为自己的贡献只是一种"补苴罅漏"。但我们用现在的眼光看，其实朱光潜当时自觉承载的历史使命主要是将西方文艺理论译介到中国来，因为中国向来只有诗话词话，而无诗学；另一方面，朱光潜也力争尽可能地将正的、反的理论双方呈现在中国读者面前，

---

① 朱光潜：《朱光潜全集·作者自传》(第1卷)，合肥：安徽教育出版社，1987年，第2页。

② 朱光潜：《朱光潜全集·悲剧心理学》(第2卷)，合肥：安徽教育出版社，1987年，第220—222页。

③ 朱光潜：《朱光潜全集·文艺心理学》(第1卷)，合肥：安徽教育出版社，1987年，第198页。

通过摆出观点和证据，让读者自己去取舍和评断。兼听则明，偏信则暗。一个显著的例子即是，朱光潜接受了克罗齐的直觉论思想，是整个三四十年代克罗齐美学在中国最重要的代表，但是朱光潜对克罗齐美学的批判也是史无前例的；在朱光潜一生的美学历程中，对克罗齐的批判几乎存在于朱光潜美学思想发展的各个时期。如果朱光潜的"美感经验"仅仅涉及克罗齐的直觉论思想而没有引进立普斯的移情说、布洛的距离说及谷鲁斯的内模仿说加以阐发和充实的话，"美感经验"的吸引力定会苍白许多。再比如形式派和载道派的争论问题。形式派攻击载道派"理过其辞，淡乎寡味"，道学之气太重；而载道派则攻击形式派"采丽竞繁，兴寄都绝"，文辞言之无物。但是在朱光潜看来，桐城派所注重的考据、义理、辞章，"无论是学者还是文人，这三种功夫都缺一不可"。①复比如常识派与唯心派的论争问题。前者注重客观事实，认为美是物的一种属性，物自身本来就有美，人不过是被动的鉴赏者；后者注重主观价值，认为美是一种概念或理想，只有物表现这种概念或理想才能算是美。但在朱光潜看来，这两说都很难成立，美其实是心物之间的一种关系，它既有客观的因素，也必须要有主观的因素。②虽然这个思想在后来的大讨论中也没有一个定论，但至少表明朱光潜是抱着一种考察和研究的态度，而不是武断地提供某种不可逾越的结论。当然，这样的例子还有很多，笔者不可能一一列举，但这些事实至少说明了一个问题，即朱光潜从来都不是教条式地继承某种既定的成见（或观念），而是有比较、有选择、有批判，尽可能地怀揣公平和客观的态度去看待和认识各家理论，从而将中国现代美学的发展引至更加健康的道路和方向。

最后是与政治的关系问题。朱光潜在吴淞时代就初步尝到了复杂的阶级斗争的滋味，但是在那个列强侵略、军阀混战、阶级矛盾激化的年月，一个读书人究竟应该何去何从呢？朱光潜"以为不问政治，就高人一等"，但是现实的冲突总是将他情不自禁地带入各种政治的漩涡当中，于是一个着意于建立纯正学术的知识分子是疏离还是顺从，他的内心就必定要遭受更多的煎熬和考验了。从文学团体上说，朱光潜向来是被当作"京派"人

---

① 朱光潜：《朱光潜全集·文艺心理学》（第1卷），合肥：安徽教育出版社，1987年，第296页。
② 朱光潜：《朱光潜全集·文艺心理学》（第1卷），合肥：安徽教育出版社，1987年，第345—347页。

物而受到左翼文人的批判的，但是据朱光潜自己讲，他虽是《文学杂志》的主编，但发表的文章却并不限于京派，许多左派文人的作品同样见诸杂志上。朱光潜并不是倾向于"左"或"右"的作家，他只是推崇文艺应该走独立自主的道路；如果非要在"左"或"右"之间做出选择，那么他宁愿走"第三条路"。但是显然，在那个非"左"即"右"的年代，根本就没有"第三条路"可走，因此朱光潜受到各种非议是必然的。从党派上说，1942年由于武汉大学校内的湘皖派系斗争，朱光潜被拉拢加入了国民党，这是朱光潜一生中都非常悔恨的事件：朱光潜不仅成了蒋介石的"御用文人"，而且后来也成为极"左"思潮下抨击朱光潜的一个重要把柄。但实际上，朱光潜只是按照"长字号"惯例加入了国民党，而他的性格和处世方式其实已经将自己游离于政治之外。从文艺思想看，朱光潜在解放前主要是宣扬表现主义美学思想，这和左翼所宣传的社会主义现实主义的文艺思想是截然对立的，因此受到了来自鲁迅、周扬、蔡仪等的激烈抨击，但令人称奇的是，朱光潜几无直接性的回应文字，而是顾自地沉浸在自己的美学体系的建构之中。在朱光潜眼中，文艺应该遵循自己的规律，而不在于受到外部的干扰而沦为宣传的工具。文艺应该承载自己的使命。从现在的眼光看，朱光潜的美学思想虽然错过了某一时期的社会担当，但是他的着眼点却更具普遍性和深刻性，他的理论酝酿其实预示着未来的方向。最后，从朱光潜的后期美学转向看。如果说三四十年代左翼文论家对朱光潜的批判于他而言尚有回旋的余地的话，那么新中国成立后对朱光潜的批判则很可能夺走朱光潜的身家性命。在经历一系列的奋起论辩之后，朱光潜果断地将自己的研究重心转移动翻译上来。在那个动辄得咎的年月里，翻译成了朱光潜理论生命的再次延续，成了他回归心灵自由的最有效的方式，成了他对那个时代的无声抗争。当一个个知名艺术家如老舍、曹禺、沈从文等在政治的喧嚣中逐渐被淹没的时候，朱光潜为了保持自身学术的独立性，宁可放弃创作的机会，也不成为政治的"应声虫"。朱光潜潜心于翻译事业，也正是他在学术上和人格上特立独行的显著标志。

应该注意到，朱光潜在接受布洛的"距离说"的时候特别强调了"距离的矛盾"（the antinomy of distance）：与现实太近，实用的目的就压倒了美感；太远，形象便难以知晓，美感也不会产生。因此朱光潜认为，"不即不离"是艺术的一种最理想的状态。①实际上,"不即不离"不仅是朱光潜的学术理想,而且也构成了他的人生准则和生活态度。朱光潜早期受业于安徽桐城,传统的熏陶给他打下了坚实的基础,但他并没有固步自封,而是在洋学堂中完成了向白话文的转变,然后又在白话文中发挥了桐城古文的纯正简洁。朱光潜留学欧陆八年,用系统的西方文艺理论来观照中国传统诗论,既能"入乎其内",又能"出乎其外",因而既能"写之",又能"观之"。②在朱光潜的后期美学历程中,之所以能够顶住各方压力和身心受辱的伤痛继续坚持美学翻译,其实在很大程度上可以从他"不即不离"的学术理想和人生准则中找到原因。

在中国现当代史上,朱光潜、老舍、曹禺和沈从文四位作家,他们都经历了20世纪中国的风风雨雨,都是20世纪中国文学史上响当当的人物,他们的人生历程也随着20世纪中国的起起伏伏而潮起潮落;他们不甘落寞的内心,大有真诚依旧在,壮志远未酬之感,但是在他们充满沧桑的眸子中,孤子的身影却展示出了相同的历史遭际和各自不同的人生取向和价值。太平湖已经是沧海桑田,但是老舍的精神之花仍旧时时泛起永不停歇的浪涛;曹禺将过去的生命重新来过了一遍,在"遵命"之下生命尚且不可重复,即使"天空明朗",即使"迎春"花开,仍旧掩饰不住内心的悔丧和彷徨;于是,我们只能祈求于湘西之子的馈赠,从淳朴和秀丽中去寻找心灵的慰安,但是,他已经远去了,一头扎进了历史的尘埃里,唯有古玩那精致细密的条纹和历史的深沉,方能排解他那颗敏感而仁义的心灵。只有朱光潜,他独自地留了下来,他的留下让他的后期学术生涯同样开出了绚丽的花朵,他的留下才使得中国当代学术不至于如此平淡和寂寞。朱光潜的后期美学思想中很少有"余悸"、很少有怨叹,而是更加巧妙、更加智慧而深刻地发表着他的另类"宣言":他将研究的重心从创作转向了翻译,与伟大的哲人比肩。如果说老舍、曹禺的后期遭遇是因为与现实走得太近的话,那么沈从文则近乎将现实完全隔绝或抛弃了;只有朱光潜还在为着自己的学术理想不断地挣扎和拼搏,始终保持着一种"不即不离"的态度。

---

① 朱光潜:《朱光潜全集·文艺心理学》(第1卷),合肥:安徽教育出版社,1987年,第221页。

② 〔清〕王国维撰,黄霖等导读:《人间词话》(卷上六十),上海:古籍出版社,1998年,第15页。

美国学者理查德·霍夫斯塔特在粒状《知识分子：疏离与顺从》一文中曾指出，"疏离"应当是知识分子所应采取的"唯一适当和体面的姿态"；"疏离"一旦消失，即知识分子"越来越被认可、被收编和被派用，他们将开始一味地顺从，从而不再具有创造性、批判性和真正的作用"。所以在理查德·霍夫斯塔特眼中，知识分子的命运不外乎两种："要么被（权力：笔者注，下同。）排斥在外，要么被（权力）收买"。①虽然"不即不离"和"疏离"在字面上已经存在着一定的差异，但是其共同点却在于，知识分子与政治和权力保持一定的距离是必要的，这样不仅有利于知识分子所从事的知识性的工作，而且也有利于知识分子思想上的独立性。但是理查德·霍夫斯塔特的片面性也在于，知识分子的角色担当并不是以"疏离"为己任，盲目地、一味地疏离除了表明知识分子的态度，其实还蕴含着偏见；恰当而公正的态度应该是秉持理性和正义从事严肃地思考，独立地说话，而不是有所偏袒；特别是在特定历史时期，所有的言路都被阻断的情况下，如何机智地发挥自己的能量去更有效地鞭策着社会的变革和进步。所以，知识分子真正的独立性和负责任的态度其实并不在于是否"疏离"或"顺从"，而在于是否拥有一种"不即不离"的精神，这正是朱光潜的行为操守和学术品格。正因为这样，朱光潜在中国20世纪如此艰难的岁月里，前期译介西方美学丰富了中国现代美学的理论观点和思维方式，后期的美学翻译则为中国当代美学发展奠定了理论的深度和厚度。这是非常难能可贵的。

　　从朱光潜的学术实践我们可以看到，他对中西文艺理论及思潮的解读、传承和宣扬还是大体公允的，在尽可能地做到全面了解和掌握的基础上做出公正的评价和论断，而不是阻隔于派别的差异和界限。如果将朱光潜的前后期美学思想连接起来看，他一生所致力的，其实正是要打破这种人为的界限，而将文艺的发展引向良性、健康的发展道路：即，一是取决于理论自身的生命力，一是取决于现实发展的需要。

　　在政治上，朱光潜曾经有自己的政党，但是作为一个独立的知识分子，他总是游离于政治之外；在思想来源上，朱光潜受克罗齐的影响最

---

　　① ［美］理查德·霍夫斯塔特：《知识分子：疏离与顺从》，转引自［法］费迪南·布伦蒂埃著：《批判知识分子的批判》，王增进译，北京：中国社会科学出版社，2007年，第144—145页、第173页。

深，但是他批判克罗齐也最多最重，对克罗齐美学思想的丰富和修正也是前所未有的；在文艺观上，朱光潜倡导文艺的独立自主性，虽然朱光潜认定天才对艺术的创造性，但是也不否认勤勉刻苦的重要性；在人生境界上，朱光潜将"以出世的精神做入世的事业"作为自己一生的理想和追求，并且克己力行；在自我评价上，朱光潜认为自己从事的是"补苴罅漏"的工作，是走在"折中调和"的道路上。海纳百川，有容乃大。那么，朱光潜一生的美学历程还有学术上的派别之分吗？没有。如果非要拟定一个派别的话，那就是"折中调和"派，抑或是"中庸"派，他内心真正指向的真理和正义。或许正是因为朱光潜的这种对待学术的态度，成就了朱光潜在中国现当代美学史上的显著地位，从而自成一家。

结　语

　　长期以来，中国现当代美学基本是借用西方的一整套学术话语，长期处于美学表达、沟通和解读的"失语"状态。1996年，曹顺庆旗帜鲜明地提出了"失语症"，认为这是当今中国美学及文论话语所面临的最严峻的问题；[①]同年，"中国古代文论的现代转型"的学术研讨会在陕西师范大学举行，这也是中国文论界在面对西方文论冲击下进行的自觉反思和主动选择。如今，比较文学已经发展到第三期，"比较文学中国学派"仍在积极构建之中，中国当代美学的本土理论话语体系仍是一个尚待完成的重大理论问题。事实证明，西方美学的传统和步伐是追不上的，不可能也不应该去追赶，而中国古代美学的传统又是回不去的，那么重建我们当代美学体系的路在何方呢？如果说"比较文学中国学派"目前致力于从体系和方法论上进行重建是一种路径的话，那么对中国现当代美学史上的美学大家进行个案研究是否可以成为另一条卓有成效的路径呢？因此，本书将着意于把朱光潜与中国当代美学体系建构的热点话题连接起来，但是如何"连接"又是一个非常重要而且必须要回答清楚的问题。

　　事实上，朱光潜及其研究者们都很清楚，他的美学历程经历过大转折，"转型"已经成为贯穿朱光潜美学历程的主线。但是已有研究主要关注朱光潜前后期美学思想不一致之处，从而将前后期联系截然分离，但实际上转型之中寓意统一，即西方美学中国化，以及中国传统美学的现代性转换。只有把握好这条主线，才更容易深刻理解朱光潜美学思想的内在脉络及其发展动力。在大量考察已有研究基础之上，本书以"美学转型"为突破口，以"美学本土化和现代性转型"为中心思想，选取有代表性的内

①　曹顺庆：《文论失语症与文化病态》，《文艺争鸣》，1996年第2期，第51页。

容作为研究"点",并通过中国当代学术研究热点贯穿起来,力图创新。因此,论著各章节总体思路主要呈现为"原因→历程→内涵→当代意义":1.转型原因:朱光潜美学转型是与社会历史转型、中西文化碰撞、中国文学发展现状,以及朱光潜理论建构的主观愿望紧密相连的。2.转型历程:白马湖散文精神奠定了朱光潜认识西方、接受西方的视野和角度;厘定前期朱光潜与马克思主义的关系为他后期转向做好铺垫;从"表现论到实践论"是朱光潜美学转型的新收获,同时推动了中国当代美学的发展。3.转型内涵:"三次自觉"既贯穿朱光潜美学历程始终,又表现了朱光潜本土化建构的决心;朱光潜接受了格罗塞的艺术起源论和"艺术哲学"思想,但抛弃了生产方式对艺术的决定作用;后期转向翻译,以译代言,成就了著名的"朱光潜现象"。4.当代意义:只有将朱光潜美学思想与当代美学研究热点结合,才能更好发掘其开放性,朱光潜美学才是"活的"美学,而不是"死的"美学。

就目前而言,已有的不少研究仍旧停留在朱光潜美学思想体系内进行,视野不够开阔;而研究一旦与当代美学的研究热点脱节,必然容易僵化、老化,也不利于培育新的学术增长点。对朱光潜美学思想当代意义和价值的演绎只能从朱光潜著作本身出发、从其相关研究现状出发、从中国当代美学研究热点出发,用新观点、新方法、新材料来重新阐释朱光潜,这样才能不仅有利于沟通传统与现代的联系,也利于接续现代与当代的联系。因此,就朱光潜美学思想的转型历程而言,主要选取三段:一是白马湖散文流派,他们在朱光潜面对西方美学诸流派时"接受什么""如何接受"等问题上都有深刻影响;二是马克思主义,目前学界对前期朱光潜与马克思主义关系的研究还是空白,通过这项研究,则能够很好接续上后期与马克思主义的整体联系,即对"实践美学"的开垦;三是李泽厚,与朱光潜同属中国当代美学的领军,既有新老交替的痕迹,又有西方美学中国化的接续和传承,共同推动着中国传统美学的现代转型及发展。白马湖散文流派奠定的是朱光潜将学术眼光从东方转向西方时所应具备的学术精神、态度和理想;同时,当朱光潜将这套学术精神、态度和理想回归到中国美学的现实、社会的现实、中国文学的现实,以及理论语境的现实的时候,这就决定了前期朱光潜如何来认识和看待马克思主义("社会主义的现实主义")的态度;因此,新中国成立之后朱光潜对前期这段历史是必然要检讨的，但是在诚恳检讨的背后，朱光潜仍旧没有放弃自己一贯的学术品格和理论追求，并在"美学大讨论"中与李泽厚各领风骚，成为"四大派"中的两派，并最终推动了中国当代美学的建设和发展。

在"朱光潜美学转型的内涵"部分，主要论述朱光潜是"如何转型的"，以及转型后效果怎样。这部分主要围绕朱光潜前期最重要的四部著作展开，即《文艺心理学》《谈美》《悲剧心理学》和《诗论》。通过"细读"和梳理可以发现，朱光潜从中国现代美学实际出发建构自己的理论体系，表现为"三次自觉"：即"我们应当何去何从""建立自己的理论""建立一种新美学"。这既是朱光潜面对中西美学碰撞时的内在思考，也是其转型动力；其次，这"三次自觉"贯穿了朱光潜美学前后两期，深刻说明其思想在转型中寄寓统一；其三，朱光潜的体系建构为中国传统美学现代性转换提供某种方法论意义。朱光潜的体系建构不是凭空想象，而是广泛接受和吸收，并与中国传统美学的深刻现实结合起来。已有研究注重康德、克罗齐对朱光潜的影响研究，但实际上，德国美学史家格罗塞在朱光潜的体系建构中意义非凡：一是体系化和实证主义思想的影响；二是艺术起源论的考察；三是艺术的社会职能的思考。而饶有兴味的是，在艺术的社会职能方面，格罗塞与克罗齐截然对立，而朱光潜显然更亲近于格罗塞。但是，我们还是必须回到克罗齐的表现论，因为这是对朱光潜的根本性认识，特别是到了20世纪30年代后期到40年代，朱光潜成为当时中国宣扬表现主义美学的孑然者，这种学术勇气不禁使人肃然起敬。虽然当代表现主义美学的兴起已经远远超出了克罗齐范围，但是无疑，朱光潜为此积累了扎实基础，其当代价值正在逐步体现。

在"朱光潜美学转型的当代意义"部分，主要是从当代美学的学术研究热点（如"艺术终结论"、自然美、"曹禺现象"等）出发来考察朱光潜美学的当代意义和价值。那么，首先要回答的诘问就是，对朱光潜美学的当代性阐释是凭空附会还是研究者的一厢情愿呢？回答是否定的：从朱光潜美学本身出发，从朱光潜原著本身出发，从已有研究基础出发，以事实为依据，从而寻找到与当代美学研究热点的可连接部分，进而探讨朱光潜美学的前瞻性影响和独特性价值——这是本研究的原则和底限。笔者认为，只有在比较和相互确认中才能彰显朱光潜美学的合法性和开放性，如朱光潜（1933）不仅远早于阿瑟·丹托（1984）发现了黑格尔的"艺术终结论"，还创造性地提出了"悲剧的衰亡"思想，是电影和视觉艺术导致了悲剧的衰亡；再如朱光潜对自然美探讨的三种思维方式：山水诗、风景画和意识形态，即使在当代环境美学的研究中仍旧是独具一格；其三是将朱光潜与中国现当代史上的"曹禺现象"作比较，"朱光潜现象"不仅波澜起伏，而且成绩斐然，为中国当代美学的深度发展留下了宝贵财富。

在西语学界，随着众多研究者的参与和深入，更多有关朱光潜的研究资料被发掘出来。主要有三个方面：

第一，西语学界对朱光潜的研究与评述，其直接来源主要是朱光潜的英文博士论文《悲剧心理学》，众多学者对朱光潜研究得最多最为充分的也主要是这部书。朱光潜在法国斯特拉斯堡大学的导师布朗达尔评价《悲剧心理学》是全面评述的透彻和判断的正确合理，"也许是最有独创性的，而且确实是最引起好奇心的"。英国学者拉斐尔在《悲剧是非谈》（1960）里大量引用了《悲剧心理学》原文，对朱光潜的悲剧理论进行了非常慎重的介绍，并且接受了朱光潜评论中国戏剧的观点。美国学者杜博妮在《从倾斜的塔上瞭望：朱光潜论二十世纪二十至三十年代的美学和社会背景》（1974）一文中仔细分辨了朱光潜悲剧思想来源、研究方法，以及朱光潜对中国悲剧性作品的看法等，并且提出了比较尖锐的批判性意见。美国学者史黛西在其著作《苏联文学批评简史》（1974）中也涉及朱光潜讨论悲剧精神与基督教关系的相关论述。英国学者伊格尔顿在其论著《甜蜜的暴力》（2003）中从理论和现实的高度讨论了相关悲剧理论和悲剧精神，其中谈到朱光潜关于悲剧精神与基督教、"悲剧死亡论"问题，最终提出了当代马克思主义悲剧观：悲剧没有死亡，而是变得更加多样化了。这表明，朱光潜的《悲剧心理学》将当时心理学研究的最新成果运用于悲剧美学研究，这在西方主流学术界曾引起过巨大的反响。

第二，除了悲剧美学研究，西方学者还着重讨论了朱光潜关于中西美学交流与融通的论述。荷兰学者佛克马在其论著《中国文学和苏联影响（1956—1960）》（1965）对"美学大讨论"中的朱光潜进行了比较详细的介绍和中肯的评价，认为朱光潜严谨的西学功底对于扭转苏联教条主义在中国文艺界的影响起到了不可低估的作用。意大利学者沙巴蒂尼在《朱光潜在〈文艺心理学〉中的克罗齐主义》（1970）一文中认为朱光潜"无疑是现代中国美学界最令人感兴趣的人物之一"，著作《文艺心理学》"到处可以见到把扎根于中国传统的哲学和美学理论与完全采用西方的术语准则和分析思辨方法结合起来的特征"，但朱光潜的"折中主义"不是对克罗齐主义的亦步亦趋，而是在与中国艺术概念发生分歧时"毫不犹豫地摈弃克罗齐"，进行"必要的修正"。杜博妮也认为，朱光潜在引进西方众多文艺理论方面，"不仅推荐文学趣味中的折衷主义，而且试图建立一种艺术上的兼容并包主义理论"，从而揭示出朱光潜对于美学和社会的态度。

第三，朱光潜还被编入了相关人物传记词典，这与朱光潜的学术地位和影响也是相称的。日本学者吉川时雄编写的《中国文化界人物总鉴》（1940）将朱光潜列入其中并作了相关介绍；美国学者休恩斯的《近代中国1500部小说与戏剧》（1948）也将朱光潜列入其中；德国学者马克斯·派勒堡的《近代中国名人录》（1954）也录入了朱光潜生平；英国学者布瑞尔的《中国哲学五十年》（1956）将朱光潜作为哲学家来介绍；日本学者霞山会的《现代中国人名辞典》（1966）则简要谈到了朱光潜在新中国成立后的经历。这些辞典对朱光潜的学术经历基本作了大略勾勒，不过存在一些基本信息不准确的情况。

总之，朱光潜的前后期美学思想发生过重大转变，有断裂也有坚守，这既是主体选择的结果，也是历史的必然："朱光潜现象"即是其中一个有趣的话题；朱光潜的诗学建构与格罗塞密切联系，但在学界尚属研究空白；朱光潜20世纪30年代就从黑格尔的"艺术终结论"论及"悲剧的衰亡"，也一直淹没于历史尘封之中；后期朱光潜转向了马克思主义，如果抛开特定历史气候的影响，前期朱光潜与马克思主义的关系亦存在着千丝万缕的联系等。通过这些研究，不仅对朱光潜主体思想脉络有了更加清晰的认识，也充分意识到朱光潜美学影响和参与到中国当代美学体系建设的强大生命力。美学大师李泽厚曾谦逊地把他自己的哲学说成是"吃饭哲学"，但是吃饱饭以后呢？朱光潜的艺术化生存和审美建构给出了肯定的答案。朱光潜美学作为开放的体系，仍旧有诸多可以进一步探讨的部分和必要，而且随着历史和时代的发展，伴随着新的材料、视角和方法论的使用，朱光潜美学将会焕发出更加生动的活力！

参考文献

著　作

A

〔美〕阿诺德·柏林特著:《环境美学》，张敏、周雨译，长沙：湖南科学技术出版社，2006

〔美〕阿瑟·丹托著:《艺术的终结》，欧阳英译，南京：江苏人民出版社，2005

〔美〕阿瑟·丹托著:《艺术终结之后》，王春辰译，南京：江苏人民出版社，2007

阿英编:《晚清文学丛钞：小说戏曲研究卷》，北京：中华书局，1960

B

柏定国:《中国当代文艺思想史论（1956—1976）》，北京：中国社会科学出版社，2006

〔美〕彼得·休伯著:《硬绿》，戴星翼、徐立青译，上海：上海译文出版社，2002

巴金:《巴金全集》（第18卷），北京：人民文学出版社，1993

〔古希腊〕柏拉图著:《文艺对话集》，朱光潜译，北京：人民文学出版社，1963

〔德〕鲍姆嘉藤著:《美学》，王旭晓译，北京：文化艺术出版社，1987

C

成仿吾:《成仿吾文集》，济南：山东大学出版社，1985

曹俊峰:《康德美学引论》，天津：天津教育出版社，1999

曹顺庆选编:《中西比较美学文学论文集》，成都：四川文艺出版社，1985

陈望衡:《20世纪中国美学本体论问题》，武汉：武汉大学出版社，2007

陈伟:《中国现代美学思想史纲》，上海：上海人民出版社，1993

陈炎:《积淀与突破》，桂林：广西师范大学出版社，1997

蔡仪:《蔡仪文集》（第1卷），北京：中国文联出版社，2002

蔡仪:《美学论著初编》（上），上海：上海文艺出版社，1982

D

戴阿宝:《问题与立场》，北京：首都师范大学出版社，2006

［美］杜威著:《哲学的改造》，许崇清译，北京：商务印书馆，2009

邓晓芒:《〈判断力批判〉释义》，北京：生活・读书・新知三联书店，2008

邓晓芒:《康德哲学诸问题》，北京：生活・读书・新知三联书店，2006

代迅:《西方文论在中国的命运》，北京：中华书局，2008

丁元编撰:《五四风云人物文萃：傅斯、罗家伦》，北京：人民日报出版社，1999

丁祖豪、郭庆堂、唐明贵、孟伟:《20世纪中国哲学的历程》，北京：中国社会科学出版社，2006

F

［法］费迪南・布伦蒂埃著:《批判知识分子的批判》，王增进译，北京：中国社会科学出版社，2007

冯蕙、朱贻庭等:《简明哲学辞典》，上海：上海辞书出版社，2005

［英］弗内斯著:《表现主义》，艾晓明译，北京：昆仑出版社，1989

封孝伦:《二十世纪中国美学》，长春：东北师范大学出版社，1997

［南朝］范晔:《后汉书》（上册），长沙：岳麓书社，1994

冯友兰:《三松堂全集》（第4卷），郑州：河南人民出版社，2001

丰子恺：《丰子恺文集》（艺术卷一），杭州：浙江文艺出版社、浙江教育出版社出版发行，1990

丰子恺：《先器识而后文艺——李叔同先生的文艺观》，《丰子恺散文全编》（下编），杭州：浙江文艺出版社，1992

G

高金岭：《朱光潜西方美学思想翻译研究》，山东：山东大学出版社，2008

［德］格罗塞著：《艺术的起源》，蔡慕晖译，北京：商务印书馆，2008

郭沫若：《郭沫若论创作》，上海：上海文艺出版社，1983

郭沫若著：《〈文艺论集〉汇校本》，黄淳浩校，长沙：湖南人民出版社，1984

H

［德］黑格尔著：《小逻辑》，贺麟译，北京：商务印书馆，2007

［德］黑格尔著：《美学》（第1卷），朱光潜译，北京：商务印书馆，2008

［德］黑格尔著：《美学》（第2卷），朱光潜译，北京：商务印书馆，1997

贺桂梅：《人文学的想象力——当代中国思想文化与文学问题》，开封：河南大学出版社，2005

胡乔木主编：《朱光潜纪念集》，合肥：安徽教育出版社，1987

J

蒋红、张唤民、王又如编著：《中国现代美学论著、译著提要》，上海：复旦大学出版社，1987

纪怀民、陆贵山、周忠厚、蒋培坤编著：《马克思主义文艺论著选讲》，北京：中国人民大学出版社，1982

K

蒯大申：《朱光潜后期美学思想述论》，上海：上海社会科学院出版社，

2001

　　［德］康德著：《判断力批判》，邓晓芒译、杨祖陶校，北京：人民出版社，2002

　　寇鹏程：《中国审美现代性研究》，上海：上海三联书店，2009

　　L

　　［汉］刘安等著：《淮南子译注》，陈广忠译注，长春：吉林文史出版社，1990

　　劳承万：《朱光潜美学论纲》，合肥：安徽教育出版社，1998

　　刘方：《中国美学的历史演进及其现代转型》，成都：巴蜀书社，2005

　　罗钢：《历史汇流中的抉择——中国现代文艺思想家与西方文学理论》，北京：中国社会科学出版社，2000

　　［美］林赛·沃特斯著：《美学权威主义批判》，昂智慧译，北京：北京大学出版社，2000

　　梁实秋：《梁实秋自选集》，台北：黎明文化事业有限公司，1975

　　［南朝］刘勰著：《文心雕龙注释》，周振甫注，北京：人民文学出版社，1981

　　鲁迅：《鲁迅全集》（第1卷），北京：人民文学出版社，2005

　　鲁迅：《鲁迅全集》（第3卷），北京：人民文学出版社，2005

　　刘悦笛：《生活美学——现代性批判与重构审美精神》，合肥：安徽教育出版社，2005

　　刘悦笛：《生活中的美学》，北京：清华大学出版社，2011

　　李泽厚：《门外集》，武汉：长江文艺出版社，1957

　　李泽厚：《杂著集》，北京：生活·读书·新知三联书店，2008

　　李泽厚：《美学三书》，天津：天津社会科学院出版社，2003

　　李泽厚：《中国近代思想史》，北京：人民出版社，1979

　　李泽厚：《批判哲学的批判：康德述评》，北京：生活·读书·新知三联书店，2007

　　李泽厚、刘再复合著：《告别革命：回望二十世纪中国》，香港：天地图书有限公司，2004

M

马驰:《马克思主义美学传播史》,桂林:漓江出版社,2001

马驰:《艰难的革命》,北京:首都师范大学出版社,2006

茅盾:《茅盾文艺杂论集》(上),上海:上海文艺出版社,1981

茅盾选编:《中国新文学大系·小说一集》,上海:上海文艺出版社,2003

[法]米歇尔·福柯著:《规训与惩罚》,刘北成、杨远婴译,北京:生活·读书·新知三联书店,2012

毛泽东:《毛泽东选集》(第3卷),北京:人民出版社,1991

毛泽东:《毛泽东选集》(第4卷),北京:人民出版社,2009

N

聂振斌:《中国近代美学思想史》,北京:中国社会科学出版社,1991

聂振斌:《思辨的想象:20世纪中国美学主题史》,昆明:云南大学出版社,2003

P

彭锋:《美学的意蕴》,北京:中国人民大学出版社,2000

[俄]普列汉诺夫:《没有地址的信》,北京:人民文学出版社,1962

Q

钱理群、温儒敏、吴福辉:《中国现代文学三十》,上海:上海文艺出版社,1987

钱理群、温儒敏、吴福辉:《中国现代文学三十》,北京:北京大学出版社,1998

钱念孙:《朱光潜与中西文化》,合肥:安徽教育出版社,1995

钱念孙:《朱光潜:出世的精神与入世的事业》,北京:北京出版社出版集团(文津出版社),2005

R

饶尚宽译注:《老子》,北京:中华书局,2006

汝信、王德胜:《美学的历史:20世纪中国美学学术进程》,合肥:安徽教育出版社,2000

S

商金林:《朱光潜与中国现代文学》,合肥:安徽教育出版社,1995

宋伟、田锐生、李慈健:《当代中国文艺思想史》,开封:河南大学出版社,2000

T

滕固著,沈宁编:《滕固艺术文集》,上海:上海人民美术出版社,2003

谭好哲:《中国现代美育思想发展史论》,北京:首都师范大学出版社,2006

W

王德胜主编:《问题与转型》,济南:山东美术出版社,2009

〔德〕沃尔特·本雅明著:《机械复制时代的艺术作品》,王才勇译,北京:中国城市出版社,2002

王福湘:《悲壮的历程:中国革命现实主义文学思潮史》,广州:广东人民出版社,2002

王国维撰,黄霖等导读:《人间词话》(卷上六十),上海:古籍出版社,1998

王建华、王晓初主编:《"白马湖文学"研究》,上海:上海三联书店,2007

〔德〕温克尔曼著:《论古代艺术》,邵大箴译,北京:中国人民大学出版社,1989

宛小平、魏群著:《朱光潜论》,合肥:安徽大学出版社,1996

吴秀明主编:《当代中国文学五十》,杭州:浙江文艺出版社,2004

文艺报编辑部:《美学问题讨论集》(1—6卷),北京:作家出版社,1957—1964

王攸欣:《朱光潜学术思想评传》,北京:北京图书馆出版社,1999

王朝闻:《美学概论》, 北京:人民出版社, 2008

吴中杰、吴立昌主编:《1900—1949中国现代主义寻踪》, 上海:学林出版社, 1995

X

徐崇温:《"西方马克思主义"论丛》, 重庆:重庆出版社, 1989

薛富兴:《分化与突围》, 北京:首都师范大学出版社, 2006

徐行言、程金城著:《表现主义与20世纪中国文学》, 合肥:安徽教育出版社, 2000

[法]小仲马著:《巴黎茶花女遗事》, 林纾、王寿昌译, 北京:商务印书馆, 1981

Y

杨春时:《走向后实践美学》, 合肥:安徽教育出版社, 2008

郁达夫:《中国新文学大系·散文二集导言》, 上海:上海文艺出版社, 2003

阎国忠:《朱光潜美学思想研究》, 沈阳:辽宁人民出版社, 1987

阎国忠:《朱光潜美学思想及其理论体系》, 合肥:安徽教育出版社, 1994

阎国忠:《走出古典:中国当代美学论争述评》, 合肥:安徽教育出版社, 1996

袁济喜:《承续与超越》, 北京:首都师范大学出版社, 2006

[法]雅克·比岱、厄斯塔什·库维拉斯基主编:《当代马克思辞典》, 许国艳等译, 北京:社会科学文献出版社, 2011

叶朗主编:《美学的双峰——朱光潜、宗白华与中国现代美学》, 合肥:安徽教育出版社, 1999

叶朗:《现代美学体系》, 北京:北京大学出版社, 1999

[古希腊]亚里士多德著:《诗学》, 陈中梅译注, 北京:商务印书馆, 2008

亦门(即阿垅):《诗是什么》, 上海:新文艺出版社, 1954

[意]亚米契斯著:《爱的教育》, 夏丏尊译, 上海:上海书店印行,

1980

　　杨牧:《中国现代散文选》,台湾:洪范书店,1981

　　﹝南宋﹞严羽著:《沧浪诗话校释》,郭绍虞校释,北京:人民文学出版社,1961

　　Z

　　宗白华:《宗白华全集》(第1卷),合肥:安徽教育出版社,1994

　　朱存明:《情感与启蒙——20世纪中国美学精神》,北京:西苑出版社,2000

　　朱东润主编:《中国历代文学作品选》(中编),上海:古籍出版社,2002

　　中共中央马克思恩格斯列宁斯大林著作编译局译:《马克思恩格斯全集·反杜林论》(第20卷),北京:人民出版社,1972

　　中共中央马克思恩格斯列宁斯大林著作编译局编译:《马克思恩格斯选集》(第1—4卷),北京:人民出版社,1995

　　朱光潜:《朱光潜全集》,合肥:安徽教育出版社,1987—1995

　　朱光潜:《西方美学史》,南京:凤凰出版传媒集团、江苏文艺出版社,2008

　　中国社会科学院:《外国理论家作家论形象思维》,北京:中国社会科学出版社,1979

　　中国翻译工作者协会、《翻译通讯》编辑部编:《翻译研究论文集》(1894—1948),北京:外语教学与研究出版社,1984

　　邹华:《20世纪中国美学研究》,上海:复旦大学出版社,2000

　　朱惠民:《白马湖散文十三家》,上海:上海文艺出版社,1994

　　周来祥:《中国美学主潮》,济南:山东大学出版社,1992

　　张黎编选:《表现主义论争》,上海:华东师范大学出版社,1992

　　朱立元:《当代中国美学新学派:蒋孔阳美学思想研究》,上海:复旦大学出版社,1992

　　朱立元主编:《当代西方文艺理论》,上海:华东师范大学出版社,2002

　　朱良志编著:《中国美学名著导读》,北京:北京大学出版社,2006

赵士林:《当代中国美学研究概述》,天津:天津教育出版社,1988

朱式蓉、许道明:《朱光潜:从迷途到通径》,上海:复旦大学出版社,1991

周锡山编校:《王国维文学美学论著集》,太原:北岳文艺出版社,1987

[清]章学诚:《文史通义》(第5卷),上海:上海书店,1988

周扬:《周扬文集》(第1卷),北京:人民文学出版社,1984

赵毅衡编选:《"新"批评文集》,北京:中国社会科学出版社,1988

张玉能、陆扬、张德兴著,蒋孔阳、朱立元主编:《西方美学通史》(第5卷),上海:上海文艺出版社,1999

朱自清:《朱自清全集》(第4卷),南京:江苏教育出版社,1990

周作人著,陈为民编选:《周作人代表作》,北京:华夏出版社,1997

论　文

A

艾群:《哪个更环保,尿布还是纸尿布?——《硬绿》:美国保守主义环境观评述》,《中华读书报》,2003年6月11日

C

程金城:《中国现代表现主义文学的兴起和高涨》,《文学评论》,1994年第6期

程孟辉:《格罗塞原始艺术观概述——兼评〈艺术的起源〉》,《出版工作》(北京),1987年第2期

曹顺庆:《比较文学中国学派基本理论特征及其方法论体系初探》,《中国比较文学》,1995年第1期

曹顺庆:《文论失语症与文化病态》,《文艺争鸣》,1996年第2期

曹顺庆:《中国学派:比较文学第三阶段学科理论的建构》,《外国文学研究》,2007年第3期

曹顺庆:《比较文学中国学派三十年》,《文艺研究》,2008年第9期

陈望衡:《李泽厚实践美学述评》,《学术月刊》,2001年第3期

陈星:《台、港女作家林文月、小思合论》,《杭州师范学院学报》(社会科学版),1991年第1期

陈星、陈静野、盛秧:《白马湖作家群溯源》,《湖州师范学院学报》,2007年第6期

陈星、陈静野、盛秧:《从"湖畔"到"江湾"——立达学园、开明书店与白马湖作家群的关系》,《浙江海洋学院学报》(人文科学版),2007年第6期

陈炎:《试论"积淀说"与"突破说"》,《学术月刊》,1993年5月

D

邓晓芒:《思想传记:一种可贵尝试——王攸欣〈朱光潜传〉读后》,《书屋》,2012年第4期

杜学敏:《20世纪以来的自然美问题研究》,《学术研究》,2008年第10期

代迅:《马克思主义文艺理论中国化的内在逻辑》,《文学评论》,1997年第4期

代迅:《城市景观美学:理论架构与发展前景》,《西南大学学报》(社会科学版),2011年第4期

代迅:《分析美学在中国:何为与为何?》,《社会科学战线》,2012年第4期

代迅:《西方理论与中国文本:费瑟斯通和李渔美学思想比较研究》,《西南大学学报》(社会科学版),2012年第6期

F

傅红英:《论"白马湖作家群"的形成和发展轨迹》,《绍兴文理学院学报》,2005年第2期

傅红英、王嘉良:《试论"白马湖文学"的独特存在意义与价值》,《中国现代文学研究丛刊》,2008年第6期

傅红英:《论白马湖散文精神的现代性特征》,《文学评论》,2011年第1期

G

高恒文：《鲁迅对朱光潜"静穆"说批评的意义及其反响》,《鲁迅研究学刊》, 1996 年第 11 期

高金岭：《论朱光潜对西方美学的翻译与引进》, 山东大学博士论文, 2005 年 6 月

顾明栋：《〈诺顿理论与批评选〉及中国文论的世界意义》,《文艺理论研究》, 2010 年第 6 期

郭沫若：《斥反动文艺》,《大众文艺丛刊》第 1 辑, 1948 年 3 月 1 日

谷鹏飞：《西方自然美观念的四次转型》,《晋阳学刊》, 2011 年第 4 期

郭因：《从〈谈美〉到〈谈美书简〉——试论朱光潜美学思想的变与不变》,《江淮论坛》, 1982 年第 1 期

H

黄继持：《试谈小思》,《香港文学》, 1985 年第 3 期

胡晓明：《真诗的现代性：七十年前朱光潜与鲁迅关于"曲终人不见"的争论及其余响》,《江海学刊》, 2006 年第 3 期

J

简德彬：《"东方马克思主义"历史》, 收入刘纲纪主编：《马克思主义美学研究》第 4 辑, 桂林：广西师范大学出版社, 2001 年

姜建：《一个独特的文学、文化流派——"开明派"略论》,《江苏行政学院学报》, 2002 年第 2 期

姜建：《"白马湖"流派辨正》,《南京审计学院学报》, 2005 年 2 月

焦尚志：《中国现代戏剧美学史上的一座丰碑》,《戏剧文学》, 1995 年第 7 期

K

蒯大申：《维柯研究：朱光潜晚年美学思想的一面镜子》,《学术界》, 1995 年第 6 期

L

廖奔:《曹禺的苦闷——曹禺百年文化反思》,《文学评论》,2011年第2期

林默涵:《〈蔡仪文集〉序》,《文艺理论研究》,1999年第4期

李丕显:《朱光潜美学思想述评》,收入《中国当代美学论文选》(第3卷)(四川省社会科学院文学研究所编,重庆出版社,1985年鲁迅:《题未定草(七)》,《海燕》第1期,1936年1月

梁巧娜:《从误读到误解:理论与创作的互动——以曹禺现象为例》,《文学评论》,2003年第4期

李铁秀:《"文化语境"与"艺术命运"——论当代文学思潮中的"曹禺现象"》,《福建师范大学》(哲学社会科学版),2005年第2期

吕晓英:《白马湖作家群论》,《上海师范大学学报》(哲学社会科学版),2006年3月

李扬:《论作为一种文人生存模式的"曹禺现象"》,《文艺理论研究》,1995年第6期

刘郁琪:《朱光潜美学思想批判与马克思主义》,《当代教育理论与实践》,2011年12月

鲁雪莉:《意识形态化的理性言说——论曹禺后期创作的政治理性》,《中共福建省委党校学报》,2010年第3期

李泽厚、戴阿宝:《美的历程——李泽厚访谈录》,《文艺争鸣》,2003年第3期

M

毛宣国:《朱光潜、李泽厚:对西方美学接受的两种范式》,《美与时代》(下),2011年第3期

P

彭锋:《朱光潜、李泽厚和当代美学基本理论建设》,《学术月刊》,1998年第6期

彭锋:《"艺术终结论"批判》,《思想战线》,2009年第4期

Q

钱念孙:《朱光潜与马克思主义美学》,《学术界》,2005年第3期

祁述裕:《论五四时期"为人生"作家群的审美流向》,《安徽大学学报》(哲学社会科学版),1987年第2期

钱伟长、陶大镛:《不厌不倦,风范长存——沉痛悼念朱光潜同志》,《人民日报》,1986年3月21日

S

商昌宝:《思想转轨与学术转向》,《山东文学》,2010年第8期

商昌宝:《检讨:转型期朱光潜的另类文字》,《炎黄春秋》,2010年第9期

商昌宝:《"摄魂者"的舞台人生——曹禺1949年后的另类文字》,《名作欣赏》,2011年第7期

邵荃麟:《朱光潜的怯懦和凶残》,《大众文艺丛刊》第2辑,1948年5月1日

T

童庆炳:《心理学美学:"京派"与"海派"》,《文艺研究》,1999年第1期

童庆炳:《反本质主义与当代文学理论建设》,《文艺争鸣》,2009年第7期

唐弢:《美学家的两面——文苑闲话之六》,《中流》第2卷第7期,1937年6月20日

田志凌:《曹禺现象:39岁后47年写不出满意的作品》,《南方都市报》,2010年9月19日

W

王德胜:《转折与蜕变——朱光潜美学思想的转变》,《北京社会科学》,1996年第3期

王建疆:《格罗塞与普列汉诺夫艺术起源理论比较》,《广西大学学报》

（哲学社会科学版），1990年第5期

王任叔：《现实主义者的路》，《中流》第2卷第6期，1937年6月5日

王晓初：《论"白马湖文学现象"》，《西南师范大学学报》（人文社会科学版），2005年第9期

宛小平：《从朱光潜重估尼采和皈依马克思主义看他美学体系的内在矛盾》，《上海社会科学院学术季刊》，2001年第2期

王旭晓：《"人生的艺术化"——朱光潜早期美学思想所展示的美学研究目标》，《社会科学战线》，2000年第4期

X

徐碧辉：《中国实践美学60年：发展与超越》，《社会科学辑刊》，2009年第5期

朱式蓉、许道明：《朱光潜前期美学研究述评》，《安庆师范学院学报》，1987年第3期

薛富兴：《"美学大讨论"时期朱光潜美学略论》，《思想战线》，2001年第5期

肖鹰：《朱光潜美学历程论》，《清华大学学报》（哲学社会科学版），2004年第1期

徐迎新：《试论朱光潜美学的人学品格》，《学习与探索》，2011年第6期

熊自健：《朱光潜如何成为一个马克思主义者》，《中国大陆研究》，1991年第33卷第2期

Y

杨恩寰：《朱光潜美学与马克思主义》，收入刘纲纪主编：《马克思主义美学研究》第2辑，桂林：广西师范大学出版社，1998年

阎国忠：《朱光潜的学术品格》，《北京大学学报》（哲学社会科学版），1998年第2期

阎国忠：《攀援——我的学术历程（上）》，《美与时代》，2012年6月下（总第467期）

叶朗：《从朱光潜"接着讲"》，《美学的双峰：朱光潜、宗白华与中国

现代美学》（叶朗主编），合肥：安徽教育出版社，1999年，第2页

Z

赵畅：《难忘白马湖》，《群言》，2005年第3期

朱惠民：《白马湖文派研究综述》，《中共宁波市委党校学报》，2009年第4期

朱惠民：《关于"白马湖作家群"与散文"白马湖派"之辩——兼议该流派风格特征的存在》，《井冈山大学学报》（社会科学版），2011年9月

周来祥、戴阿宝：《透过历史的迷雾——访周来祥》，《文艺争鸣》，2004年第1期

朱仁金：《前期朱光潜与马克思主义的关系》，收入王杰主编：《马克思主义美学研究》，北京：中央编译出版社，2012年第1期，总第15卷第1期

张少康：《走历史发展的必由之路——论以古代文论为母体建设当代文艺学》，《文学评论》，1997年第2期

张伟：《认识论·实践论·本体论》，《社会科学辑刊》，2009年第5期

朱晓江：《"白马湖作家群"研究中若干问题的考辨》，《中国现当代文学研究丛刊》，2009年第6期

周扬：《我们需要新的美学——对于梁实秋和朱光潜两先生关于"文学的美"的论辩的一个看法和感想》，《认识月刊》创刊号，1937年6月15日

后 记

一

正如书中所表达的，对于朱光潜的了解和关注起始于硕士生阶段，因为要研究李泽厚及其中国现当代美学，从而开始接触到朱光潜美学。在那一时期，"中国化"问题是人文学科一个炙手可热的学术热点，"西方美学中国化问题"自然义不容辞参与其中，且具有理论和现实的鲜活依据。从李泽厚到朱光潜，从美学四大派到实践美学，从理论争辩到历史和解，两位美学大师实际均从各自不同方面推进了中国当代美学理论体系的建构，并且指向了生活。李泽厚谈"吃饭哲学"，谈"情本体"，朱光潜则谈表现论，谈人情味，其实质均指向了"人"本身。李泽厚因马克思而回到康德，朱光潜则由康德而皈依马克思，同时两位美学大师又由此来关照中国传统美学的历史命运和当代建构，不是正好为我们呈现出了两种极为行之有效的路径吗？面对中西问题、古今问题，抱残守缺固不可取，但是文化相对主义的风气却盛行一时；如何打破保守和偏见，如何在方法和主义之间求得平衡，或许解决之道不在于先进与落后之辩，而在于能否践行一种实用主义、产生一批实实在在的理论成果。黑格尔讲，意见是散漫而自由的，只有逻辑才能走向体系化。

存在的即是合理的。但是也正如黑格尔所强调的，事物的发展是从否定自身开始的。迄今为止，朱光潜美学思想的研究可谓汗牛充栋，《朱光潜全集》也从20卷扩展到30卷，也正因为此，本书作者以朱光潜美学为研究对象，如何在已有研究的基础上、在自己所熟悉的领域内写出新颖性是一直思考最多的问题。所以在撰写过程中，作者基本抛弃了赘述朱光潜的生平事迹，以及按照时间顺序一一勾勒朱光潜美学思想的发展历程，而是根据研究需要在论述过程中略有提及或概述；在每一个小节里面，作者都力争围绕和发掘出一个主题，并尽可能结合时下学术热点和相关研究来讨论，并提出一些具有开拓性的观点，如朱光潜的美学分期问题，与前期马克思主义的关系问题、艺术起源论问题、"悲剧衰亡论"问题、表现主义美学问题，以及"朱光潜现象"，等等。这些问题，均是立足于对《朱光潜全集》（20卷本）之"细读"基础上发掘出来的，而目前学界对朱光潜这一层面的研究还基本尚未涉及。所以，本书的理想读者至少已经熟悉朱光潜美学思想，并且对于当代美学的相关学术研究有所涉猎，才能更好地领会本书研究的要义。朱光潜美学作为开放的美学体系，也只有和当代美学的学术热点相结合，在比较研究中展现其当代参与性和建构性，朱光潜美学才是活的美学。

本书以这样的面貌呈献给读者，虽然说是结题，但实际在我看来，这个题目并未终结，在一个可预见的未来，也不会终结。因为只要社会在不断向前发展，传统和现代、东方与西方、理想与现实，就会在不断地发生龃龉与磨合，从而展现其时代特征和价值；而艺术生存和审美建构，则着意于对人本身的终极关怀，在这一点上，正好体现了普遍性和统一性，是一个无限丰富的发展过程，也为我们的理解和阐释提供了多种多样的可能性空间。比如，本书最后一节"朱光潜的派别"问题，除了需要更多的证据来阐释和辨析朱光潜究竟是"克罗齐式的信徒"还是"尼采式的信徒"之外，其实还有另外一种更加重要的解读方式，即"朱光潜美学如何从个案发展成为一种对美学界具有普遍学术示范价值的学派、如何实证和总结出朱光潜美学不仅是个人学术成果，而且存在着一个共享特定学术观念与方法的朱光潜派美学学术群体，并且作出正面的概括"①等，这也是一个未完成的开放系统，并且具有重大学术研讨价值。

二

读朱光潜的著作是充满趣味的，但是写作有关朱光潜的研究文章却是

---

① 来自南开大学薛富兴教授的盲审评阅书意见，在此表示感谢！同时还要感谢山东大学文艺美学研究中心的李克教授和中国人民大学哲学系的吴琼教授，他们两位专家在博士论文的盲审评阅书上也提出了具有专业价值的中肯意见，也一并表示诚挚谢意。

痛苦的，特别是在研究朱光潜的著述已经汗牛充栋的情况之下。

我感谢我的导师代迅教授对我的悉心指导。从论文的选题到立意，甚至从框架结构到具体的写法上，他都反复与我一起斟酌，并提出了具有指导性的意见。我生性不敏，有时又不免惰怠，这使我常常感觉到导师内心的焦急；我的博士学位论文提纲前后提交了九次，每次都自以为能够逃过导师的法眼了，但是每次都是灰头土脸、败兴而归。有时候，我真觉得导师实在是要求太严格，甚至是苛刻了，但是每当回过头来仔细回味代老师的意见并进而朝那些方面努力的时候，就会明显觉察到自己的疏漏和无知。这个教训使我意识到：青年人血气方刚、有冲劲是很好的，但还须听得进意见；当你有一个这样为你倾注心血的导师，而且有时甚至不失严厉，那么你应该感到幸运，因为你会在人生途中少走很多弯路。

我的导师常常对我耳提面命，还亲自参与到选题对象的研究当中，然后又将他写成的论文《朱光潜与表现论：中西美学融通的另一条逻辑线索》（未刊稿）发与我参考，这让我幸福莫名。代老师很谦虚地说："作为你们的导师，我指导你们的论文就必须要给出具有针对性的意见，可不能瞎讲；我也要学习，也要了解这方面的前沿问题，然后写这方面的文章。教学相长嘛。"我的导师的研究成果中如《西方理论与中国文本：费瑟斯通和李渔美学思想比较研究》《分析美学在中国：何为与为何？》和《城市景观美学：理论架构与发展前景》等都是专程为能够有效地指导博士研究生而发表的论文。[1] 有时候我真想，导师对我们尚且如此尽心尽责，如果自己还要耍些小滑头，不仅愧对导师，亦无颜面对自己啊。

三

在本书的写作过程中，给予我耐心指导的除了我的导师代迅教授之外，还凝结着市外专家杨春时教授、冯宪光教授，市内专家陈本益教授、

---

① 相关论文参见代迅：《西方理论与中国文本：费瑟斯通和李渔美学思想比较研究》，《西南大学学报》（社会科学版），2012年第6期，第110—116页；《分析美学在中国：何为与为何？》，《社会科学战线》，2012年第4期，第39—46页；以及《城市景观美学：理论架构与发展前景》，《西南大学学报》（社会科学版），2011年第4期，第173—180页。

罗益民教授、肖伟胜教授、何宗美教授、寇鹏程教授、韩云波教授、张兴成教授、李应志教授和刘建平教授，以及杨昱、彭水香、蒋宇、王飞等同门师兄师姐的智慧和帮助。在有一段时间里，我的导师基本每月都要请几位老师来为我们的论文会诊一次，用集体的智慧来启发我们的思路、开阔我们的眼界，而且规定只能提出批评的意见。这种形式的指导无疑是非常有效的：各位老师的学科背景不一样，切题思路不一样，提出的问题自然也不一样；当这些问题汇聚在一起并发生碰撞的时候，迷糊的头脑就渐渐开始清晰起来了。

这些老师都是牺牲了周末休息的时间为我们的论文进行指导的，而有时就在课后。我心里明白，作为一个单纯的学生整天可以只围着论文打转，但是作为一个教师却有更多的事情需要忙碌；但是每当我有疑难的时候，这些老师都非常乐意地为我解答，有时甚至还鼓励我，传授我写作要领和技巧等，都使我受益匪浅。还记得向张兴成老师请教的那些日子，每次一谈就是一两个小时，我必须得说这是我非常快乐非常享受的时光，因为与张老师交谈我如沐春风。张老师学识渊博、品德高尚、淡泊名利、为人谦和。如果说博士论文的写作过程还有某些值得分享的记忆，那我必须得说这就是其中之一。

四

本书的出版得到了学校专项出版基金的特别资助，作为重庆市艺术科学研究规划重点课题"历史转型期的朱光潜：艺术生存与审美建构"（16ZD009）、重庆市人文社会科学重点研究基地（当代视觉艺术研究中心）重点研究课题"从古典到现代：历史转型期的朱光潜论艺术与审美"（16ZX09）、重庆市社科规划博士基金课题"比较美学视野下的朱光潜及其当代阐释研究"（2015BS094）和四川美术学院校级博士基金项目（2016BS012）的结题成果。获得这些课题的资助基本都是在2015年以后，但是主要内容和研究基础在前期已经基本确定或者完成了；前期的大量考察研究和务实推进，为相关课题论文的顺利发表和结题打下了坚实的基础。

本书部分内容承蒙《马克思主义美学研究》《原道》《北方论丛》等一些学术杂志先期刊布，作者仍要表达自己对他们的感谢。一本学术著作的出版，尽管是作者个人独立撰写而成，但是仍离不开家人的奉献、学校的支持、朋友的鼓励、学界同行的帮助和砥砺，是他们的辛勤付出让作者的学术之路走得更加自信和踏实。我要感谢我的导师代迅教授，感谢他的悉心指导，让我们真正领略到学术的魅力和甘醇；感谢我的单位四川美术学院各位领导的关心和帮助，并设立专项出版基金所给予的大力支持；感谢中国文联出版社张兰芳女士为本书所付出的辛勤劳动；以及为本书的写作和出版提供过帮助者，作者在此表达由衷的感谢之情。最后，我还要感谢我的父母及家人，感谢爱人碧波给予我的理解和支持，为我在工作和学术道路上走得更远解除了许多后顾之忧。

五

最后，我还想发表一点浅见：学术研究从来都不是个人的事。

我的导师代迅教授常常教育我，搞研究不是重复，而是要在已有研究的基础上有所推进才有价值。如果本书尚有某些可取之处，我还要感谢阎国忠、钱念孙、蒯大申、宛小平等一大批学者为我所从事的研究工作而奠定的坚实基础。没有他们的著作和文章的启发，我不可能找准自己的研究方向和位置之所在；没有他们的研究做基础，我的论文肯定不会这么从容地展开。

学术事业如今似乎已经开始变得廉价了，但只是在廉价者那里变得廉价，在高贵者那里同样高贵。康德讲：在我上者，灿烂星空；在我心者，道德律令。虽然学术不是个人的事情，但是却需要个人来为它负责任。

我想，搞学术，还是先从对自己负责开始吧。路漫漫其修远兮，吾将上下而求索。共勉！

朱仁金
2017年6月6日于重庆虎溪